特別編集

角川の集める図鑑GET！
編集部

KADOKAWA

もくじ

1月

2月

3月

4月

5月

6月

7月

8月

9月

10月

11月

12月

『角川の集める図鑑GET！』で紹介している自然科学の知識を、366日分のおはなしにしました。まいにち読んで、自然科学博士になろう！

テーマ

その日のおはなしで紹介する内容です。内容に興味をもったら、その日以外の日付でも読んでみましょう。

日付

1月から12月まで、日付が順にならんでいます。

ジャンル(マーク)

自然科学のおはなしを『角川の集める図鑑GET！』に合わせた11のジャンルに分けて、テーマのよこにマークをつけています。

1月24日

誕生日 直木松太郎(野球指導者)▶1891年
デズモンド・モリス(動物学者)▶1928年

葉っぱでベッドをつくるオトシブミ

葉をまくアシナガオトシブミのメス。

アシナガオトシブミ
コウチュウ目オトシブミ科
体長 7〜9mm
分布 東アジア、日本

まいた葉の中には卵が産みつけられている。

葉っぱをまいてベッドをつくる
オトシブミのお母さんは、葉っぱに卵を産むと、長い首を器用に動かして葉っぱを切りとり、卵を包みこむようにまいていきます。

葉っぱのベッドが卵を守る
まいた葉は、切りとって地面に落とす場合と、枝につけたままにする場合があります。葉っぱに包まれた中にあるので、卵をねらう敵は手を出せません。

ベッドのおかげで、赤ちゃんは安全に成長できるんだね

ベッドは赤ちゃんの食べ物になる
卵から出た幼虫は自分を包んでいた葉を食べて成長するので、食べ物をさがす必要がありません。成虫になると葉を食いやぶって外に出ます。

マメ知識 オトシブミを漢字で表すと「落とし文」。昔の人が、ラブレターを好きな人が通る道にわざと落として拾ってもらったことにちなんでいるよ。

32

恐竜

昆虫

動物

危険生物

人体

星と星座

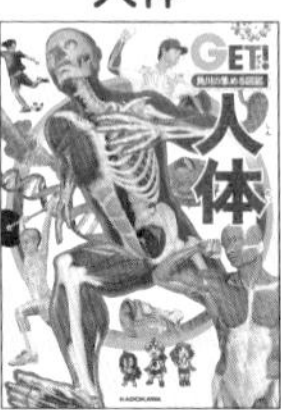

誕生日

その日に生まれた人物のなかから、スポーツ選手や科学者、文化人、企業家などを中心に2名紹介しています。その人がどんなことをしたのか、ほかにどんな人がいるかを調べてみましょう。

※人名の表記や肩書きは広く親しまれているものを採用しています。誕生日は西暦(グレゴリオ暦)に変換した際の日付となっています。また、人物によっては誕生日に複数の説がある場合もあります。

1月25日

誕生日 池波正太郎(作家)▶1923年
石ノ森章太郎(漫画家)▶1938年

恐竜は子育てをするの？

〔種によっては、子育てをしている化石が見つかっているよ！〕

子育てをしていたマイアサウラ

マイアサウラは、白亜紀後期にあたる、いまから8000万～7400万年前の期間に生きていた恐竜のなかまです。群れで生活していたと考えられ、巣と見られる化石が見つかっています。

たくさんの卵と赤ちゃんの化石

マイアサウラの巣では、卵と生まれたばかりの赤ちゃんの化石がいくつも見つかりました。まだ自由に動けない赤ちゃんのまわりになにかを食べたあとがあったことから、親が食べ物を運んでいたと考えられます。

マイアサウラの親子

マメ知識 オビラプトルという恐竜は、卵をだいた化石が見つかって「卵どろぼう」という学名がつけられた。でも、のちにそれがオビラプトルの卵で、実際は守っていたことがわかったんだ。

33

生き物データ

そのページで紹介している生き物のデータです。

マメ知識

その日のテーマとつながりのある情報を、マメ知識として紹介しています。

魚　は虫類・両生類　絶滅動物　深海　宇宙

『角川の集める図鑑GET！』のくわしい情報は351ページを見てね！

月末はおさらいクイズに挑戦！

その月のおはなしをおさらいする10問のクイズです。
内容を思い出して、クイズを解いてみましょう。

クイズを解くときは
紙とペンを用意してね

1月のおさらいクイズ

3つの答えのなかから、正しいと思ったものを選んでね

1月1日～31日(14～37ページ)で学んだことをクイズでかくにんしてみよう。問題は10問(1問10点)で、答えは40ページにのってるよ！

Q.1 パンダがタケしか食べないのはどうして？

ヒント パンダはクマのなかまなので、本来は肉食だ。それでもタケを食べるようになったのは、タケが1年中生えているから。そして、もう1つの理由があるんだ。なんだろう？

1 タケがかたくておいしいから
2 ほかの動物が食べないから
3 いざというときに武器になるから

Q.2 宇宙に行けるのり物は？

1 飛行機
2 ヘリコプター
3 ロケット

Q.3 オトシブミが葉っぱでつくるものは？

1 ベッド
2 のり物
3 ひみつきち

Q.4 ガラパゴスゾウガメの平均寿命は？

1 50年以上
2 100年以上
3 200年以上

Q.5 ニシオンデンザメはどのくらい長生きする？

1 400年ほど
2 600年ほど
3 800年ほど

38

Q.6 トラが男性をおそう事件が起こった理由とは？

ヒント トラは、森にひそんでえものをおそうハンター。からだは大きいけど用心深い性格なんだ。それなのに、なんで人間をおそったんだろう？

1 男性がトラをみつりょうしようとした
2 男性がトラをからかった
3 男性がトラのえものをよこどりした

Q.7 目の中の黒い部分、瞳の役割はなに？

1 信号の役割
2 レンズの役割
3 バリアーの役割

Q.8 出世魚ってどんな魚？

1 成長とともによび名が変わる
2 えらくなってよいものを食べる
3 植物食から肉食に変わる

Q.9 恐竜が絶滅するきっかけになったできごとはなに？

ヒント 恐竜は、地球の温度が急に下がってしまったことが原因で絶滅したと考えられている。では、なにがきっかけで温度が下がったのかな？

1 たくさんの雨がふった
2 恐竜たちの争いが起きた
3 いん石が地球に衝突した

Q.10

1 赤道12星座
2 黄道12星座

39

①②③のなかから
答えだと思った
番号をえらんで、
紙に書いていこう

クイズを解いたら答え合わせしよう！

おさらいクイズのつぎのページに答えがのっています。紙に書いた答えが、合っているかをチェックしていきましょう。

1問10点で、
全部できると
100点満点だよ

答えの後におはなしの
ページをのせているので、
気になったらもう一度
読んでみよう

1月のおさらいクイズ　答え合わせ

Q.1 パンダがタケしか食べないのはどうして？
答えは 2 ほかの動物が食べないから(1月12日　23ページ)

Q.2 宇宙に行けるのり物は？
答えは 3 ロケット(1月6日　18ページ)

Q.3 オトシブミが葉っぱでつくるものは？
答えは 1 ベッド(1月24日　32ページ)

Q.4 ガラパゴスゾウガメの平均寿命は？
答えは 2 100年以上(1月16日　26ページ)

Q.5 ニシオンデンザメはどのくらい長生きする？
答えは 1 400年ほど(1月17日　27ページ)

Q.6 トラが男性をおそう事件が起こった理由とは？
答えは 1 男性がトラをみつりょうしようとした(1月20日　29ページ)

Q.7 目の中の黒い部分、瞳の役割はなに？
答えは 2 レンズの役割(1月9日　21ページ)

Q.8 出世魚ってどんな魚？
答えは 1 成長とともによび名が変わる(1月31日　37ページ)

Q.9 恐竜が絶滅するきっかけになったできごとはなに？
答えは 3 いん石が地球に衝突した(1月3日　16ページ)

Q.10 太陽の通り道にある12個の星座をなんとよぶ？
答えは 2 黄道12星座(1月8日　20ページ)

正解した問題の数に10点をかけて、点数を計算しよう

1月のクイズの成績
点

40

パンダはなぜタケを
食べるのかな?
1月
この巨大なカメは
なんじゃ!?

1月1日 元日

誕生日 杉原千畝（外交官）▶1900年
尾田栄一郎（漫画家）▶1975年

ほ乳類ってどんな動物？

赤ちゃんを産んで母乳で育てる動物で、わたしたち人間もほ乳類なんだよ！

動物は、背骨がない「無脊椎動物」と、背骨がある「脊椎動物」に分けられます。脊椎動物もいくつかのグループに分けられ、そのうちの１つが「ほ乳類」です。ほ乳類には、赤ちゃんを産んで母乳で育てる、体温が一定で毛が生えている、肺で呼吸するなどの特徴があります。

赤ちゃんを産む

ほ乳類の多くは、赤ちゃんをおなかの中で育ててから産む。

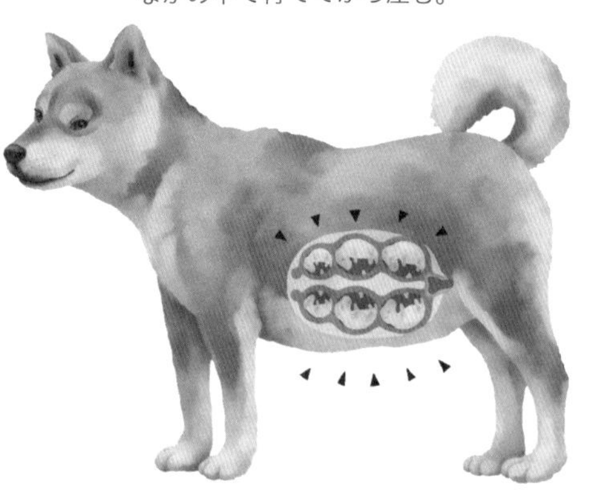

母乳で育てる

「ほ乳（哺乳）」とは乳を飲ませて子を育てることで、ほ乳類のもっとも大きな特徴といえる。

体温が一定で毛が生えている

ほ乳類の多くは、からだに毛が生えている。毛には、体温を一定にたもち、皮ふを守る役割がある。

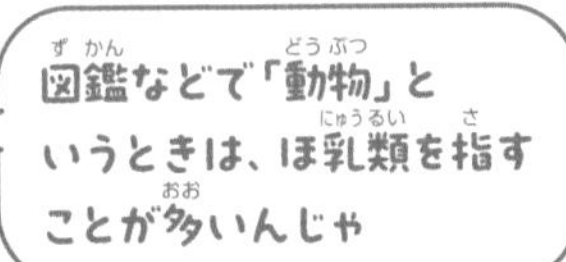

図鑑などで「動物」というときは、ほ乳類を指すことが多いんじゃ

マメ知識 無脊椎動物には、昆虫やクモ、エビやカニ、イカやタコ、クラゲ、貝類などがふくまれる。脊椎動物には、ほ乳類のほかに魚類や両生類、は虫類、鳥類などがふくまれるよ。

1月2日

誕生日 ヨハン・ティティウス（天文学者）▶1729年
浦沢直樹（漫画家）▶1960年

魚が群れをつくるのはどうして？

群れをつくることで、敵からおそわれにくくなったり、えものを狩りやすくなったりするんだ！

生き残る確率を少しでも上げる

生まれて間もない幼魚や、もともとからだの小さい魚は、つねにえものとしてねらわれています。１匹でいるよりも群れでいるほうが、自分が敵におそわれる確率が低くなり、結果的に生き残る確率が高くなります。また、数が多いと、敵もどこからおそえばよいか、わかりにくくなります。

効率よく狩りができる

えものをおそう側の魚も、群れをつくることがあります。数の多いえものをおそうのは大変ですが、なかまがいれば効率よくえものを追いつめることができます。魚にとって群れをつくることは、生きていくために大切なことなのです。

大きな群れをつくり、かくれやすいサンゴのそばでくらすデバスズメダイ。

マメ知識　大きな群れの後ろのほうは水のていこうを受けにくいので、泳ぐときにつかれにくいんだ。また、群れにいると効率よく異性に出会うことができ、繁殖する機会が増えるよ。

恐竜絶滅のなぞ

1月3日

誕生日 坂本龍馬（幕末志士）▶1836年
内村航平（体操選手）▶1989年

6600万年前にいん石が衝突

いまから約6600万年前の白亜紀末期、宇宙から直径10km以上の巨大ないん石がやってきて、地球に衝突しました。このことが、そのころ地球にくらしていた数多くの恐竜たちを絶滅に追いやったと考えられています。

1月4日

誕生日 アイザック・ニュートン（物理学者）▶1643年
山田風太郎（作家）▶1922年

恐竜絶滅の原因はちり？

地球に落ちた巨大いん石は、落下の衝撃で大量のちりをまき上げました。このちりが地球をおおって太陽の光をさえぎったため、陸上の温度は10～16℃も下がりました。恐竜たちは環境の急激な変化に適応できず、絶滅してしまったのです。

1月5日

誕生日 バーナード・リーチ（陶芸家）▶1887年
宮崎駿（アニメーション作家）▶1941年

絶滅せずに生き残った恐竜がいる？

白亜紀には恐竜の一部として、現在の鳥と同じグループである新鳥類が生まれていました。このグループの恐竜はいん石衝突の後も生き残り、現在の鳥類に進化しました。恐竜は鳥として現在も生きているといえるのです。

マメ知識 6600万年前に巨大いん石が衝突したあとは、いまもメキシコのユカタン半島にクレーターとして残っているよ。

マメ知識
恐竜以外にも、翼竜や首長竜などが絶滅したんだ。でも、人間の遠い祖先でもあるほ乳類の一部は絶滅しないで生き残ったよ。

1月6日

誕生日 ハインリッヒ・シュリーマン（考古学者）▶1822年
堀井雄二（ゲームデザイナー）▶1954年

宇宙へ飛び出すロケット

ロケットなら宇宙に行ける

地球の重力をふりきって宇宙へ行くためには、とても速いスピードが必要です。また、空気がない宇宙でも飛べるしくみがなくてはいけません。飛行機にはそのしくみがないので、宇宙に行くためにはロケットが必要なのです。

ロケットはほとんどが燃料

ロケットは燃料を燃やして出る高温のガスを後ろにふき出して、そのいきおいで前に進むため、たくさんの燃料が必要です。また、宇宙には酸素がないので、ものを燃やすための酸素もタンクに積んでいます。ロケットのほとんどの部分が燃料タンクで、燃料を使いきった後は切りはなして海に落とします。

H3ロケット
日本のJAXA（宇宙航空研究開発機構）が開発中の次世代ロケット。
全長　約63m
運べる重さ　6.5トン以上（最大）

マメ知識　JAXAでは現在、HⅡ-Aロケット、イプシロンロケットが活やく中だよ。

1月7日

誕生日 ヨハン・フィリップ・ライス(発明家)▶1834年
堀米雄斗(スケートボード選手)▶1999年

クモは昆虫じゃないの?

あしの数を数えてみよう。
昆虫はかならずあしが6本だよ!

昆虫

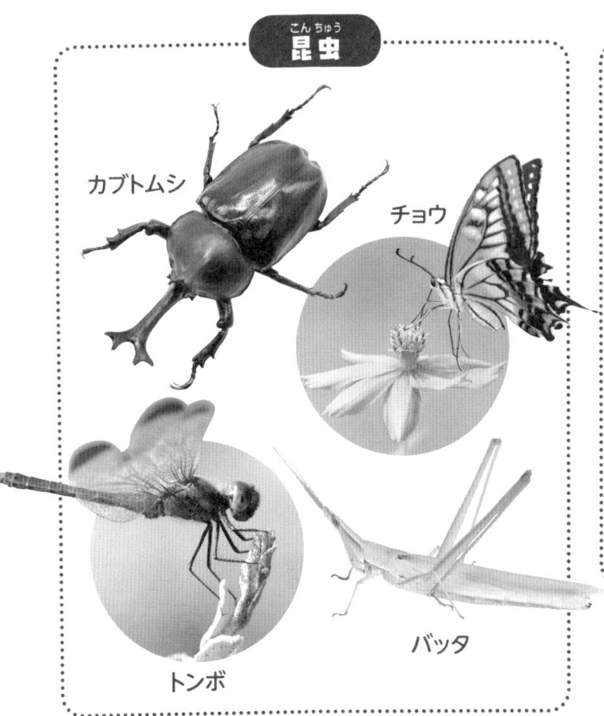

昆虫ではない「むし」

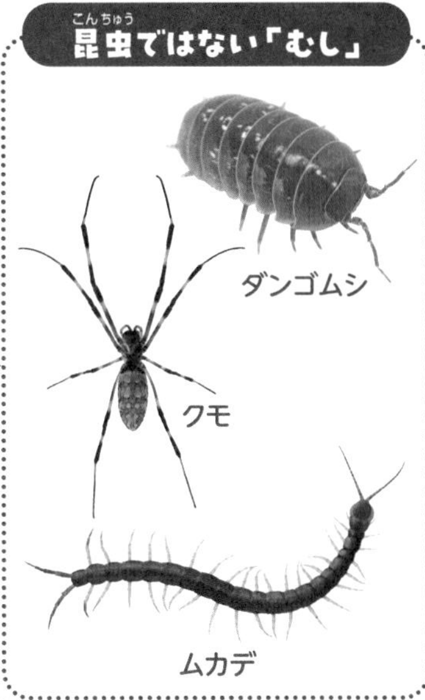

クモは8本、ダンゴムシは14本のあしがあるね。ムカデは種類によってあしの数がちがうんだって

昆虫は種によってまったくちがうすがたをしていますが、共通する特徴があります。一番わかりやすいのは、あしの数が6本あること。クモやダンゴムシなども、昆虫といっしょに「むし」とよばれることがありますが、よく見るとあしの数がちがいます。

マメ知識 昆虫には、幼虫→さなぎ→成虫となって大きくすがたを変える「完全変態」のものと、さなぎにならない「不完全変態」や「無変態」のものがいるよ。

1月8日

誕生日 森英恵(ファッションデザイナー)▶1926年
スティーブン・ホーキング(物理学者)▶1942年

星うらないの星座

大昔から信じられていた星うらない

科学が発達していなかった時代、太陽や星は人間の力を超えた神秘的なものでした。太陽の動きや星の位置が、災害が起こるかどうかや人間の運命を決めるものだと考えられたのです。これが星うらないのはじまりです。うらないなので科学的な理由があるわけではありませんが、現代でも広く親しまれています。

誕生日で決まる「誕生星座」

地球から見た見かけ上の太陽の通り道にある12個の星座を「黄道12星座」といいます。星うらないでは「その人が生まれた日に太陽がどの星座の位置にあったか」によって、その人の性格や運命が決まると考えます。たとえば1月８日生まれなら、誕生星座はやぎ座になります。

誕生日	誕生星座
3月21日～4月19日	おひつじ座
4月20日～5月20日	おうし座
5月21日～6月21日	ふたご座
6月22日～7月22日	かに座
7月23日～8月22日	しし座
8月23日～9月22日	おとめ座
9月23日～10月23日	てんびん座
10月24日～11月22日	さそり座
11月23日～12月21日	いて座
12月22日～1月19日	やぎ座
1月20日～2月18日	みずがめ座
2月19日～3月20日	うお座

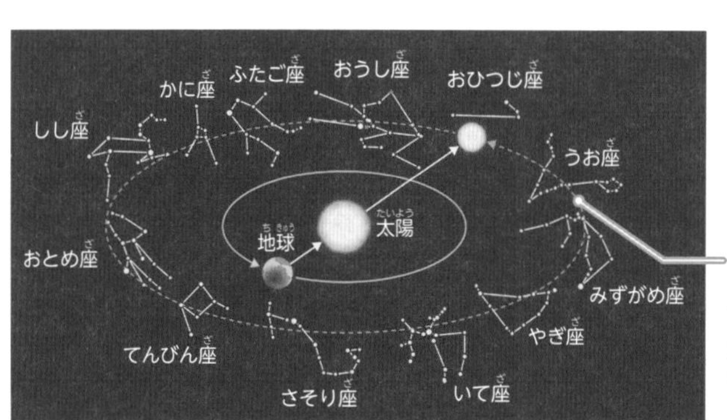

黄道
地球から見た見かけ上の太陽の通り道。

「みずがめ座の人の今日の運勢は～」なんて言ってるの、聞いたことあるね

マメ知識 星うらないに使われている12星座は、いまから5000年以上も前の古代メソポタミア(現在のイラク、シリア、トルコの一部)でつくられたものなんだよ。

1月9日

誕生日 岩崎弥太郎(企業家)▶1835年
ジョン・エレンビー(企業家)▶1941年

「目」でものを見るしくみ

光をとり入れて脳に送る

人間の目は、目に入った光をとり入れ、目のおくにある「網膜」に送ります。網膜には光に反応する「視細胞」がならんでおり、感じとった光を電気信号に変えて脳に送ることで、色や形を感じとり、ものが見えます。

瞳はピントを調整するレンズの役割

目の中の黒い部分は「瞳」です。瞳には水晶体とよばれるとうめいなレンズ状の組織があり、これを筋肉で引っぱって厚みを変えることで、入ってくる光のピントを調整し、網膜にはっきりした像を結ばせます。

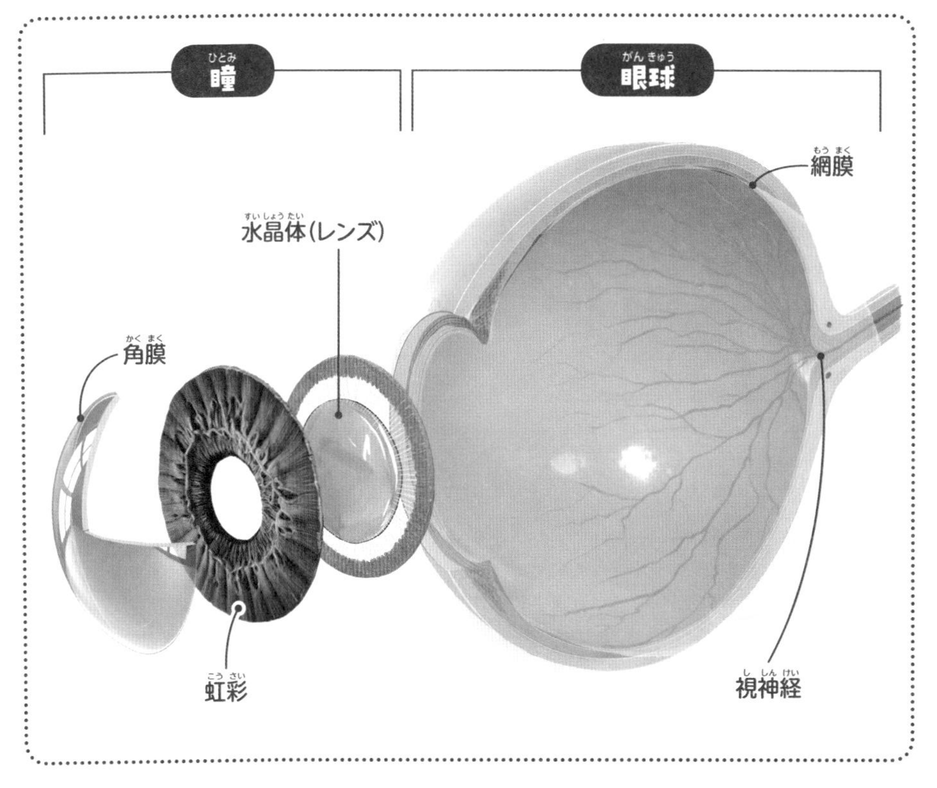

マメ知識 「目が悪い」というのはピントをうまく合わせられない状態のこと。メガネなどを使って水晶体のかわりにピントを調整すれば、はっきりとものを見ることができるんだ。

1月10日

誕生日 福澤諭吉(教育者)▶1835年
尾崎紅葉(作家)▶1868年

パンダは絶滅危惧種

パンダは白黒の毛皮が特徴のクマのなかまで、正式な種名は「ジャイアントパンダ」といいます。生息地は世界中で中国の山地だけで、絶滅危惧種に指定されています。中国政府によって保護されていますが、野生の個体はわずか1800頭ほどしかいません。

パンダは世界の動物園で見られるけど、野生のパンダは中国にしかいないんだ

ジャイアントパンダ
ネコ目クマ科
体長　1.2～1.9m
分布　中国中央部
すむ場所　山地の竹林

1月11日

誕生日 ウィリアム・ジェームズ(哲学者)▶1842年
ちばてつや(漫画家)▶1939年

指が7本もある!?

パンダの前あしには5本の指がならんでいて、そのほかに「第6の指」「第7の指」とよばれるこぶのようなものがあります。このこぶのおかげで、タケを器用ににぎることができます。

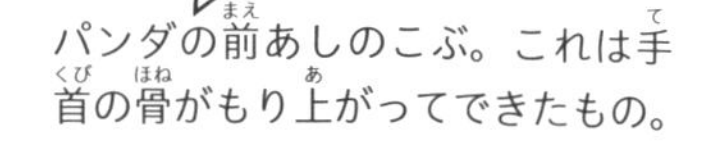
パンダの前あしのこぶ。これは手首の骨がもり上がってできたもの。

飼育されているパンダは600頭あまりで、そのほとんどが中国国内にいるんだ。中国から世界の国ぐにに数十頭がレンタルされていて、日本の動物園にも10頭ほどいるよ。

1月12日

誕生日 村上春樹(作家)▶1949年
井上雄彦(漫画家)▶1967年

肉食動物なのにタケしか食べない

パンダはほかの動物との競争をさけるために、1年中生えていてほかの動物が食べないタケを食べるようになったと考えられています。しかし、ほかのクマのなかまと同じように肉食動物の消化器官しかないので、タケをうまく消化できず、わずかな栄養しか得られません。

野生のパンダは、タケから必要な栄養分をとるために1日に14時間も食事をする。

1月13日

誕生日 屋井先蔵(発明家)▶1864年
マイケル・ボンド(作家)▶1926年

レッサーパンダは小さなパンダ!?

レッサーパンダは、ジャイアントパンダよりも前に発見され、先に「パンダ」と名づけられました。しかし、その後にジャイアントパンダが見つかったので、小さなパンダという意味の「レッサーパンダ」とよばれるようになりました。

レッサーパンダ
ネコ目レッサーパンダ科
体長　50～65cm
分布　中国南部～ヒマラヤ山脈
すむ場所　山地、森林

マメ知識 パンダという名前は、ヒマラヤ地域の「タケを食べるもの」という意味のことばから名づけられたんだ。レッサーパンダは、クマよりもイタチに近い動物だよ。

1月14日

誕生日 アーサー・ホームズ（地質学者）▶1890年
三島由紀夫（作家）▶1925年

せなかにならんだ板が特徴のステゴサウルス

肉食恐竜とも戦った植物食恐竜

ステゴサウルスは、約１億5000万年前のジュラ紀後期に北アメリカでくらしていた大型の植物食恐竜です。せなかには五角形の板がずらりとならんでいて、しっぽの先にするどいとげがありました。このとげは、肉食恐竜におそわれたときにふりまわして、武器として使っていたと考えられています。

せなかの板はなんのため？

せなかの板はあまりがんじょうではなかったようですが、板には血管が通っていたことがわかっており、日光に当てて血液をあたためたり、風に当てて冷やしたりして体温調節に使っていたのかもしれません。また、敵へのいかくや異性へのアピールに使われた可能性もあります。

ステゴサウルス
鳥盤類 装盾類 剣竜類
全長　7～9m
発見地　アメリカ、ポルトガル
食性　植物食
学名の意味　屋根をもつトカゲ

マメ知識 ステゴサウルスのように、背中に板やとげをもつ「剣竜類」の恐竜は、ジュラ紀後期にヨーロッパやアジア、アメリカなど世界各地にすんでいたよ。

1月15日

誕生日 キング牧師(公民権運動指導者)▶1929年
樹木希林(俳優)▶1943年

星座の神話・やぎ座

12月22日～1月19日生まれの人は「やぎ座」

ヨーロッパなどで大昔から伝わっている星うらないでは、12月22日～1月19日に生まれた人の誕生星座は「やぎ座」であるとされます。誕生星座がやぎ座の人の性格は「用心深く、責任感が強い」などといわれています。

上半身がヤギ、下半身が魚

やぎ座は、上半身がヤギで下半身は魚というふしぎなすがたでえがかれています。これはギリシャ神話で、ヤギのすがたをしたヒツジ飼いの神・パンが、魚に変身したすがたです。パンが川のほとりでうたげに参加しているときにとつぜんおそろしい怪物があらわれ、急いで魚に変身して逃げようとしますが、あわてすぎて変身できたのは下半身だけだったのです。

マメ知識 やぎ座は8月～11月ごろに見える星座だよ。一番明るい星が3等星で、逆三角形のパンツのような形をしているよ。

1月16日

誕生日 井上馨(政治家)▶1836年
アンドレ・ミシュラン(企業家)▶1853年

100年以上生きるリクガメ

ガラパゴス諸島にすむ大型のリクガメ

ガラパゴスゾウガメはガラパゴス諸島にすむリクガメのなかまです。生まれたときの大きさは6cmほどですが、そこから1mをこえる大きさに成長します。動きはゆっくりとしていて、とても長くのびる首を使って草や果実を食べてくらしています。

平均寿命は100歳ごえ!?

ガラパゴスゾウガメはとても長生きで、平均して100年以上生きるといわれています。現在わかっている、もっとも長生きな個体の記録は175歳です。

ガラパゴスゾウガメ
カメ目リクガメ科
甲らの長さ　80～130cm
分布　ガラパゴス諸島
すむ場所　草原、森林

マメ知識 ガラパゴス諸島は南アメリカ大陸の西にあるけど、ほかの大陸と地続きになったことがないんだ。そのため、この地域にしかいない生き物(固有種)がたくさんすんでいるよ。

1月17日

誕生日 モハメド・アリ（ボクシング選手）▶1942年
坂本龍一（ミュージシャン）▶1952年

400年も生きる深海ザメ

深海にすむサメのなかでは最大級

ニシオンデンザメは成長すると5mをこえる大型の深海ザメです。非常にゆっくりと動き、世界一泳ぎがおそい魚としても知られています。魚やイカなど、さまざまなえものを食べてくらしています。

寿命はおどろきの400歳ごえ!?

ニシオンデンザメは成長がおそく、成魚になるまでに150年ほどかかるといわれています。そのため寿命も長く、平均して270年、長生きだと400年ほど生きることがわかっています。実際に推定で392歳の個体も見つかっています。

ニシオンデンザメ

ツノザメ目オンデンザメ科
全長　5.5m（最大）
分布　大西洋北部、北極海
水深　0～3000m

マメ知識 ニシオンデンザメの多くは、眼に寄生生物（カイアシ類とよばれる小さな甲殻類）がついているんだ。そのため、ほとんどものが見えていないんだよ。

1月18日

誕生日 A・A・ミルン（作家）▶1882年
南部陽一郎（物理学者）▶1921年

工事現場をおそった人食いライオン

ほ乳類のネコのなかま（ネコ目）には、肉食の大型動物が多くふくまれています。ライオンはその代表ともいえる存在で、アフリカではライオンにおそわれ人間が亡くなる事件が毎年のように起こっています。1898年には現在のケニアでおこなわれていた鉄道工事の作業現場を２頭のライオンがおそい、射殺されるまでの９か月で28人ものぎせい者を出しました。

1月19日

誕生日 ポール・セザンヌ（画家）▶1839年
宇多田ヒカル（ミュージシャン）▶1983年

人間の味をおぼえた人食いヒョウ

1910年、インド北部で１頭のインドヒョウがハンターによって射殺されました。このヒョウは病気で亡くなった人の遺体を食べて人間の味をおぼえてしまい、わずか数年で400人以上のぎせい者を出したといわれています。

マメ知識 ネコ目は、英語では「Carnivora（肉を食べる生き物）」というんだ。もともとは、日本でも「食肉目」とよばれていて、いまでも研究機関などでは食肉目とよばれているよ。

1月20日

誕生日 アンドレ＝マリ・アンペール（物理学者）▶1775年
尾崎放哉（俳人）▶1885年

用心深いトラが人間をおそった理由

2002年、中国のロシアとの国境近くの森で男性がアムールトラにおそわれ、翌日に女性がおそわれて亡くなりました。トラはなぜか重傷を負っていて、しばらくして死亡。その後の調べで、男性がトラをみつりょうしようとしていたことがわかりました。トラがおそったのは、みつりょう者へのはんげきだったのです。

本来のトラは
用心深い性格なので、
人間をおそうことは
めったにないんだって

1月21日

誕生日 クリストバル・バレンシアガ（ファッションデザイナー）▶1895年
クリスチャン・ディオール（ファッションデザイナー）▶1905年

森を追い出されたジャガー

2008年、ブラジル中央部の川で漁をしていた男性がジャガーにおそわれて亡くなり、その前後にもジャガーが人間をおそう事件が続きました。森にひそんで狩りをするジャガーが人間をおそったのは、開発によって森が少なくなり、すむ場所が少なくなったためだと考えられています。

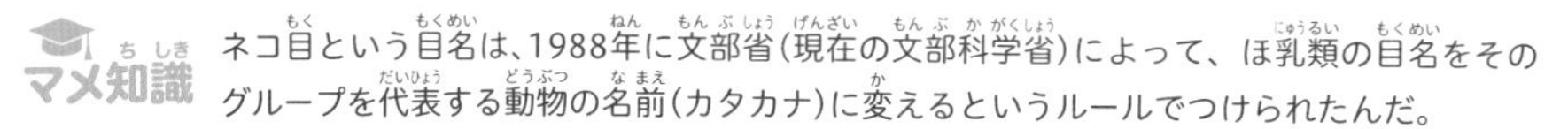

マメ知識 ネコ目という目名は、1988年に文部省（現在の文部科学省）によって、ほ乳類の目名をそのグループを代表する動物の名前（カタカナ）に変えるというルールでつけられたんだ。

1月22日

誕生日 フランシス・ベーコン(哲学者)▶1561年
田山花袋(作家)▶1872年

タツノオトシゴはオスが子どもを産む!?

メスはオスのおなかのふくろに卵を産む

タツノオトシゴやそのなかまは、繁殖のやり方がほかの魚と少しちがっています。タツノオトシゴのオスには、おなかに子育てのためのふくろがあります。メスはそのふくろに卵を産みつけ、オスはふくろの中で卵を育てます。

オスのおなかのふくろから子どもたちがとび出す

ふくろの中では、卵からふ化した子どもたちがすくすく育ちます。やがて、自分で泳げるほどに育つと、おなかのふくろから子どもたちがいっせいにとび出します。

ヒメタツの産卵のようす。メスがオスのおなかのふくろに卵を産みつける。

ヒメタツのおなかから子どもたちがとび出していくようす。

マメ知識 タツノオトシゴのなかまのオスがもつおなかのふくろは「育児のう」というよ。中で赤ちゃんが大きくなっていくので、出産の前は育児のうがパンパンにふくれるんだ。

1月23日

誕生日 西郷隆盛（政治家）▶1828年
湯川秀樹（物理学者）▶1907年

カモノハシはほ乳類なのに卵を産む!?

くちばしがあって卵を産むのに鳥ではない

カモノハシは黒くてはば広のくちばしをもち、あしには水かきがあり、卵を産みます。特徴だけ見ればまるで水鳥のようですが、母乳で子育てをするのでほ乳類に分類されています。

カモノハシのふしぎな子育て

カモノハシは水辺の巣あなの中で卵を産みます。お母さんのおなかには乳首がなく、母乳はおなかの皮ふからしみ出てきます。赤ちゃんはお母さんのおなかにのって、母乳をペロペロなめて成長します。

マメ知識 カモノハシは前あしのほうが水かきが発達していて、おもに前あしを使って泳ぐよ。また、後ろあしには毒のある「けづめ」があり、敵から逃げるときなどに使うんだ。

1月24日

誕生日 直木松太郎(野球指導者)▶1891年
デズモンド・モリス(動物学者)▶1928年

葉っぱでベッドをつくるオトシブミ

葉をまくアシナガオトシブミのメス。

まいた葉の中には卵が産みつけられている。

アシナガオトシブミ
コウチュウ目オトシブミ科
体長 7〜9mm
分布 東アジア、日本

葉っぱをまいてベッドをつくる

オトシブミのお母さんは、葉っぱに卵を産むと、長い首を器用に動かして葉っぱを切りとり、卵を包みこむようにまいていきます。

葉っぱのベッドが卵を守る

まいた葉は、切りとって地面に落とす場合と、枝につけたままにする場合があります。葉っぱに包まれた中にあるので、卵をねらう敵は手を出せません。

ベッドは赤ちゃんの食べ物になる

卵から出た幼虫は自分を包んでいた葉を食べて成長するので、食べ物をさがす必要がありません。成虫になると葉を食いやぶって外に出ます。

ベッドのおかげで、赤ちゃんは安全に成長できるんだね

マメ知識 オトシブミを漢字で表すと「落とし文」。昔の人が、ラブレターを好きな人が通る道にわざと落として拾ってもらったことにちなんでいるよ。

1月25日

誕生日 池波正太郎（作家）▶1923年
石ノ森章太郎（漫画家）▶1938年

恐竜は子育てをするの？

種によっては、子育てをしている化石が見つかっているよ！

子育てをしていたマイアサウラ

マイアサウラは、白亜紀後期にあたる、いまから8000万～7400万年前の期間に生きていた恐竜のなかまです。群れで生活していたと考えられ、巣と見られる化石が見つかっています。

たくさんの卵と赤ちゃんの化石

マイアサウラの巣では、卵と生まれたばかりの赤ちゃんの化石がいくつも見つかりました。まだ自由に動けない赤ちゃんのまわりになにかを食べたあとがあったことから、親が食べ物を運んでいたと考えられます。

マイアサウラの親子。

マメ知識　オビラプトルという恐竜は、卵をだいた化石が見つかって「卵どろぼう」という学名がつけられた。でも、のちにそれがオビラプトルの卵で、実際は守っていたことがわかったんだ。

1月26日

誕生日 盛田昭夫(企業家)▶1921年
ジョゼ・モウリーニョ(サッカー指導者)▶1963年

派手な見た目の毒ガエル

ヤドクガエルのなかまは、中央・南アメリカの熱帯雨林にすむ小型のカエルです。たくさんの種がいますが、どの種も強い毒をもち、からだの色があざやかなのが特徴です。派手な見た目だと目立ってしまいますが、敵に危険な毒をもっていることをしめして、おそわれにくくしています。

イチゴヤドクガエル

キオビヤドクガエル

1月27日

誕生日 ヴォルフガング・アマデウス・モーツァルト(作曲家)▶1756年
本庶佑(医学者)▶1942年

せなかで子育て!? 平べったいカエル

ピパは南アメリカの水辺にくらすカエルで、上からおしつぶしたような平たいからだをもちます。産卵が近くなるとメスはせなかの皮ふがやわらかくなり、産んだ卵をせなかの皮ふにうめこんで育てます。やがて卵から子ガエルが生まれ、せなかからとび出していきます。

せなかからとび出す子ガエルたち。

ピパ

マメ知識 ピパが卵を産むとき、メスのせなかにオスがおおいかぶさり、2ひきでさか立ちのような体勢になるんだ。メスが卵を産むと、オスはおなかでメスのせなかに卵をおしこむよ。

1月28日

誕生日 小松左京（作家）▶1931年
佐藤琢磨（レーシングドライバー）▶1977年

とびはねられないまんまるガエル

アメフクラガエル

フクラガエルのなかまは、アフリカにすむずんぐりとした丸っこいからだつきのカエルたちです。あしが短いので、カエルなのにとびはねられません。そのため、おもに夜に歩いて移動します。巣あなを掘ってくらしていて、敵におそわれると土の中でふくらんで身を守ります。

1月29日

誕生日 北里柴三郎（医学者）▶1853年
毛利衛（宇宙飛行士）▶1948年

内臓が丸見え 半とうめいガエル

せなか側

おなか側

アマガエルモドキのなかま

アマガエルモドキのなかまは中央・南アメリカにすむカエルで、半とうめいの緑色のからだをしているため「グラスフロッグ（ガラスのカエル）」とよばれています。おなかの皮ふはとくに透きとおっていて、内臓の一部が透けて見えます。

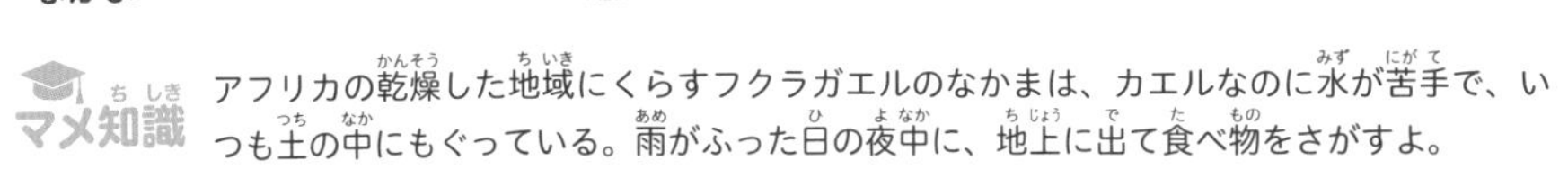
マメ知識 アフリカの乾燥した地域にくらすフクラガエルのなかまは、カエルなのに水が苦手で、いつも土の中にもぐっている。雨がふった日の夜中に、地上に出て食べ物をさがすよ。

1月30日

誕生日
赤崎勇（電子工学者）▶1929年
吉野彰（電気化学者）▶1948年

高い知能で道具を使うイルカ

イルカの知能は人間でいうと何歳くらい？

イルカのなかまは高い知能をもつ動物として知られていて、人間の3～6歳児ほどの知能があるといわれています。なかでも、ハンドウイルカはとくにかしこく、好奇心おうせいでコミュニケーション能力も高いので、水族館でさまざまなパフォーマンスをひろうしています。

高い知能でかしこく狩りをする

ハンドウイルカは群れで狩りをおこないます。浅い海でどろをまき上げて魚を追いこんだり、波打ちぎわまで魚を追いつめたりするなど、さまざまな方法を使います。また、狩りに道具を使うこともあり、そのやり方を群れのなかまで共有しているといわれています。

ハンドウイルカ
クジラ偶蹄目マイルカ科
体長　1.9～4.2m
分布　熱帯～温帯
すむ場所　海

貝がらを魚をつかまえるための道具として使っているんじゃ

小魚が貝がらにかくれると、貝がらごと水面までもち上げて小魚をつかまえる。

マメ知識 クジラやイルカのなかまは海にすんでいるけど、陸にすむラクダやウシなどと同じ「クジラ偶蹄目」にふくまれる。すむ環境はちがっても、同じ祖先をもつと考えられているよ。

1月31日

誕生日 徳川家康（戦国大名）▶1543年
大江健三郎（作家）▶1935年

出世魚ってどんな魚？

大きさによってよび名が変わる魚を出世魚というんだよ！

ワラサ（成魚になる手前のブリ）の群れ。

出世魚の由来は昔の武士

出世魚とよばれるのは食用の魚で、とれたときの大きさでよび名が変わります。昔の武士が出世するたびに名前を変えていたことになぞらえ、出世魚とよばれるようになりました。

ブリは代表的な出世魚

出世魚としてとくに有名なのがブリで、ほかにスズキやコノシロ、ボラ、クロダイ、サワラなどがいます。よび名の変化は地域ごとにことなり、ブリの場合は関東と関西で右の図のように変化します。

ブリのよび名の変化

大きさ	関東	関西
3〜7cm	モジャコ	
約20cm	ワカシ	ツバス
約40cm	イナダ	ハマチ
約60cm	ワラサ	メジロ
約80cm	ブリ	

マメ知識 コノシロという魚の若いときのよび名が「コハダ」だよ。コハダはすしだねの定番となっているため、本来の種名のコノシロよりも有名になっているんだ。

1月のおさらいクイズ

3つの答えのなかから、正しいと思ったものを選んでね

1月1日～31日(14～37ページ)で学んだことをクイズでかくにんしてみよう。問題は10問(1問10点)で、答えは40ページにのってるよ！

Q.1 パンダがタケしか食べないのはどうして？

ヒント パンダはクマのなかまなので、本来は肉食なんだ。それでもタケを食べるようになったのは、タケが1年中生えているから。そして、もう1つの理由があるんだ。なんだろう？

1. タケがかたくておいしいから
2. ほかの動物が食べないから
3. いざというときに武器になるから

Q.2 宇宙に行けるのり物は？

1. 飛行機
2. ヘリコプター
3. ロケット

Q.3 オトシブミが葉っぱでつくるものは？

1. ベッド
2. のり物
3. ひみつきち

Q.4 ガラパゴスゾウガメの平均寿命は？

1. 50年以上
2. 100年以上
3. 200年以上

Q.5 ニシオンデンザメはどのくらい長生きする？

1. 400年ほど
2. 600年ほど
3. 800年ほど

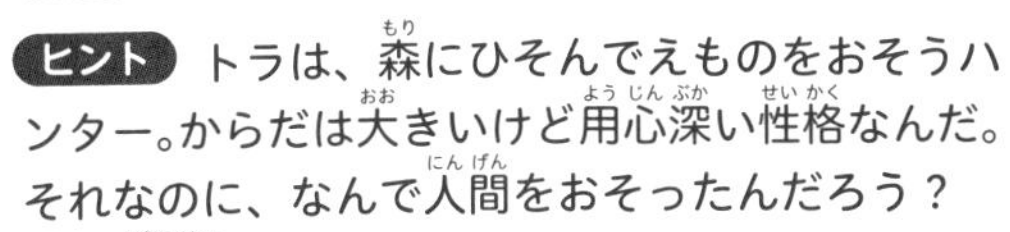

Q.6 トラが男性をおそう事件が起こった理由とは？

ヒント トラは、森にひそんでえものをおそうハンター。からだは大きいけど用心深い性格なんだ。それなのに、なんで人間をおそったんだろう？

1. 男性がトラをみつりょうしようとした
2. 男性がトラをからかった
3. 男性がトラのえものをよこどりした

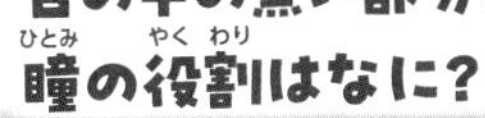

Q.7 目の中の黒い部分、瞳の役割はなに？

1. 信号の役割
2. レンズの役割
3. バリアーの役割

Q.8 出世魚ってどんな魚？

1. 成長とともによび名が変わる
2. えらくなってよいものを食べる
3. 植物食から肉食に変わる

Q.9 恐竜が絶滅するきっかけになったできごとはなに？

ヒント 恐竜は、地球の温度が急に下がってしまったことが原因で絶滅したと考えられている。では、なにがきっかけで温度が下がったのかな？

1. たくさんの雪がふった
2. 恐竜たちの争いが起きた
3. いん石が地球に衝突した

Q.10 太陽の通り道にある12個の星座をなんとよぶ？

1. 赤道12星座
2. 黄道12星座
3. 王道12星座

何点くらいとれたかな？
つぎのページで
答え合わせしてみよう

1月のおさらいクイズ　答え合わせ

Q.1 **パンダがタケしか食べないのはどうして？**

答えは **2** ほかの動物が食べないから(1月12日　23ページ)

Q.2 **宇宙に行けるのり物は？**

答えは **3** ロケット(1月6日　18ページ)

Q.3 **オトシブミが葉っぱでつくるものは？**

答えは **1** ベッド(1月24日　32ページ)

Q.4 **ガラパゴスゾウガメの平均寿命は？**

答えは **2** 100年以上(1月16日　26ページ)

Q.5 **ニシオンデンザメはどのくらい長生きする？**

答えは **1** 400年ほど(1月17日　27ページ)

Q.6 **トラが男性をおそう事件が起こった理由とは？**

答えは **1** 男性がトラをみつりょうしようとした(1月20日　29ページ)

Q.7 **目の中の黒い部分、瞳の役割はなに？**

答えは **2** レンズの役割(1月9日　21ページ)

Q.8 **出世魚ってどんな魚？**

答えは **1** 成長とともによび名が変わる(1月31日　37ページ)

Q.9 **恐竜が絶滅するきっかけになったできごとはなに？**

答えは **3** いん石が地球に衝突した(1月3日　16ページ)

Q.10 **太陽の通り道にある12個の星座をなんとよぶ？**

答えは **2** 黄道12星座(1月8日　20ページ)

正解した問題の数に10点をかけて、点数を計算しよう

1月のクイズの成績

＿＿＿＿＿点

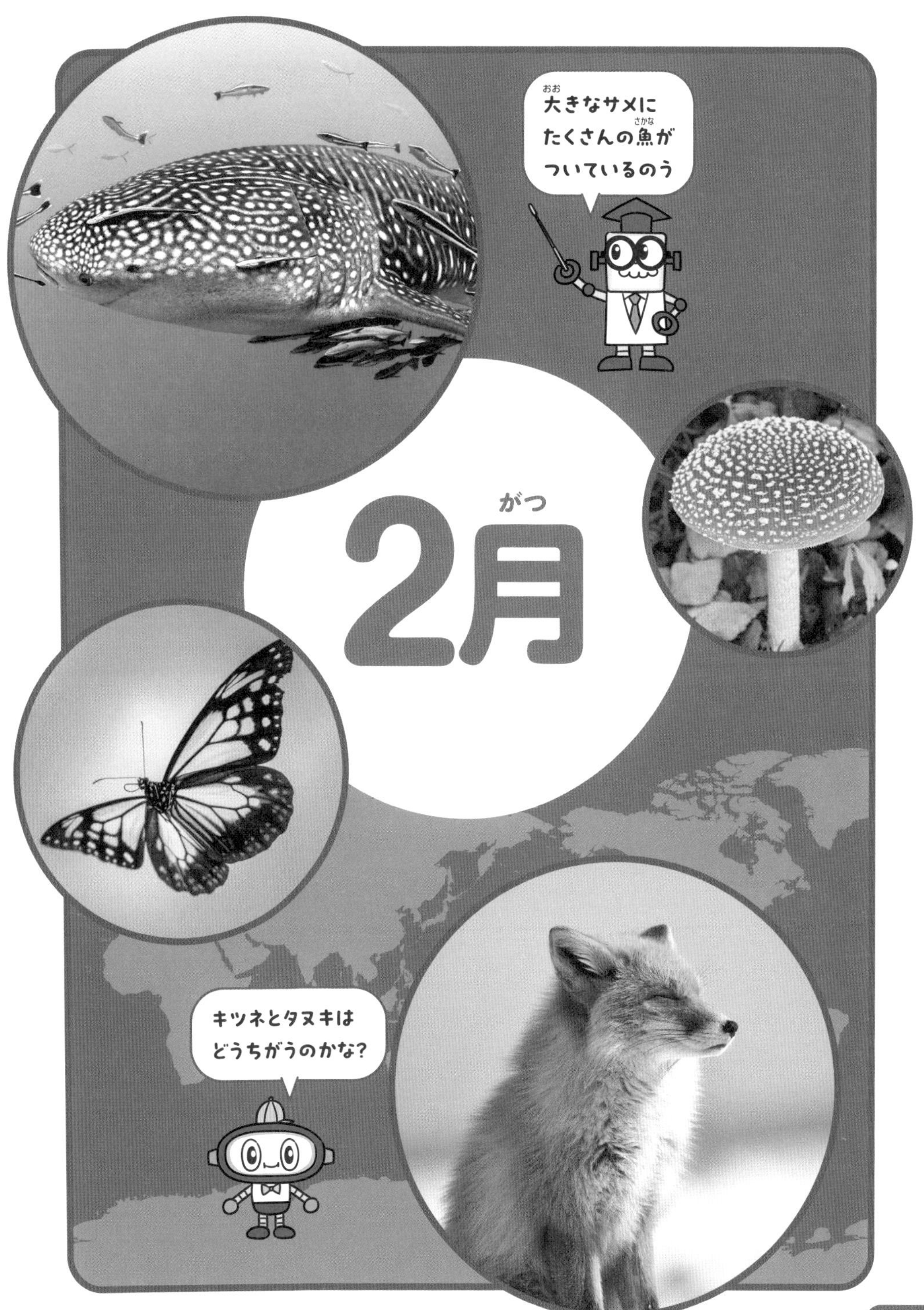
大きなサメに
たくさんの魚が
ついているのう
2月
キツネとタヌキは
どうちがうのかな?

2月1日

誕生日 一休宗純（僧侶）▶1394年
吉村作治（考古学者）▶1943年

日本にもワニがいた!?

日本で巨大なワニの化石が発見された

ワニのなかまはあたたかい地域にくらすため、現在の日本には野生のワニはすんでいません。ところが、1964年に大阪府の待兼山で、全長約7.7mにもなる巨大なワニの化石が見つかったのです。約45万年前に生きていたと思われ、このころの日本はいまよりもあたたかかったようです。

マチカネワニは現代のどんなワニに近い？

見つかったワニは、発掘された地名からマチカネワニと名づけられました。ワニのなかでも口先が細長く、おもに魚を食べるガビアルのなかま（→121ページ）に近い種であったと考えられています。

マチカネワニ
ワニ目インドガビアル科
全長　7.7m
発見地　日本
学名の意味　待兼山の豊玉姫

マメ知識 マチカネワニの学名に入っている「豊玉姫」は、日本の神話に出てくる海の神様の娘で、ワニの姿をしていたと伝えられているよ。

2月2日

誕生日 ジェームズ・ジョイス（作家）▶1882年
村上宗隆（野球選手）▶2000年

せきやくしゃみはどうして出るの？

細菌やウイルスなどの外敵を、体の外に追い出すためだよ！

せきやたんで気管から外敵を追い出す

気管は、鼻や口から入った空気を肺に送るための通り道です。ウイルスや細菌などが、空気といっしょに気管を通って体の中に侵入しようとすると、気管の内側でつくられるたんにからめとられ、細かい毛の動きで口のほうに運ばれます。このときにせきが出て、たんごと外にはき出すのです。

くしゃみで異物をふき飛ばす

くしゃみは、鼻から入った異物を追い出すために起こります。鼻は入口にある鼻毛が異物の侵入をふせいでいますが、それでも入ってきた異物は、鼻のおくで鼻水にからめてくしゃみでふき飛ばします。かぜのときはいつもよりくしゃみが出やすくなり、異物が体に侵入するのをふせぐのです。

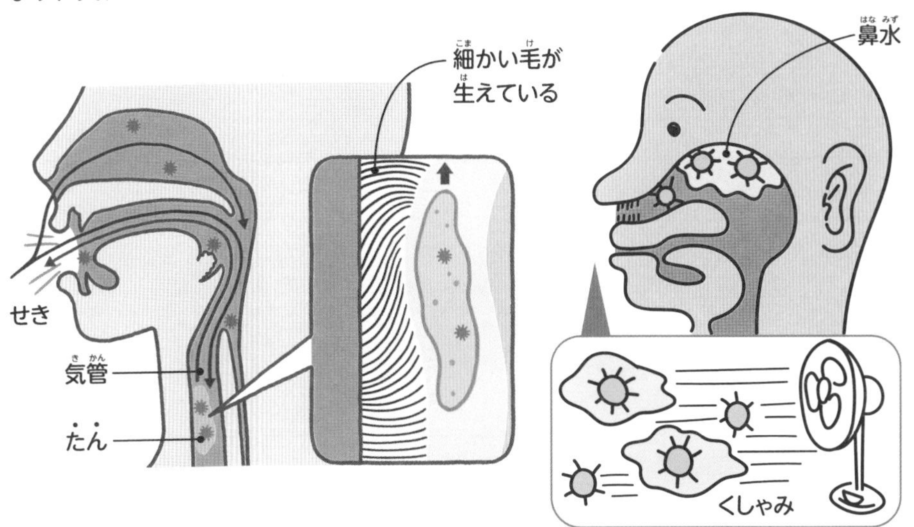

マメ知識 たんや鼻水は、気管や鼻のおくの細胞が出すねん液（ねばねばした物質）だよ。体を守る大事な役目をしているんだ。

魚類最大 ジンベエザメ

2月3日

節分

※2月2日や2月4日が節分になる年もある。

誕生日 フェリックス・メンデルスゾーン(作曲家)▶1809年
ノーマン・ロックウェル(画家)▶1894年

ジンベエザメの大きさは18m!?

ジンベエザメは魚類でもっとも大きな種で、その全長は18mにもなるといわれています。過去に見つかった個体の大きさが18mと推定されたためですが、それほど大きいものはまれで、ほとんどの場合は大きくなっても10〜12mほどだと考えられています。

ジンベエザメ
テンジクザメ目ジンベエザメ科
全長　18m(最大)
分布　太平洋、インド洋、大西洋、日本

2月4日

誕生日 チャールズ・リンドバーグ(飛行家)▶1902年
東野圭吾(作家)▶1958年

プランクトンが大好物!?

サメといえばほかの魚をおそうハンターというイメージですが、ジンベエザメはプランクトン(水中をただよう小さな生き物たち)を主食にしているめずらしいサメです。逃げる魚をつかまえて食べるよりもエネルギーを節約できるからだと考えられています。

マメ知識　ジンベエザメは、世界の海を泳いで回っている回遊魚。沿岸から外洋、ときにはサンゴ礁にまであらわれる。海面近くから深海まで、はば広く移動しているよ。

2月5日

誕生日 クリスティアーノ・ロナウド（サッカー選手）▶1985年

ネイマール（サッカー選手）▶1992年

ジンベエザメにくっつく魚たち

ジンベエザメのような大きな魚のまわりには、ついてまわる小さな魚たちがいます。これらの魚たちは、大型魚の近くにいることで身を守ったり、大型魚の食べ残しや寄生虫を食べたりしています。

コバンザメ。頭にあるきゅうばんで大型魚のからだにくっつく。

プランクトンは海中をただよっているから、海水を吸いこむだけでたくさん食べることができるんじゃよ

海水を一気に飲みこみ、えらでプランクトンをこしとり、えらあなから海水だけを出す。

マメ知識 ジンベエザメはプランクトンのほかに、海面近くにいる小魚も食べるよ。近年の研究では、海藻など植物性のものもたくさん食べていることがわかったんだ。

2月6日

誕生日 ベーブ・ルース(野球選手)▶1895年
やなせたかし(漫画家)▶1919年

子育てじょうずな天然記念物

オオサンショウウオは国の特別天然記念物

オオサンショウウオは、おもに西日本の川で見られる大型の両生類です。学術的にとくに価値の高い動物として、国が保護する特別天然記念物に指定されています(は虫類・両生類ではオオサンショウウオだけ)。また、日本にしかいない固有種で、生息数が少ないので絶滅危惧種にも指定されています。

オオサンショウウオはオスが子育てをする

オオサンショウウオは、オスの巣あな(岩のすきまなど)にメスが入って産卵します。産卵後は、オスだけが巣あなに残って卵のせわをします。卵がふ化した後も、しばらくは子どもたちといっしょにすごします。

オオサンショウウオ
有尾目オオサンショウウオ科
全長　40〜150cm
分布　日本(本州南西部、四国、九州)
すむ場所　流れの速い川

オオサンショウウオの巣あなの中の卵。50日ほどでふ化する。

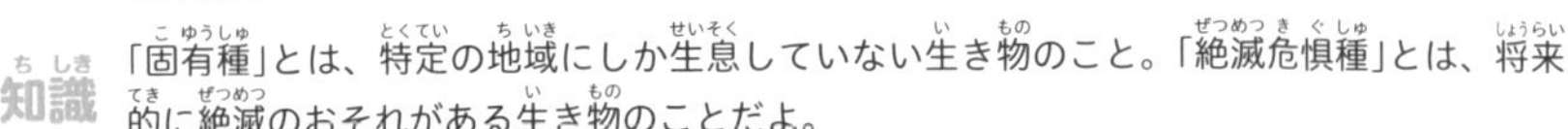
マメ知識 「固有種」とは、特定の地域にしか生息していない生き物のこと。「絶滅危惧種」とは、将来的に絶滅のおそれがある生き物のことだよ。

2月7日

誕生日 益川敏英(物理学者)▶1940年
柳井正(企業家)▶1949年

日本の水辺にひそむ外来ガメ

外来種が日本でふえている

近年、本来は日本にいないはずの生き物、「外来種」が大きな問題になっています。外国から日本に持ちこまれた生き物たちが、日本にすみついてふえてしまい、もともと日本にいる生き物(在来種)たちに大きなえいきょうをあたえているのです。

危険な外来ガメに注意!

カミツキガメやワニガメは本来は北アメリカに分布するカメですが、ペットとして日本に持ちこまれたものが野生化しています。どちらもあごの力が非常に強く、口に入る生き物をなんでも食べてしまうので注意が必要です。

器具にかみついたカミツキガメ。指をかまれると大きなけがをするおそれがある。

カミツキガメ
カメ目カミツキガメ科
甲らの長さ　50cm
分布　北アメリカ中央部～南アメリカ北西部
すむ場所　川、湖沼

ワニガメ
カメ目カミツキガメ科
甲らの長さ　60～80cm
分布　北アメリカ南東部
すむ場所　川、湖沼

マメ知識 2020年の調査で、千葉県にある印旛沼の周辺に約6500匹ものカミツキガメがすんでいることがわかったんだ。つかまえる数よりも、ふえていく数のほうが多いんだって。

2月8日

誕生日 ジュール・ヴェルヌ(作家)▶1828年
八村塁(バスケットボールの選手)▶1998年

海をわたるチョウ

アサギマダラ
チョウ目タテハチョウ科
前ばねの長さ 45〜65mm
分布 東アジア、日本

アサギマダラの移動距離を調べるため、はねに日付や場所などをペンで書きこむ「マーキング調査」がおこなわれている。

大きなはねでひらひらと飛ぶアサギマダラ

アサギマダラは大きなはねをもっていて、ほかの多くのチョウにくらべてゆっくりとゆうがに羽ばたくのが特徴です。これが長い距離を移動するためのヒケツで、下から上に向かってふく「上昇気流」という風にのって空高く舞い上がり、エネルギーをあまり使わずに遠くまで飛ぶことができるのです。

渡り鳥のように北から南へ海を越えて移動する

アサギマダラは春から初夏にかけて成虫になると、すずしい北のほうに移動して卵を産みます。卵から成長した成虫は、秋になるとあたたかい南のほうへ移動します。海を越えて外国まで移動することもあり、これまでの最高記録は日本から香港までの約2500kmになります。

マメ知識 アサギマダラは、幼虫のころに食べるキジョランという植物がもつ毒をからだの中にためこんで、天敵から身を守っているよ。

2月9日

誕生日 夏目漱石（作家）▶1867年
大隅良典（生物学者）▶1945年

恐竜が生きていた時代

地球上に恐竜が誕生したのは、いまから約２億3000万年前の「三畳紀」だと考えられています。それから約6600万年前の「白亜紀」の終わりにとつぜん絶滅してしまうまで、約１億6000万年ものあいだ、さまざまに進化しながら数を増やし、地上を支配していたのです。三畳紀とその後の「ジュラ紀」、そして白亜紀を合わせて「中生代」とよび、恐竜が生きていた時代とほぼ重なります。

2億5 190万年前～
恐竜が誕生！
三畳紀

2億0 130万年前～
恐竜が巨大化！
ジュラ紀

1億4500万年前～
恐竜が繁栄！
白亜紀

6600万年前
恐竜が絶滅！

マメ知識　地球が誕生してから、生き物は何度も進化と絶滅をくり返しているんだ。恐竜絶滅の前にも、少なくとも４回の生き物の大量絶滅があったと考えられているよ。

食べたものが栄養になるまで

2月10日

誕生日 平清盛(武将)▶1118年
平塚らいてう(作家)▶1886年

食道を通って胃にためる

口から入って飲みこまれた食べ物は、食道を通って、胃にたどり着きます。胃は筋肉でできたふくろのような器官で、食べ物を一度ためこんでから、胃液とまぜてつぎの十二指腸に送ります。

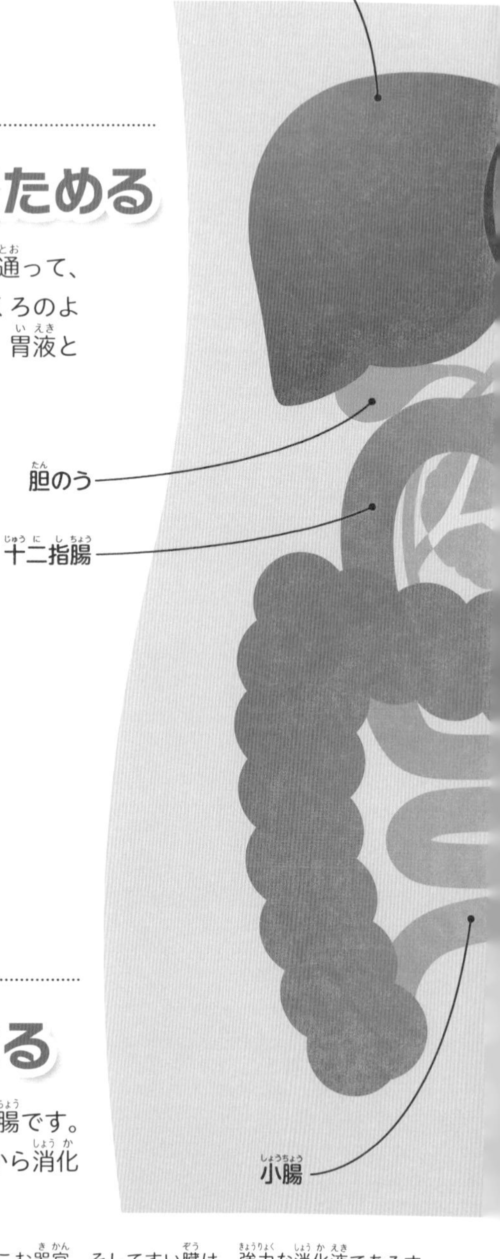

2月11日

建国記念の日

誕生日 伊能忠敬(地理学者)▶1745年
トーマス・エジソン(発明家)▶1847年

十二指腸で消化する

食べたものを本格的に消化するのは、十二指腸です。十二指腸につながっている胆のうやすい臓から消化を助ける液が送られ、食べ物を消化します。

マメ知識 胆のうは、肝臓でつくった胆汁をためこむ器官。そしてすい臓は、強力な消化液であるすい液をつくる器官だよ。

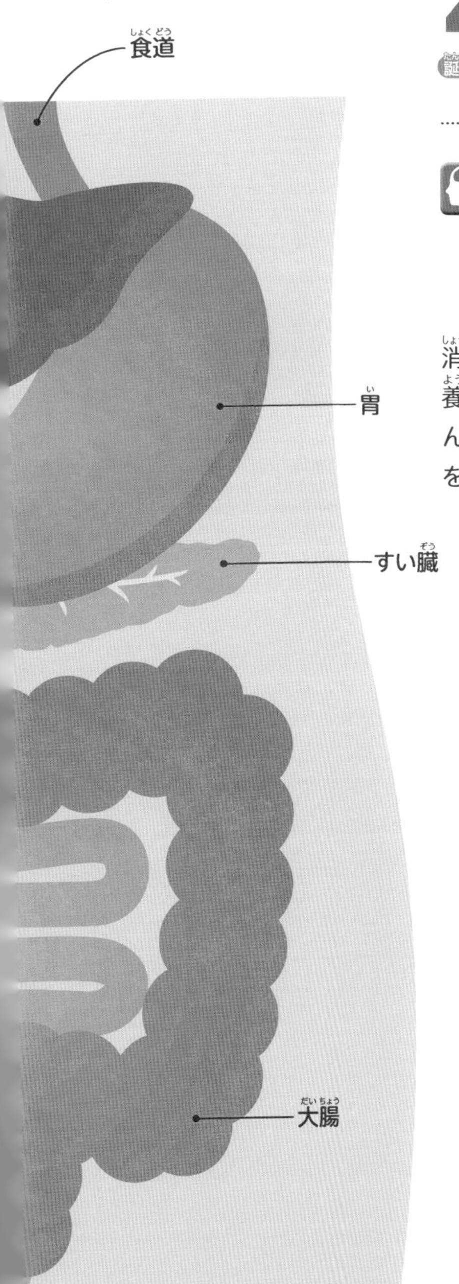

2月12日

誕生日 チャールズ・ダーウィン(博物学者)▶1809年
直木三十五(作家)▶1891年

小腸で栄養をきゅうしゅうする

消化液でどろどろになった食べ物から、小腸で栄養をきゅうしゅうします。内側のかべにはたくさんの突起があり、そこにある細胞が食べ物の栄養をきゅうしゅうします。

食べたものが
便(うんち)になって
出るまでには、
約24時間かかるんだよ

2月13日

誕生日 宮本百合子(作家)▶1899年
竹宮惠子(漫画家)▶1950年

大腸で便をつくる

栄養をきゅうしゅうされた食べ物のかすは、大腸で水分をしぼりとられます。このときに腸の中で生きている細菌が不要な物質を分解します。そして残ったものは便(うんち)として体の外に出されるのです。

マメ知識 小腸の長さは、おとなの平均でなんと6.5m。身長の約4倍の長さの小腸が、折りたたまれて体の中におさまっているんだ。

2月14日

誕生日 ヨハネス・ヴェルナー（地理学者）▶1468年
岡倉天心（美術評論家）▶1863年

空飛ぶは虫類 翼竜

翼竜は鳥や恐竜ではない!?

翼竜は、恐竜とは別のグループのは虫類のなかまで、恐竜と同じ時期に生きていました。その名のとおり、翼で空を飛ぶことができたのが特徴で、羽毛ではなく、膜のような翼をもっていました。恐竜が進化した鳥とはちがい、４番目の指が長くのびて翼をささえていました。

最大の翼竜は翼を広げた大きさが10m

三畳紀後半（約２億2500万～２億130万年前）にあらわれた翼竜は恐竜とともにどんどん進化していき、非常に大きな翼竜も登場しました。ケツァルコアトルスは、白亜紀後期（約１億～6600万年前）に生きていた最大級の翼竜で、翼を広げた大きさはなんと、10mほどもありました。

ケツァルコアトルス
は虫類 翼竜類
翼を広げた長さ　10m
発見地　アメリカ
学名の意味　翼のあるヘビ

マメ知識 さまざまな種類がいた翼竜。長いトサカをもつプテラノドンや、長い尾と小さく細長い歯が生えたくちばしをもつランフォリンクスもよく知られているよ。

2月15日

誕生日 ガリレオ・ガリレイ（自然学者）▶1564年
井伏鱒二（作家）▶1898年

星座の神話・みずがめ座

1月20日〜2月18日生まれの人は「みずがめ座」

ヨーロッパなどで大昔から伝わっている星うらないによると、1月20日〜2月18日に生まれた人の誕生星座は「みずがめ座」です。星うらないでは、誕生星座がみずがめ座の人の性格は「独創的で変わり者」などといわれています。

大神・ゼウスにさらわれた美少年

みずがめ座は、水がめ（液体を入れる陶器の入れ物）をかかえた美少年のすがたをしています。ギリシャ神話で一番えらい大神・ゼウスは、美しい人や物を見つけると自分のものにしないと気がすまない性格でした。ある日、美少年のガニュメデスにひと目ぼれしたゼウスは、神がみにお酒をつぐ仕事をさせるため、ワシに変身して彼を連れ去ってしまいました。星座は水がめからお酒をつぐガニュメデスのすがたなのです。

マメ知識 みずがめ座は9月〜12月ごろに見える星座だよ。全体的に暗い星座だけど、近くにはみなみのうお座の1等星、フォーマルハウトがあるんだ。

2月16日

誕生日　狩野永徳（画家）▶1543年
高倉健（俳優）▶1931年

ヒラメとカレイの見分け方

ヒラメとカレイは顔の向きで見分けられる？

ヒラメとカレイは海底のすな地にすむ平たいからだの魚たちで、眼がからだの左右どちらかによっています。眼がついている側を上にして置くとヒラメは左向き、カレイは右向きになります。このことを指して、昔から「左ヒラメに右カレイ」といいます。ただし例外もあり、からだの左側に眼があるカレイのなかまもいます。

子どものときは眼が左右についているって本当？

ヒラメもカレイも子どものときは顔の両側に眼がついていて、ふつうの魚と同じようなからだつきをしています。しかし、成長とともにからだが平たくなり、眼の位置が動いてからだの片側によっていきます。

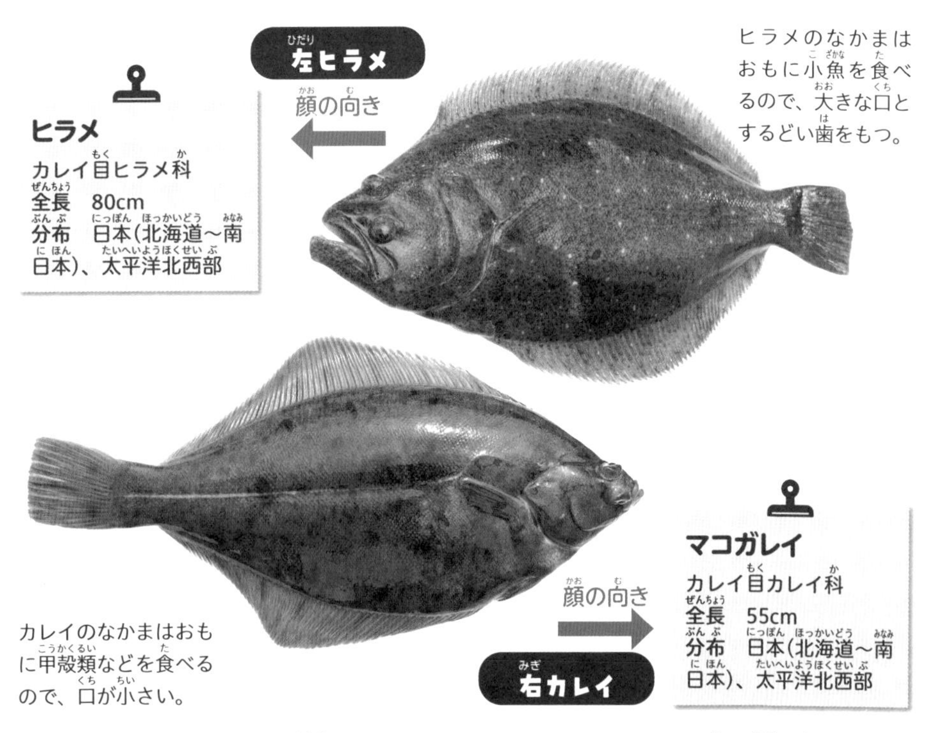

マメ知識　すしだねとして人気の「えんがわ」はヒラメやカレイのひれのつけ根の部分の身で、ひれを動かすための筋肉なんだ。カレイよりもヒラメのえんがわのほうが高級品なんだって。

2月17日

誕生日　森鷗外（作家）▶1862年
マイケル・ジョーダン（バスケットボール選手）▶1963年

キツネとタヌキをくらべてみよう

キツネもタヌキもイヌのなかま

キツネとタヌキは、昔からいっしょに語られることが多い動物です。同じネコ目イヌ科にふくまれる種なのでからだつきが似ていますが、成長するとキツネのほうがすこし大きくなります。キツネはほっそりとしていて尾が長め、タヌキはふっくらとしたからだつきで尾が短めです。

キツネとタヌキは生態もそっくり

キツネとタヌキは生態もよく似ています。すむ場所は山地や森林で、木登りが得意です。どちらも雑食で、ネズミや昆虫などの小動物、木の実や果実など、いろいろなものを食べます。キツネのほうがやや肉食よりで、ウサギや鳥をおそって食べることもあります。

キタキツネ
ネコ目イヌ科
体長　62〜78cm
分布　日本（北海道）
すむ場所　山地、森林

タヌキ
ネコ目イヌ科
体長　50〜68cm
分布　東アジア〜東南アジア、日本
すむ場所　森林、山地、湿地

マメ知識　同じ種でも分布する地域によって体色やからだつきにちがいがある場合、種より細かい「亜種」に分けることがあるよ。キタキツネは、世界に広く分布するアカギツネの亜種なんだ。

史上最大のサメ メガロドン

2月18日

誕生日 上杉謙信（戦国大名）▶1530年
エルンスト・マッハ（物理学者）▶1838年

ホホジロザメの3倍の巨大ザメがいた!?

いまから約2300万～530万年前の中新世の時代、世界各地の海にすんでいた史上最大のサメが、メガロドンです。その大きさは全長約16mで、ホホジロザメの3倍以上にもなります。

2月19日

誕生日 ニコラウス・コペルニクス（天文学者）▶1473年
岡田紗佳（雀士）▶1994年

かむ力はホホジロザメの6～10倍

メガロドンは歯がするどくあごもがんじょうで、かむ力はホホジロザメの6～10倍にもなるという研究もあります。魚やクジラを食べていたとされ、強力なあごでえものをかみちぎっていたのでしょう。

マメ知識 メガロドンの日本語の名前は「ムカシオオホホジロザメ」というんだ。

「天狗のつめ」とよばれていたメガロドンの歯の化石。

2月20日

誕生日 石川啄木(詩人)▶1886年
長嶋茂雄(野球選手)▶1936年

歯の化石は「天狗のつめ」だと思われた？

サメのなかまは、からだの骨がやわらかいので、化石には歯しか残りません。メガロドンの歯の化石は日本でも昔からいくつも見つかっていましたが、それがどんな生き物のどこの部分なのかわからず、「天狗のつめ」などとよばれていました。

開いた口の大きさはおとなでもすっぽり入ってしまうほどじゃ

メガロドン
ネズミザメ目オトドゥス科
全長　16m
発見地　北アメリカ、日本各地、世界各地
学名の意味　大きな歯の栄光あるサメ

マメ知識　メガロドンは、気候が寒くなったことと、えものだったクジラが寒い地域に移動したことなどから絶滅したと考えられているよ。

2月21日

誕生日 ハリー・スタック・サリヴァン(精神医学者)▶1892年
国枝慎吾(車いすテニス選手)▶1984年

きみょうなすがたのツノゼミ

ツノゼミはセミやカメムシなどに近いなかまの昆虫で、体長は大きいものでも10mmほどで植物のしるなどを吸います。世界中に多くの種類のツノゼミがいますが、頭に大きな角があったり、複雑な形のかざりがついていたりと、きみょうなすがたをしたものが多いのが特徴です。角やかざりがなんのためにあるのかは、よくわかっていません。

マメ知識　日本には、全部で16種のツノゼミが知られているよ。体長が10mm以下のものがほとんどで、ニトベツノゼミは日本最大のツノゼミなんだ。

2月22日

誕生日 ジョージ・ワシントン（政治家）▶1732年
高浜虚子（俳人）▶1874年

心臓は血液を全身に送るポンプ

心臓は4つの部屋に分かれている

心臓は左右2つの「心房」と左右2つの「心室」、合わせて4つの部屋に分かれています。それぞれが別の血管とつながっていて、順番にふくらんだりちぢんだりすることで、血液を全身に送り出すことができるようになっています。心臓は、体の各器官が正しく動くための中心となる重要な臓器なのです。

血液は酸素や栄養素を体のすみずみまでとどける

人間の体には、頭のてっぺんからあしの先まで、血管がはりめぐらされています。血管の中には血液（血）が流れていて、血液の中にとけこんだ酸素と栄養素を全身の細胞にとどけるのです。酸素と栄養素がないとエネルギーをつくり出すことができず、体の細胞は生きていけないのです。

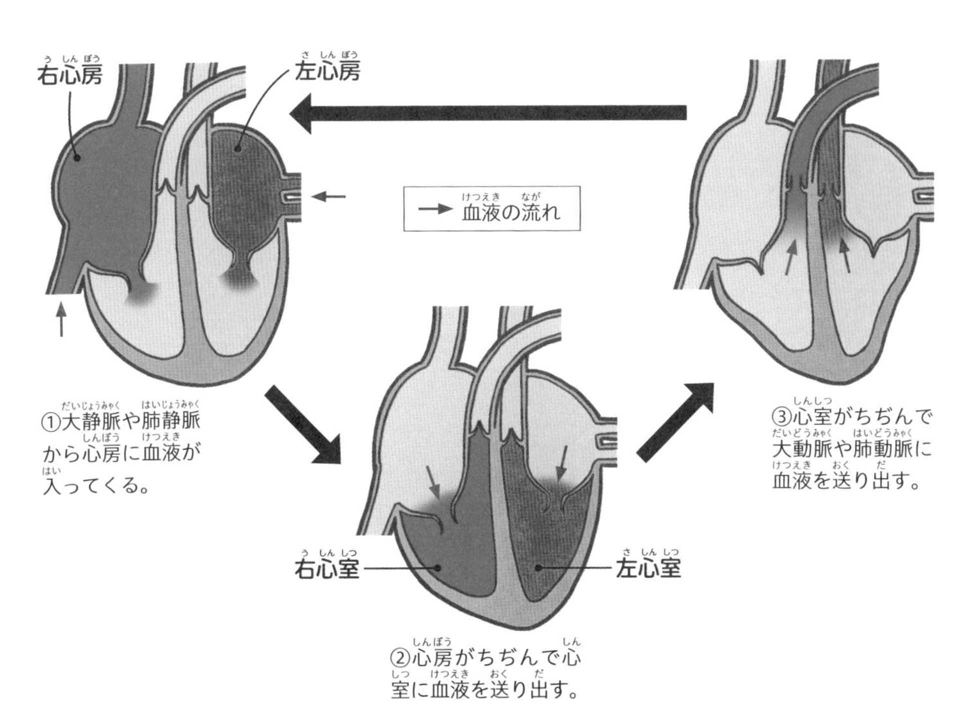

マメ知識 心臓は、心筋という筋肉で動いているよ。心筋は、ねているときでも自分の意志に関係なく動くから、ねていても心臓が止まってしまうことはないんだ。

2月23日

天皇誕生日

誕生日 カシミール・フンク（生化学者）▶1884年
中島みゆき（ミュージシャン）▶1952年

頭部が透けている深海魚

生きたデメニギスを撮影

2004年、アメリカ・カリフォルニア沖の深海できみょうなすがたの魚が撮影されました。とうめいな頭をもつ深海魚、デメニギスです。いままで網で傷ついた標本しか得られていなかったので、生きているデメニギスのすがたは世界的におどろきをあたえました。

望遠鏡のようなつつ形の眼

デメニギスの頭部はとうめいな膜でおおわれていて、その中に望遠鏡のようなつつ形の眼があります。この眼は向きを変えることができ、ふだんは上向きになっています。えものを見つけると、眼を前にたおしながらからだの向きを変え、えものに食いつきます。

水晶玉のようなものが眼で、眼のように見えるのが鼻だよ

眼

鼻

デメニギス

ニギス目デメニギス科
全長　15cm
分布　太平洋北部〜東部、日本近海
水深　16〜1267m

デメニギスの眼

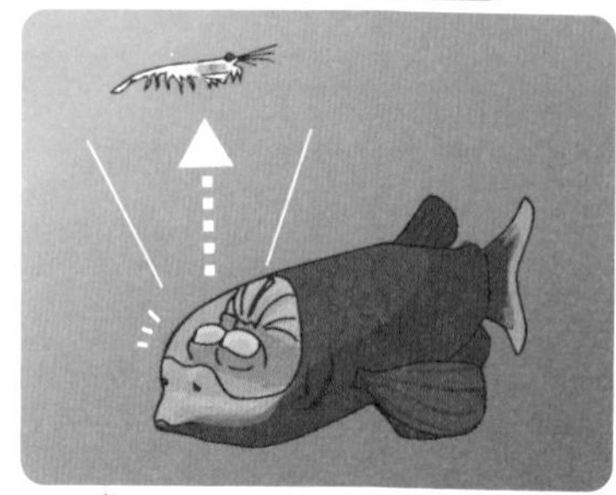

つつ形の眼を上に向けて、えものを見つける。

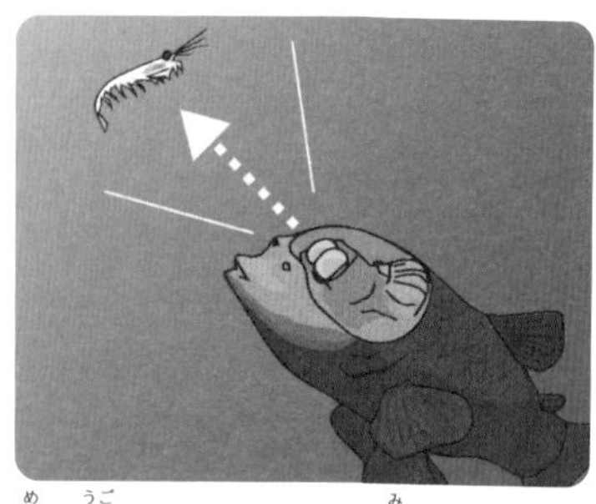

眼を動かして、えものを見つめたまま、からだを上に向けてえものに食いつく。

マメ知識 デメニギスの頭のとうめいな膜は、眼を守るためのものだと考えられているよ。クラゲなどからえものをよこどりするときに、眼を触手で傷つけられないように守っているんだって。

2月24日

誕生日 トーマス・ニューコメン（発明家）▶1664年
スティーブ・ジョブズ（企業家）▶1955年

食べると危険！ 毒キノコ

スーパーなどで野菜といっしょにならべられているキノコですが、じつは植物ではなく菌類のなかまです。日本には5000種ほどのキノコがあり、食用になるキノコは100種ほどといわれています。人間が食べると危険な毒キノコは40種ほどが知られていますが、実際には毒があるかどうかもわからないキノコがほとんどなので、知らないキノコは絶対に食べてはいけません。

暗い場所で光る。

ツキヨタケ

シイタケに似た見た目だが、食べるとおう吐やげりなどを起こす。

カエンタケ

赤い手のような形で、さわるだけで炎症を起こす。少しでも食べると死にいたる。

ドクツルタケ

「死の天使」とよばれる白いキノコ。1本でも食べると死にいたる。

クサウラベニタケ

シメジに似た見た目だが、食べると腹痛やおう吐などを起こす。

ベニテングタケ

かわいらしい見た目だが、食べるとげりやおう吐、幻覚などを起こす。

ここで紹介しているキノコは、とくに危険な毒キノコじゃよ。見つけても絶対にさわらないように

マメ知識 キノコは、菌類のなかでも「真菌類」というグループに分類されるよ。真菌類にはカビなどもふくまれるので、分類学的にはキノコとカビは同じなかまといえるんだ。

もっとも背が高い動物 キリン

2月25日

誕生日 ピエール＝オーギュスト・ルノワール（画家）▶1841年
松山英樹（ゴルフ選手）▶1992年

長い首と舌、あしをもつキリン

キリンは頭までの高さが5mをこえ、舌の長さも40cm以上あるので、ほかの動物にはとどかない高いところの木の葉を食べることができます。さらに、長いあしで時速50km以上で走ることができ、ときにはひとけりでライオンをころしてしまうこともあります。

2月26日

誕生日 ヴィクトル・ユーゴー（作家）▶1802年
岡本太郎（芸術家）▶1911年

キリンの長い首のひみつ

キリンは首がとても長いので、首の中に骨がたくさんあると思われがちです。しかし、骨（頸椎）の数は7つ、人間と同じ数しかありません。しかし、骨に続く胸の骨（胸椎）はとてもよく動くようにできているので、長い首を自由に動かすことができるのです。

2月27日

誕生日 ルドルフ・シュタイナー（哲学者）▶1861年
ジョン・スタインベック（作家）▶1902年

キリンは首を使ってけんかする!?

キリンのオスは、メスをめぐって争うときに首や頭をぶつけ合います（ネッキング）。首をまるでムチのように大きくふりまわし、いきおいをつけて相手のからだに頭をたたきつけます。そのため、強くぶつけすぎて首の骨が折れてしまうこともあります。

マメ知識 キリンは地域ごとのグループでからだのもようにちがいがあり、いくつかの亜種（→55ページ マメ知識）に分けられているんだ。アミメキリンやケープキリンなどがいるよ。

キリン
クジラ偶蹄目キリン科
体長　3.8〜6m
分布　アフリカ（サハラ砂漠より南）
すむ場所　サバンナ、森林、砂漠

オスどうしのけんかのようす。首をふりまわし、相手の胴体に頭をぶつけている。

マメ知識　生き物の高さをたとえるときに、「ビルの○階分」という表現を使うよね。ビルの１階分の高さは約３mで計算されることが多く、キリンの場合はビル２階分くらいになるよ。

2月28日

誕生日 ミシェル・ド・モンテーニュ（哲学者）▶1533年
ジョン・テニエル（イラストレーター）▶1820年

昔は神様だったニホンオオカミ

オオカミは「大神」!?

ニホンオオカミは、はるか昔から江戸時代くらいまでは日本の本州各地にすんでいました。ニホンオオカミは肉食ですが、山にくらしていたため人間をおそうことはほとんどなく、田畑を荒らすシカやイノシシをえものとしていました。人間にとってはありがたい存在だったので、「大神」とよんで山の神としてうやまっていました。

人間によるくじょや病気で絶滅

明治時代以降になると、人間の開発によってすみかが少なくなり、オオカミは家畜をおそうようになります。すると人びとはオオカミを害獣としてくじょするようになったのです。外国から入ってきたイヌの病気が広がったこともあり、1905年以降ニホンオオカミは目撃されておらず、絶滅したと考えられています。

マメ知識 埼玉県の三峯神社や東京都の武蔵御嶽神社では、オオカミを神様としてまつっているよ。

2月29日

誕生日 ルイス・スウィフト(天文学者)▶1820年
赤川次郎(作家)▶1948年

どうして2月29日は4年に1回しかないの？

地球の動きとカレンダーを調整するため。2月29日がある年を「うるう年」というよ！

1年は365日ぴったりではない

現在わたしたちが使っているカレンダー(暦)は、地球が太陽のまわりを1周する期間を「1年」としています。1年は基本的に365日ですが、実際には地球が太陽のまわりを1周するのにかかるのは約365.24219日。1年をぴったり365日にしてしまうと、実際の地球の動きとカレンダーの日付がだんだんずれていってしまいます。

4年に1回、1日増やす

そのずれを調整するためにつくられたのが「4年に1回、1年を366日にする」というしくみ。これが4年に1回だけ2月29日がある理由なのです。でもじつは、うるう年はかならず4年に1回あるわけではありません。「西暦の年号が100でわりきれて、400でわりきれない年はうるう年にしない」というルールがあるのです。

21世紀のうるう年リスト		
2004年	2036年	2068年
2008年	2040年	2072年
2012年	2044年	2076年
2016年	2048年	2080年
2020年	2052年	2084年
2024年	2056年	2088年
2028年	2060年	2092年
2032年	2064年	2096年

2100年は「西暦の年号が100でわりきれて、400でわりきれない年」。だから、うるう年にはならないんじゃのう

マメ知識 地球の動きと実際の時間との誤差を調整するため、1月1日または7月1日に、1日の時間を1秒だけ増やすのが「うるう秒」だよ。でも、国連機関の会議で将来的に廃止されることになったんだ。

2月のおさらいクイズ

2月1日〜29日(42〜65ページ)で学んだことをクイズでかくにんしてみよう。問題は10問(1問10点)で、答えは68ページにのってるよ！

Q.1 魚類最大のジンベエザメはふだんなにを食べている？

ヒント 成長すると全長10mをこえるというジンベエザメ。ふだんはびっくりするようなものを食べているよ。それを食べる理由は、海水を吸いこむだけでたくさん食べられるからなんだって。

1 大型の回遊魚
2 プランクトン
3 クラゲ

Q.2 空を飛ぶ翼竜はなんのなかま？

1 は虫類
2 恐竜
3 鳥

Q.3 風に乗って渡り鳥のように移動するチョウは？

1 カラスアゲハ
2 オオムラサキ
3 アサギマダラ

Q.4 オオサンショウウオで子育てするのは？

1 オス
2 メス
3 どちらもしない

Q.5 心臓は体の中でどんな役割がある？

1 血液をつくる工場
2 血液を送るポンプ
3 血液をきれいにするフィルター

Q.6 オスどうしのキリンのけんか、どうやって戦う？

ヒント 頭までの高さが5mをこえるキリンの武器は、その長い首。首を使ってびっくりするような戦い方をするんだよ。

1 首をのばして高さを競う

2 首をからめて引っぱり合う

3 首をふりまわして頭をぶつける

Q.7 うるう年は何年に1回ある？

1 2年に1回

2 4年に1回

3 8年に1回

Q.8 カミツキガメやワニガメはどんな生き物？

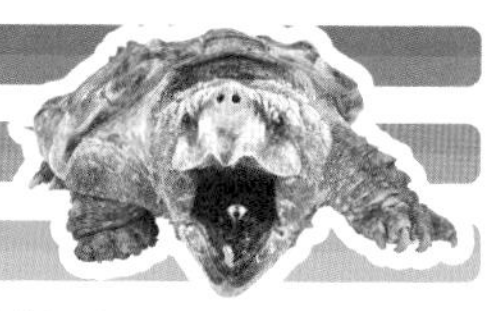

1 在来種

2 外来種

3 天然記念物

Q.9 メガロドンの歯の化石の日本でのよび名は？

ヒント メガロドンは中新世の時代に世界中の海にいた巨大ザメ。日本でも昔から歯の化石が見つかっていて、妖怪のものだと思われていたようだよ。

1 鬼のつの

2 河童のおの

3 天狗のつめ

Q.10 深海魚デメニギスはどんな眼をもっている？

1 望遠鏡のようなつつ形の眼

2 サングラスのような黒い眼

3 ガラスのようなかたい眼

手ごたえはどうじゃ？
つぎのページで
成績をチェックしてみよう

2月のおさらいクイズ　答え合わせ

Q.1 魚類最大のジンベエザメはふだんなにを食べている？
答えは 2 プランクトン(2月4日　44ページ)

Q.2 空を飛ぶ翼竜はなんのなかま？
答えは 1 は虫類(2月14日　52ページ)

Q.3 風に乗って渡り鳥のように移動するチョウは？
答えは 3 アサギマダラ(2月8日　48ページ)

Q.4 オオサンショウウオで子育てするのは？
答えは 1 オス(2月6日　46ページ)

Q.5 心臓は体の中でどんな役割がある？
答えは 2 血液を送るポンプ(2月22日　59ページ)

Q.6 オスどうしのキリンのけんか、どうやって戦う？
答えは 3 首をふりまわして頭をぶつける(2月27日　62ページ)

Q.7 うるう年は何年に1回ある？
答えは 2 4年に1回(2月29日　65ページ)

Q.8 カミツキガメやワニガメはどんな生き物？
答えは 2 外来種(2月7日　47ページ)

Q.9 メガロドンの歯の化石の日本でのよび名は？
答えは 3 天狗のつめ(2月20日　57ページ)

Q.10 深海魚デメニギスはどんな眼をもっている？
答えは 1 望遠鏡のようなつつ形の眼(2月23日　60ページ)

正解した問題の数に
10点をかけて、
点数を計算しよう

2月のクイズの成績

＿＿＿＿点

ラッコはすごく
かしこいんだって
3月
生きている化石、
シーラカンスじゃな

3月1日

誕生日 伊藤若冲(画家)▶1716年
芥川龍之介(作家)▶1892年

森にひそむハンター カメレオン

森の景色にとけこむ

カメレオンは森にすむは虫類で、木の上でくらすための便利な能力をたくさんもっています。森にとけこみやすい体色のものが多く、さらにまわりの景色によって体色が変化します。左右別べつに動く眼でえものを見つけると、ゆっくり動いてえものにしのびよります。

のびる舌でえものをしとめる

えものが近くなると、すばやく舌をのばします。舌はからだよりも長くのびて、ねばねばした舌先にえものをくっつけます。そして、舌をもどしてえものを丸のみにします。

まわりの色や明るさによって体色が変わる。好きな色に変えられるわけではない。

ジャクソンカメレオン
有鱗目トカゲ亜目カメレオン科
全長　25～38cm
分布　アフリカ東部
すむ場所　森林

頭部の3本の角はオスどうしで戦うときに使うんじゃ

えものの虫が身動きできないほどの速さで舌をのばす。

3本と2本のふたまたに分かれた指で、枝をはさむようにつかむ。

長い尾を枝にまきつけて、からだをささえる。

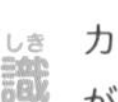

マメ知識 カメレオンは木のしげみなどにかくれながら、眼だけを左右別べつに動かしてえものをさがすんだ。眼がよこに大きくつき出ているので、前後左右を広く見わたせるんだって。

3月2日

誕生日 エルンスト・ハース（写真家）▶1921年
カレン・カーペンター（ミュージシャン）▶1950年

ヌーはなぜ大移動するの？

**ヌーは水場やえさ場をもとめて
季節の変わり目に大移動するんだよ！**

オグロヌーは、アフリカのサバンナにすむウシのなかまです。季節の変わり目になると、水と新鮮な草をもとめて長距離移動します。ふだんは数十頭の群れでくらしていますが、大移動のときには群れどうしが集まります。大きな群れで移動することで、肉食動物にねらわれる危険を減らしているのです。

大きな川をわたるオグロヌーの群れ。おぼれたり、ワニにおそわれたりして、死んでしまうものも多い。

マメ知識 サバンナには、乾季と雨季が交互にやってくるよ。季節ごとに水と草のゆたかな地域がかわるので、ヌーたちは命の危険をおかしても大移動するんだ。

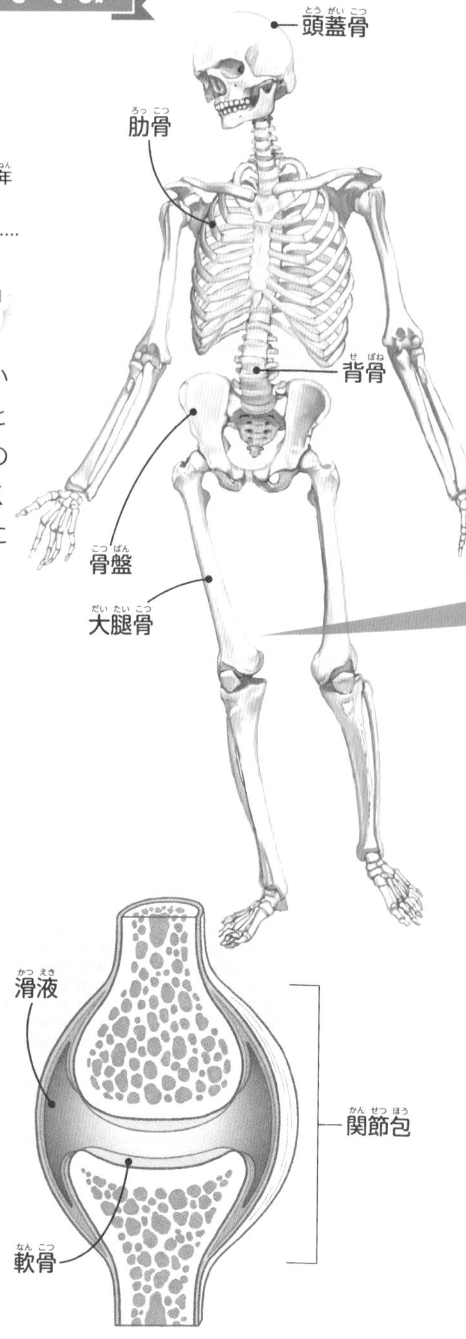

3月3日

ひな祭り

誕生日 アレクサンダー・グラハム・ベル（発明家）▶1847年
坪田譲治（作家）▶1890年

全身をささえる骨

人間の体は全身の骨によってささえられています。骨がなければ、人間は立って歩くこともできません。生まれたばかりの赤ちゃんの骨は約300個ですが、成長するにつれていくつかの骨がくっついて１つになり、おとなになると200個ほどになります。

3月4日

誕生日 アントニオ・ヴィヴァルディ（作曲家）▶1678年
大塩平八郎（儒学者）▶1793年

骨と骨は関節でつながっている

ひじやひざなど、動かすことができる部分は骨と骨が「関節」でつながっています。丸い形の骨が、くぼんだ形の骨にすっぽりとはまり、骨と骨がせっする部分はしょうげきをきゅうしゅうする「軟骨」におおわれ、それを包むふくろ（関節包）の中は液体（滑液）で満たされています。

マメ知識 子どものころは、骨のはしの部分の軟骨がかたい骨に置きかわることで骨が長くなり、身長がのびるんだ。おとなになると軟骨がかたい骨に変わって、骨の成長が止まるよ。

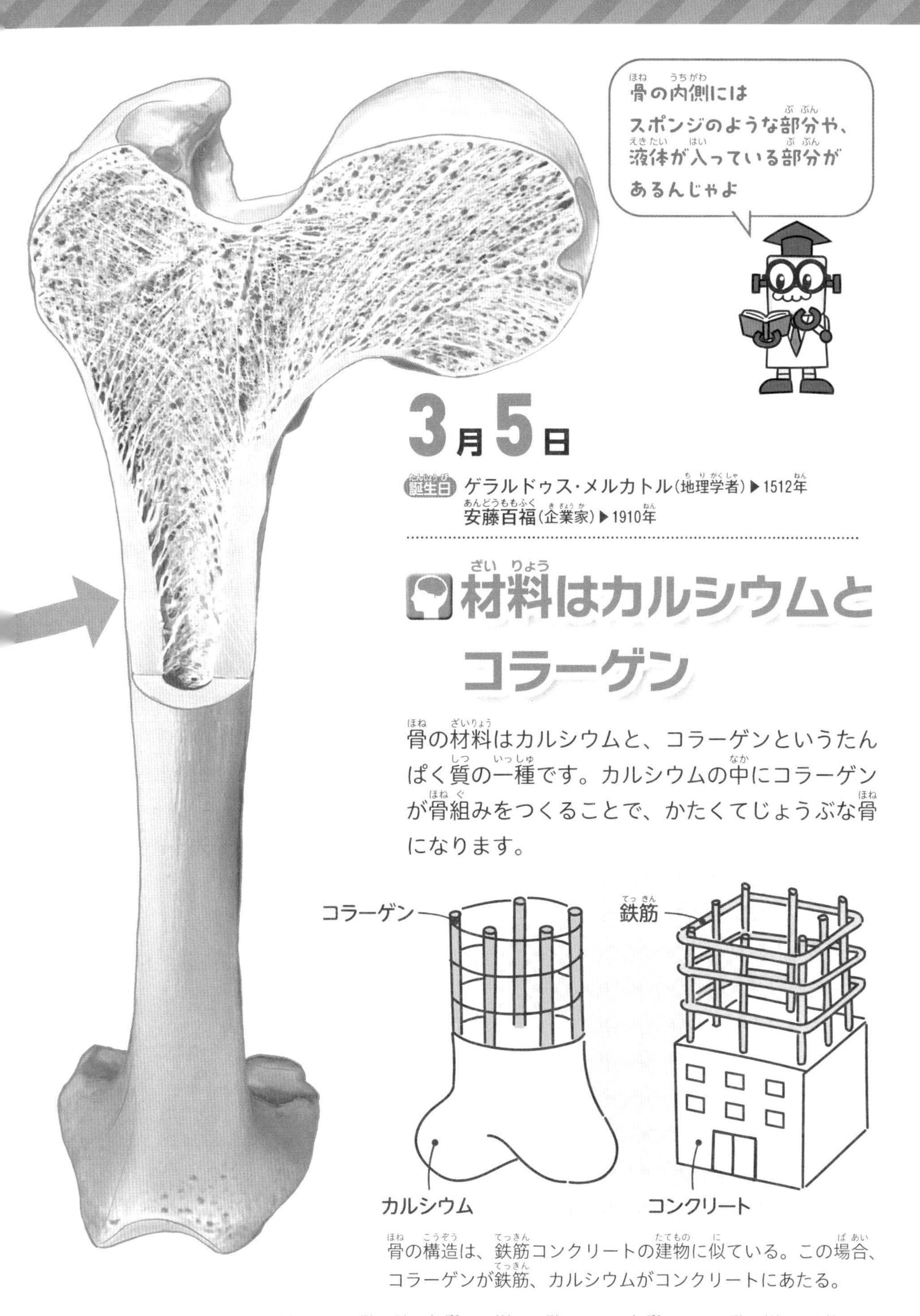

3月5日

誕生日 ゲラルドゥス・メルカトル（地理学者）▶1512年
安藤百福（企業家）▶1910年

材料はカルシウムとコラーゲン

骨の材料はカルシウムと、コラーゲンというたんぱく質の一種です。カルシウムの中にコラーゲンが骨組みをつくることで、かたくてじょうぶな骨になります。

骨の構造は、鉄筋コンクリートの建物に似ている。この場合、コラーゲンが鉄筋、カルシウムがコンクリートにあたる。

マメ知識 骨の中には、古くなった骨を壊す細胞と、新しい骨をつくる細胞があり、骨を新しい状態にたもっているよ。１年で全身の約５分の１の骨が置きかわるんだって。

3月6日

誕生日 ミケランジェロ(彫刻家)▶1475年
宮本輝(作家)▶1947年

ミツバチはダンスで会話している!?

社会をつくってくらすミツバチ

ミツバチは、1匹の女王バチが産んだ家族で1つの巣にすみ、役割分担をして共同生活をします。女王は巣にこもって子どもを産み、働きバチは外に飛んでいって花のみつや花粉をさがし、巣に持ちかえって女王やほかのハチにわたします。

食べ物の場所を伝えるダンス

1匹の働きバチが食べ物のある場所を見つけると、巣にもどって、一定の方向にくるくるとまわりながらからだをふるわせて音を出します。音を出す長さと向きで、食べ物までの距離と方向をなかまに伝えるのです。それを伝えられた働きバチはすぐに食べ物をとりに巣を飛び出します。

ニホンミツバチ
ハチ目ミツバチ科
体長 10〜13mm
分布 日本

マメ知識 「ミツバチのダンス」のしくみは、ドイツのカール・フォン・フリッシュという動物行動学者がいまから100年ほど前に解明したんだよ。

3月7日

誕生日 西周(哲学者)▶1829年
矢沢あい(漫画家)▶1967年

月が形を変えるわけ

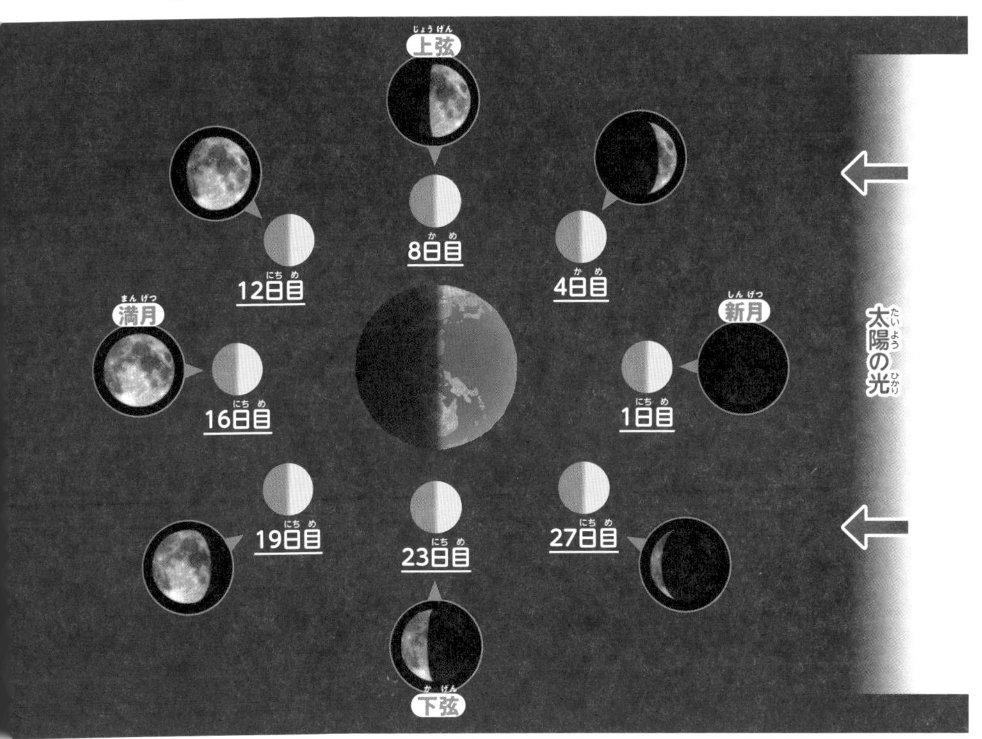

月は地球のまわりをまわっている

月は地球の衛星で、地球のまわりを27日かけてまわっています。また、地球も月といっしょに太陽のまわりをまわっているので、月と太陽、地球の位置関係は日時によって変わります。月は自分から光っているのではなく、太陽の光が当たることで光って見えるので、地球から見て、太陽の光が当たる部分だけが月の形として見えます。

29.5日かけて満ち欠けをする

地球、太陽、月の位置関係が変わると、太陽の光の当たり具合も変わり、月は「満ち欠け」をします。地球から見て月の全体に太陽の光が当たっているとまん丸の「満月」に見え、まったく光が当たらないと月が見えない「新月」になります。新月から次の新月までが29.5日で、この期間で月の形は太くなったり細くなったりします。

マメ知識 新月から3日目の細い月のことを「三日月」、満月のことを「十五夜」、満月から1日後のわずかに欠けた月のことを「十六夜(十六夜とも読む)」とよぶんだよ。

3月8日

誕生日 水木しげる（漫画家）▶1922年
角田光代（作家）▶1967年

カジキの角はなんのためにある？

カジキの角は、上あごの骨がのびたもの。えものにぶつけたり、つき刺したりするよ！

カジキのなかまは、口先からのびる長い角が特徴です。この角は上あごの骨が長くのびたもので、「吻」とよばれています。カジキの吻は、えものをおそうときの武器となります。小魚の群れに向かって突進するとき、吻を上下左右にふりまわしてたたきつけ、気絶したり、傷ついて弱ったりしたえものを食べます。

小魚の群れを追いかけるバショウカジキ。

マメ知識 魚には、えものをおそうときにこうふんして体色が変化するものがいるよ。バショウカジキはふだんは青みがかった色だけど、下の写真のように黒みがかった色に変わるんだ。

3月9日

誕生日 ユーリイ・ガガーリン（宇宙飛行士）▶1934年
梶田隆章（物理学者）▶1959年

お気に入りの石を使うラッコ

石を使ってからをわる

ラッコは、冷たい海にくらすイタチのなかまです。あお向けで海に浮かんですごし、海にもぐって貝やウニをとってきます。貝やウニにはからがあるので、ひろってきた石にたたきつけてからをわり、中の身を食べます。

気に入った石を大事にする

ラッコは使いやすいお気に入りの石が見つかると、わきの皮ふの下のたるみにしまって大事に使い続けます。ほかにも、ねるときに沖に流されないように海藻を使うなど、自然のものを道具として使うのが得意です。

ラッコ
ネコ目イタチ科
体長　55〜150cm
分布　北アメリカ西部・北西部〜ロシア東部
すむ場所　海、海辺

海藻をからだにまく

海底から生えている海藻をまきつけ、ねている間に流されないようにする。

ラッコって、道具をじょうずに使うかしこい動物なんだね

貝を石でわる

おなかの上にのせた石に、貝やウニを何度もたたきつけてからをわる。

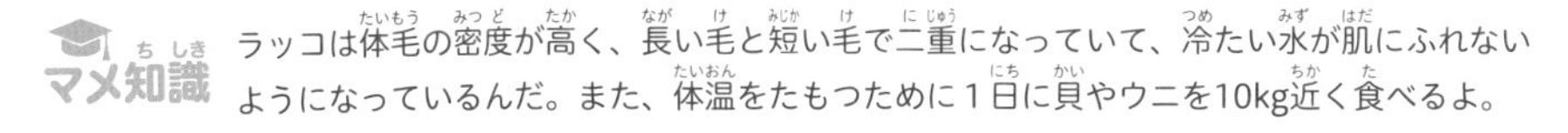

マメ知識 ラッコは体毛の密度が高く、長い毛と短い毛で二重になっていて、冷たい水が肌にふれないようになっているんだ。また、体温をたもつために１日に貝やウニを10kg近く食べるよ。

最強の恐竜 ティラノサウルス

3月10日

誕生日　山下清（画家）▶1922年
藤子不二雄Ⓐ（漫画家）▶1934年

最大級の肉食恐竜

ティラノサウルスは、白亜紀後期（約１億～6600万年前）の終わりごろに北アメリカ大陸でくらしていた肉食恐竜です。全長13m、体重は重いもので８トンをこえることもあったと考えられ、肉食恐竜としては史上最大級です。

ティラノサウルス
竜盤類 獣脚類
全長　12～13m
発見地　アメリカ、カナダ
食性　肉食
学名の意味　暴君トカゲ

3月11日

誕生日　大隈重信（政治家）▶1838年
白鵬翔（力士）▶1985年

骨までかみくだく最強のあご

ティラノサウルスの特徴は、からだに対して非常に大きい頭と、巨大なあご。かむ力は3.5トンもあったと考えられています。あごには根元までふくめると長さ30cmにもなるするどくぶあつい歯がずらりとならび、えものの肉を骨ごとかみくだくことができたようです。

マメ知識　ティラノサウルスの歯は、ふちにのこぎりのようなギザギザがついていて、肉を切りさくことができるようになっているよ。

3月12日

誕生日 勝海舟（政治家）▶1823年
江崎玲於奈（物理学者）▶1925年

走るのも速かった？

尾でバランスをとりながら、たくましい後ろあしでしっかりと地面をふみしめて走ります。とくに細身のからだをもつ子どもは、かなり走るのが速かったと考えられています。からだの重い大きなおとなは、それほど速くは走れなかったかもしれません。

尾は引きずらないで、からだのバランスをとるのに使っているんだね

3月13日

誕生日 高村光太郎（詩人）▶1883年
藤田田（企業家）▶1926年

羽毛があったの？

原始的なティラノサウルスのなかまの化石から羽毛が見つかったため、ティラノサウルスにも羽毛が生えていたかもしれないといわれるようになりました。最新の研究では、羽毛があるのは子どものころで、おとなにはなかったのではないかという説が有力です。

羽毛のある化石が見つかった原始的なティラノサウルスのなかま、ディロン。

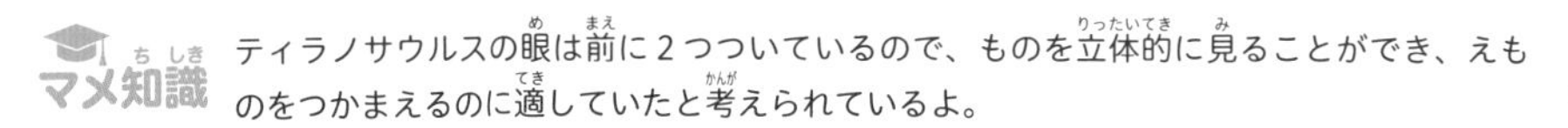

マメ知識 ティラノサウルスの眼は前に２つついているので、ものを立体的に見ることができ、えものをつかまえるのに適していたと考えられているよ。

3月14日 ホワイトデー

誕生日 アルベルト・アインシュタイン（物理学者）▶1879年
フランク・ボーマン（宇宙飛行士）▶1928年

テントウムシは農業の味方？

アブラムシを食べるテントウムシ

ナナホシテントウなど、テントウムシのなかまの多くはアブラムシなどを食べる肉食の昆虫です。アブラムシは集まってくらし、植物にびっしりとくっつきしるを吸って弱らせたり、からしたりしてしまうので農業ではこまった存在です。そのため、テントウムシはアブラムシを減らす「益虫」として大事にされているのです。

植物をからすテントウムシもいる

からだに黒い点がたくさんあるテントウムシには要注意です。ニジュウヤホシテントウというテントウムシは、昆虫ではなく葉っぱを食べるのです。とくに、ナスやトマトなどを好み、すごい食欲で葉っぱを食べつくしてしまいます。葉っぱを食べられてしまうと、作物がうまく育たないので、農業にとっては敵ともいえる昆虫です。

ナナホシテントウ
コウチュウ目テントウムシ科
体長　5～8.5cm
分布　ユーラシア、日本など

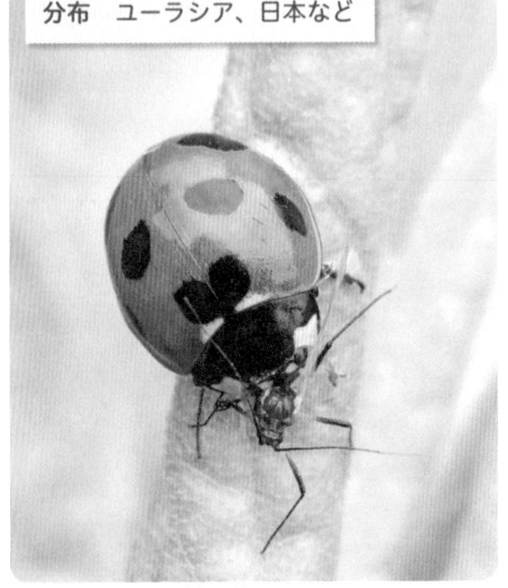

からだに7つの黒い点があるナナホシテントウ。アブラムシを食べる。

ニジュウヤホシテントウ
コウチュウ目テントウムシ科
体長　6～7cm
分布　東アジア、日本など

からだにたくさんの黒い点があるニジュウヤホシテントウ。植物の葉を食べる。

マメ知識　テントウムシには、枝にのせると枝の先まで歩いていって、先端にたどり着くと飛び立つ習性があるよ。

3月15日

誕生日 武内直子(漫画家)▶1967年
武豊(競馬騎手)▶1969年

星座の神話・うお座

2月19日～3月20日生まれの人は「うお座」

ヨーロッパなどで大昔から伝わっている星うらないでは、２月19日～３月20日に生まれた人の誕生星座は「うお座」であるとされます。誕生星座がうお座の人の性格は「やさしくて、ロマンチスト」などといわれています。

リボンでつながった親子の魚

うお座は、２匹の魚が尾をリボンでつながれた、とても変わったすがたでえがかれている星座です。ギリシャ神話によれば、２匹の魚のうち１匹は愛と美の女神・アフロディテ、もう１匹はその息子で愛の神・エロスが魚に変身したすがたです。親子が川のそばで食事をしているととつぜんおそろしい怪物があらわれ、ふたりは急いで魚に変身し、はなればなれにならないようにおたがいをリボンで結びつけて川に飛びこんで、怪物から逃れたのでした。

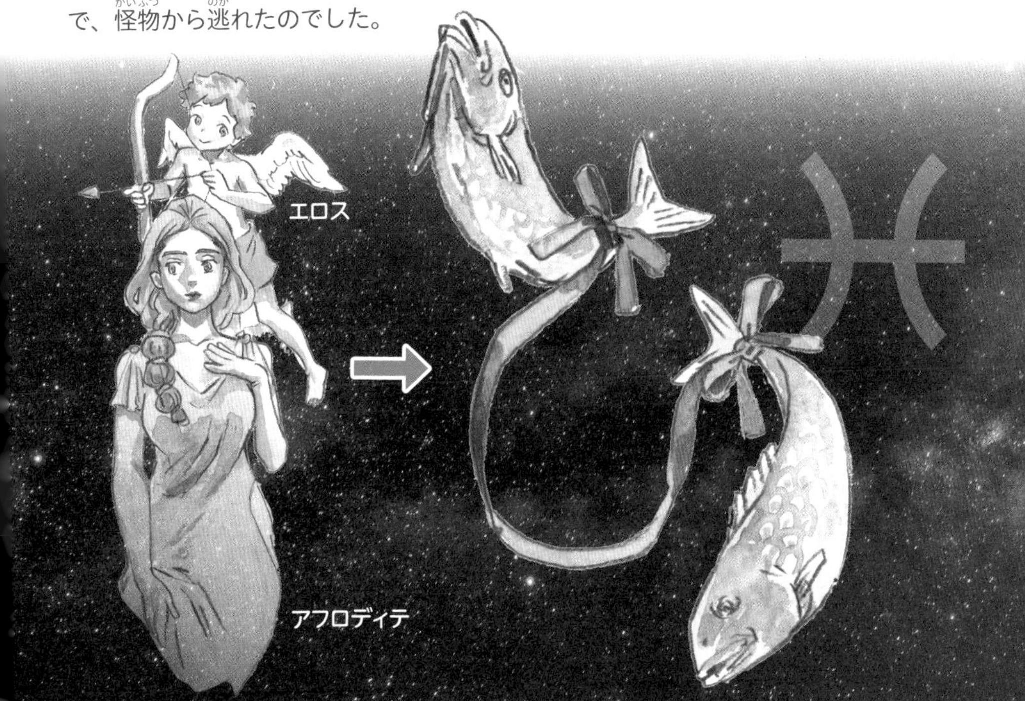

マメ知識 うお座は、ペガスス座のすぐ近くにある星座で、秋の南の空で見られるよ。明るい星がないので見つけるのは大変かもしれないけど、ぜひさがしてみてね。

3月16日

誕生日 マシュー・フリンダース（航海者）▶1774年
渋沢栄一（企業家）▶1840年

電気ショックな魚たち

体内で発生している電気

生きている動物のからだにはいつもかすかな電気が流れています。おもに脳がからだを動かすための電気信号で、細胞がとても弱い電気を起こしています。魚類には、強い電気を起こす特殊な発電器官をもち、電撃でえものをしとめるものがいます。このような魚は「電気魚」や「発電魚」とよばれています。

強い電撃を放つ魚たち

電気魚として有名なのは、淡水魚のデンキナマズやデンキウナギ、海水魚のシビレエイです。とくに、デンキナマズは魚を気絶させるほど、デンキウナギはワニをも動けなくするほどの電撃を放ちます。

シビレエイ
シビレエイ目シビレエイ科
体のはば 20cm
分布 南日本、太平洋西部など

電撃の強さ
＝80V

デンキナマズ
ナマズ目デンキナマズ科
全長 1.2m（最大）
分布 アフリカ（ナイル川など）

電撃の強さ
＝350V

電撃の強さ
＝860V

デンキウナギ
デンキウナギ目ジムノートゥス科
全長 2.5m（最大）
分布 南アメリカ（エセキボ川）

一般家庭のコンセントの電圧は100V。
くらべてみると、電撃の強さがわかるのう

マメ知識 アマゾンにすむ一部のデンキウナギは、集団で狩りをするよ。逃げ場のない場所に小魚を追いこんでから集団でいっせいに電撃を放って、大量の小魚を一気にしとめるんだ。

3月17日

誕生日 豊臣秀吉（戦国大名）▶1537年
ゴットリープ・ダイムラー（発明家）▶1834年

手よりも役に立つクモザルのしっぽ

長いしっぽは5本目の手足!?

クモザルのなかまは中央・南アメリカの森にすむサルで、長い尾を手のように使います。尾を枝にまきつけてからだをささえたり、手のとどかないところにあるものを尾でつかんだりして、木の上でのくらしに役立てています。

クモザルの尾のひみつは内側のしわにある

クモザルの尾の先には毛が生えていない部分があり、さらに「尾紋」とよばれるしわがあります。この尾紋が、指の指紋のようにすべり止めの役割をはたしているので、枝やものをしっかりとつかむことができます。

ジェフロイクモザル
サル目クモザル科
体長　30～63cm
分布　中央アメリカ
すむ場所　熱帯雨林

クロクモザルの尾。尾をまいたときに内側になる部分の毛がない。

クロクモザル（コロンビアクロクモザル）
サル目クモザル科
体長　40～70cm
分布　中央アメリカなど
すむ場所　熱帯雨林

マメ知識 クロクモザルには顔が黒いタイプと顔が赤いタイプがいて、以前は同じ種とされていたけど、コロンビアクロクモザルとアカガオクロクモザルという別の種に分けられたんだ。

生きている化石 シーラカンス

3月18日

誕生日 ルドルフ・ディーゼル（発明家）▶1858年
稲田龍吉（細菌学者）▶1874年

シーラカンスってどんな魚？

シーラカンスはアフリカ南東部の深海にすむ魚で、1938年に発見されました。まだ恐竜もいない4億年前（デボン紀）の地球にあらわれ、そのころからほとんどからだのつくりが変わっていないので、「古代魚」や「生きている化石」とよばれています。

シーラカンス
シーラカンス目ラティメリア科
全長　1.8m
分布　アフリカ南東部
水深　50～700m

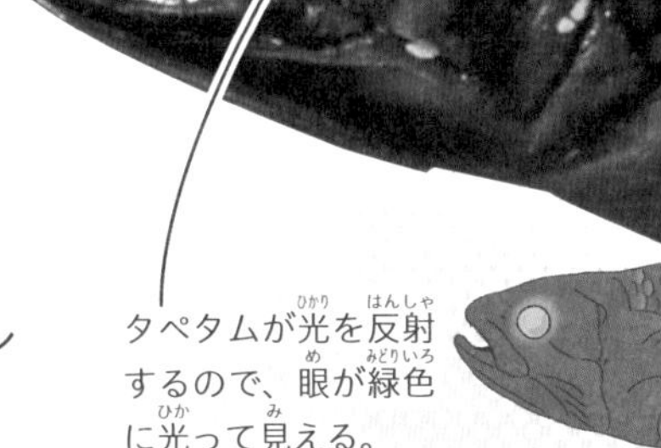

タペタムが光を反射するので、眼が緑色に光って見える。

3月19日

誕生日 リチャード・フランシス・バートン（探検家）▶1821年
豊田佐吉（企業家）▶1867年

深海で生き残るためのからだの特徴

シーラカンスの眼のおくには「タペタム」という光を反射する膜があり、光を多く集めることができます。また、うきぶくろには脂肪がつまっていて、深度を変えても体積が変わりにくいので、水圧の変化にも強くなっています。

マメ知識 シーラカンスのなかまは、かつては100種以上もいたんだ。恐竜が絶滅した白亜紀末期にほとんどの種が絶滅したんだけど、1997年に2種めのシーラカンスが見つかったんだ。

3月20日

誕生日 ヘンリック・イプセン(劇作家)▶1828年
梅原猛(哲学者)▶1925年

人間のうでのようなひれをもつ

シーラカンスは「肉鰭」というひれをもちます。肉鰭には人間のうでと同じような骨格と筋肉があり、それぞれのひれを別べつに動かすことができます。陸上生物のあしは、この肉鰭が進化したものだと考えられています。

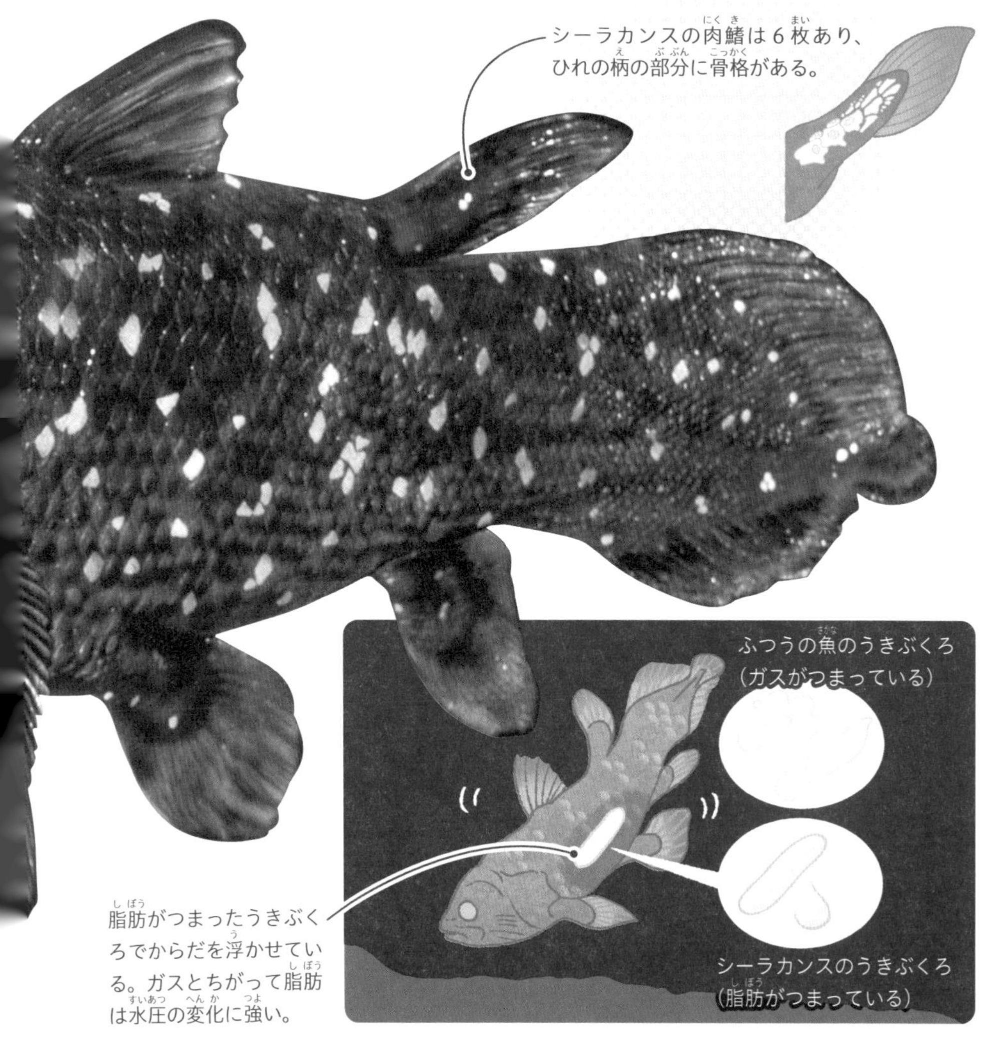

脂肪がつまったうきぶくろでからだを浮かせている。ガスとちがって脂肪は水圧の変化に強い。

マメ知識 スラウェシ島の沖合で見つかったインドネシアシーラカンスは、アフリカのシーラカンスと見た目は同じなんだけど、遺伝子の分析によって別の種であることがわかったんだ。

3月21日

誕生日 一遍(僧侶)▶1239年
アイルトン・セナ(F1ドライバー)▶1960年

魚には生きている化石が多くいる

「生きている化石」というとシーラカンスが有名ですが、魚類にはほかにも昔から変わらないすがたで生き続けている古代魚たちが多くいます。淡水魚では卵(キャビア)が食用になるチョウザメ類、熱帯魚として飼育もされているピラルクーやアロワナ、ガーなどがいます。海水魚にも、深海ザメのラブカやカグラザメ、一部の地域で食用にされているヌタウナギなどがいます。

オオチョウザメ
チョウザメ目チョウザメ科
全長　2.2m
分布　カスピ海、黒海など

ピラルクー
アロワナ目アロワナ科
全長　2m
分布　南アメリカ(アマゾン川など)

カグラザメ
カグラザメ目カグラザメ科
全長　4.8m
分布　世界のあたたかい海

ヌタウナギ
ヌタウナギ目ヌタウナギ科
全長　60cm
分布　太平洋北西部、日本

マメ知識 生きている化石とよばれる魚に、えらだけではなく肺でも呼吸できるハイギョ(肺魚)がいる。大昔は水の中に酸素が少なかったので、このような呼吸のしくみになったんだよ。

誕生日 佐久間象山（兵学者）▶1811年
草間彌生（芸術家）▶1929年

エリマキトカゲはえりまきをなにに使う？

敵へのいかく、求愛、体温の調節など さまざまな役割があるんだよ！

えりまきを広げて自分を大きく見せる

エリマキトカゲは、オーストラリアなどで見られるトカゲのなかまで、首のまわりにはえりまきのようなひだがありますが、敵をいかくするときや、オスがメスに求愛するときにえりまきを広げて、自分を大きく強く見せます。

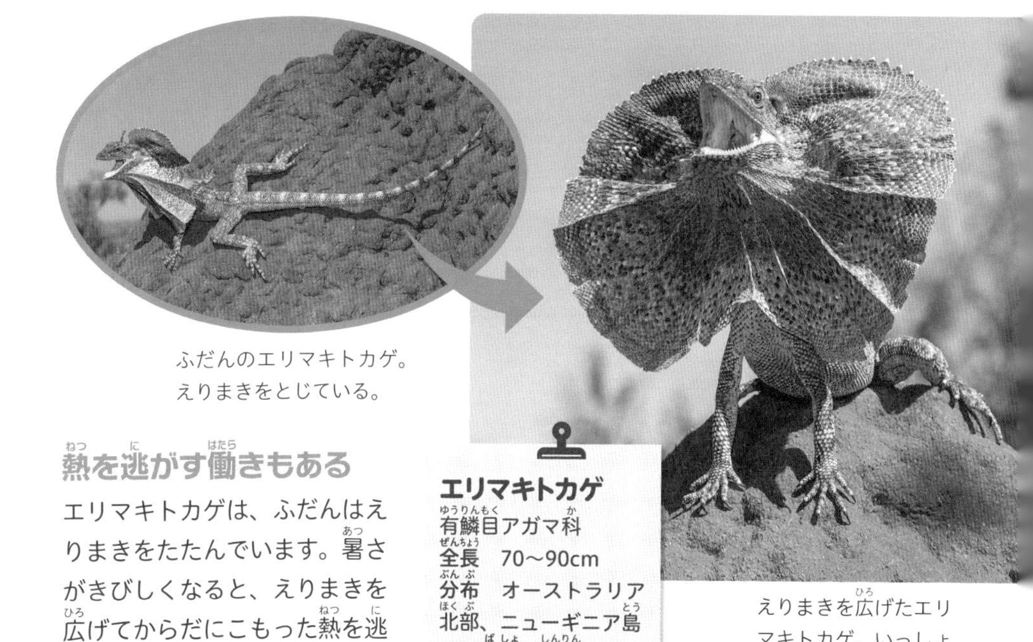

ふだんのエリマキトカゲ。えりまきをとじている。

えりまきを広げたエリマキトカゲ。いっしょに口も大きく開ける。

熱を逃がす働きもある

エリマキトカゲは、ふだんはえりまきをたたんでいます。暑さがきびしくなると、えりまきを広げてからだにこもった熱を逃がして、体温を調節します。

エリマキトカゲ
有鱗目アガマ科
全長　70～90cm
分布　オーストラリア北部、ニューギニア島
すむ場所　森林

マメ知識 エリマキトカゲはふだんは四足歩行だけど、危険を感じると二足歩行で逃げるよ。上体を起こして、尾でバランスをとりながら、後ろあしだけで走るんだ。

3月23日

誕生日 北大路魯山人（芸術家）▶1883年
黒澤明（映画監督）▶1910年

強気で危険な小さな悪魔

ラーテルは超攻撃的なイタチのなかま

アフリカや西アジアの草原などにすむラーテルは、するどいつめときばをもつイタチのなかまです。からだはそれほど大きくありませんが非常に攻撃的な性格で、自分より大きく強そうな相手にも積極的に攻撃をしかけます。

つめやきば、毒にもたえられるがんじょうなからだ

ラーテルはかたくてしなやかな、ゴムのような皮ふをもちます。とくにせなかの皮ふはぶ厚いので、肉食動物のつめやきばは歯が立ちません。さらに毒がききにくい体質なので、毒のあるヘビやサソリもかまわず食べてしまいます。

自分よりも少し大きいセグロジャッカルを追いはらうラーテル。

マメ知識 ラーテルは、スカンクと同じようにおしり（肛門の横にある臭腺）からとてもくさい液をふき出すことができるよ。危険を感じると、敵の顔に向けてくさい液をふきかけるんだ。

3月24日

誕生日　新井白石(儒学者)▶1657年
ジョン・ハリソン(発明家)▶1693年

シマウマのしまもようのひみつ

しまもようは保護色!?

シマウマはアフリカのサバンナなどにすむウマのなかまで、名前のとおり、黒と白のしまもようが特徴です。このしまもようについては、たけの高い草にまぎれるための保護色であると考えられてきました。

ハエよけ説が有力になった

しかし、2012年にアメリカの大学でおこなわれた実験の結果、しまもようは吸血性のハエ(ツェツェバエ)の目をくらませ、ハエを近づきにくくする効果があることがわかりました。現在では、しまもようはハエよけのためのものとする説が有力になっています。

ツェツェバエに
血を吸われると、
危険な寄生虫を
植えつけられる
こともあるんだって。
こわいね

サバンナシマウマ
ウマ目ウマ科
体長　2～2.5m
分布　アフリカ東部～南部
すむ場所　サバンナ、森林

マメ知識　シマウマが密集した群れでいると、しまもようが重なって１頭ずつの区別がつきにくくなるんだ。そこから、しまもように迷彩色の働きがあるのではないかという説もあるよ。

3月25日

誕生日 島崎藤村（作家）▶1872年
エルトン・ジョン（ミュージシャン）▶1947年

星にも一生がある

太陽のように自分で光りかがやく星を「恒星」といいます。恒星はいつまでも変わらないように思えますが、寿命があります。生まれてから最期をむかえるまでにさまざまなすがたに成長し、変化するのです。

太陽くらいの重さの星
恒星の誕生
主系列星
太陽の8倍以上の重さの星

3月26日

誕生日 エルンスト・エンゲル（統計学者）▶1821年
ラリー・ペイジ（企業家）▶1973年

寿命は軽い星のほうが長い

重くて大きい恒星はよりはげしく活動するため、星の中の燃料を早く使い果たしてしまい、寿命が短くなるのだと考えられています。たとえば太陽の寿命は約100億年で、太陽の20倍の重さのベテルギウスの寿命は約1000万年です。

3月27日

誕生日 ヴィルヘルム・レントゲン（物理学者）▶1845年
佐藤栄作（政治家）▶1901年

最期のすがたは重さによってちがう

寿命を終えるときの最期のすがたも、恒星の重さによって変わります。一生の終わりごろに大きくふくらむところまでは同じですが、太陽の8倍以上の重さの星は、ふくらんだ後に大爆発を起こします。さらに重い星は、爆発の後にブラックホールになることもあります。

マメ知識 太陽よりずっと軽い恒星の場合、ふくらまずにゆっくりと暗くなって「褐色矮星」になるよ。褐色矮星はとても寿命が長いんだ。

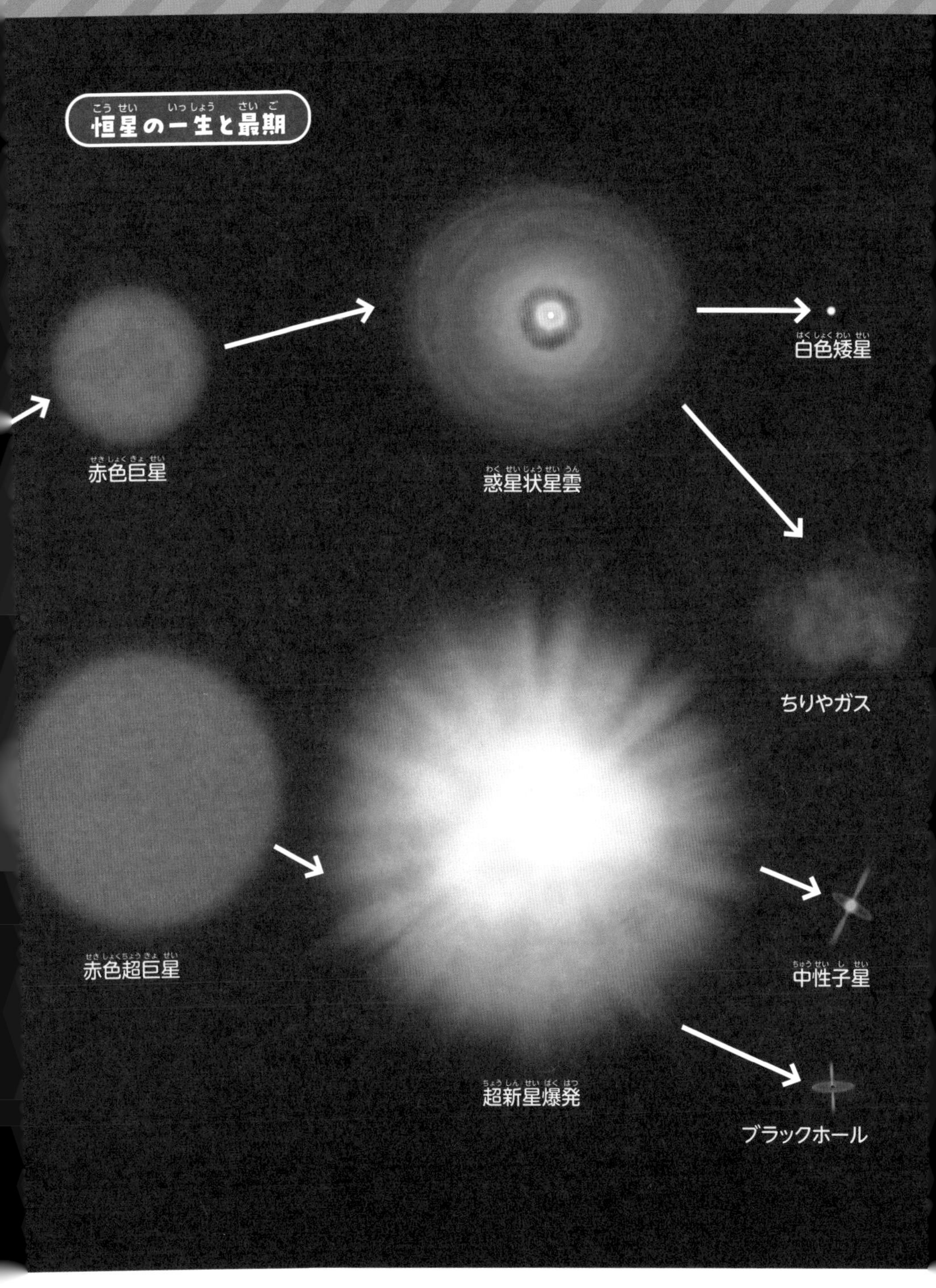

マメ知識 恒星の材料はちりやガス。恒星が寿命を終えたときに出るちりやガスが、新しい恒星を生み出す材料になるんだね。

3月28日

誕生日 カール・アドルフ・フォン・バセドウ（医師）▶1799年

レディー・ガガ（ミュージシャン）▶1986年

幼虫のはく糸で巣をつくるツムギアリ

熱帯雨林にすむきょうぼうなアリ

ツムギアリは、熱帯雨林などで群れをつくってくらすアリのなかまです。とても気性があらく、巣に近づくものにかみつき、「蟻酸」をふきつけて攻撃してきます。かまれたり蟻酸が皮ふについたりすると、人間でも強いいたみを感じます。

働きアリが幼虫をかかえて巣づくり

ツムギアリの幼虫はまゆをつくりませんが、口からねばねばした糸をはきます。ツムギアリはこれを巣づくりに使います。木の上で、働きアリが葉を引きよせたところに、別の働きアリが運んできた幼虫に糸をはかせ、それを接着剤にして木の葉どうしをくっつけてボールのような巣をつくるのです。

マメ知識 タイの東北地方などでは、ツムギアリを食用にしているよ。レモンのような強い酸味があるといわれているんだ。

3月29日

誕生日 サイ・ヤング（野球選手）▶1867年
サム・ウォルトン（企業家）▶1918年

400人の人間に食べつくされた ジャイアントモア

ニュージーランドにいた世界最大級の鳥

ジャイアントモアは、かつてニュージーランドにすんでいた飛べない鳥です。オスよりもメスが大きく、大きいものでは頭までの高さが４m近くもあり、世界最大級の鳥でした。植物食でおとなしい性格ですが、人間がやってくる前には天敵が少なく、かつては９万羽もいたと考えられています。

食用としてとりつくされる

ニュージーランドに人間（先住民の祖先）がわたってくると、ジャイアントモアは食料としてつぎつぎに狩られていきました。ニュージーランドに入ってきた人間は400人ほどだったと考えられていますが、卵やひなまでとりつくされたジャイアントモアは、わずかな期間で絶滅してしまったのでした。

飛べないから、
かんたんに
つかまえられて
しまったんだね

マメ知識 飛べない鳥でも、ダチョウやエミューには小さな翼があるけど、ジャイアントモアには翼のなごりの骨もないんだ。

3月30日

誕生日 日蓮（僧侶）▶1222年
フィンセント・ファン・ゴッホ（画家）▶1853年

海のそうじ屋 クリーナーフィッシュ

魚の皮ふやえらにつく寄生虫を食べる

魚のからだには、じつは小さな寄生虫がたくさんついています。手足のない魚たちは自分で寄生虫をとることができませんが、寄生虫を好んで食べる魚たちがいます。そのような魚を「クリーナーフィッシュ（そうじ魚）」といいます。

クリーナーフィッシュはおそわれないの？

ホンソメワケベラは代表的なクリーナーフィッシュです。独特な泳ぎ方でクリーナーフィッシュであることをアピールしながらほかの魚に近づきます。魚たちは寄生虫をとってもらいたいので、ホンソメワケベラをおそうことはありません。ホンソメワケベラが寄生虫を食べてきれいにするのを、おとなしく待ちます。

皮ふにつく寄生虫を食べる。

口の中に入って食べ残しをきれいにする。

えらに頭をつっこんで寄生虫を食べる。

マメ知識 ニセクロスジギンポという魚はホンソメワケベラにすがたがよく似ていて、そうじをすると見せかけて魚のからだに近づき、ひれやうろこをかじりとることがあるんだ。

3月31日

誕生日 ヨハン・ゼバスティアン・バッハ（作曲家）▶1685年
朝永振一郎（物理学者）▶1906年

ハイエナはライオンよりも狩りがじょうず？

ハイエナはすぐれたハンターでチームプレーでえものをしとめるよ！

どこまでもえものを追い続ける

ハイエナはアフリカにすむ肉食動物で、メスを中心とした群れをつくってくらしています。死んだ動物の肉を食べるイメージが強いのですが、じつは狩りがじょうずなハンターです。ねらったえものをどこまでも追い続け、群れのなかまで協力してしとめます。

えものをよこどりされることも

群れでの狩りがじょうずなハイエナですが、肉食動物としてはそれほど大きいほうではありません。ハイエナがすむサバンナは弱肉強食。ようやくしとめたえものを食べているときにライオンがやってきて、よこどりされてしまうことがよくあります。

大きなきばと力強いあごで、かんだえものをはなさない。

えものをよこどりに来たライオンを見て、逃げるブチハイエナたち。

ブチハイエナ
ネコ目ハイエナ科
体長　65〜180cm
分布　アフリカ（サハラ砂漠より南）
すむ場所　サバンナ、砂漠など

マメ知識 ハイエナはえものをよこどりされてばかりではないよ。ハイエナの群れが、ライオンなどの肉食動物からえものをうばいとることもあるんだ。

3月のおさらいクイズ

3月1日〜31日(70〜95ページ)で学んだことをクイズでかくにんしてみよう。問題は10問(1問10点)で、答えは98ページにのってるよ！

Q.1 ティラノサウルスの一番の武器はなに？

ヒント 肉食恐竜の代表ともいえるティラノサウルス。全長13m、体重8トンをこえる個体もいたと考えられていて、頭もすごく大きいんだよね。

1 巨大なあご
2 前あしのするどいつめ
3 後ろあしの固いかかと

Q.2 電撃が一番強い電気魚は？

1 シビレエイ
2 デンキナマズ
3 デンキウナギ

Q.3 テントウムシが農業の味方といわれる理由は？

1 作物に水をかける
2 ふんが肥料になる
3 アブラムシを食べる

Q.4 エリマキトカゲはえりまきをいつ使う？

1 木から飛びおりるとき
2 敵をいかくするとき
3 寒くなってきたとき

Q.5 ホンソメワケベラはどんなことをする魚？

1 魚のからだをそうじする
2 おしりから体内に入りこむ
3 うろこをかじりとる

Q.6 シーラカンスのからだで人間に近いといわれる部位は？

ヒント シーラカンスのからだには、魚から陸上生物に進化していったことがわかる部分があるよ。

1 光を反射する膜のある眼
2 骨格と筋肉があるひれ
3 脂肪がつまっているうきぶくろ

Q.7 シマウマのからだのしまもようの働きは？

1 日焼けにしくくなる
2 草原で目立ちやすくする
3 ハエを近づきにくくする

Q.8 ジャイアントモアが絶滅した理由は？

1 人間にとりつくされた
2 別の種との争いに負けた
3 いん石が落ちてきた

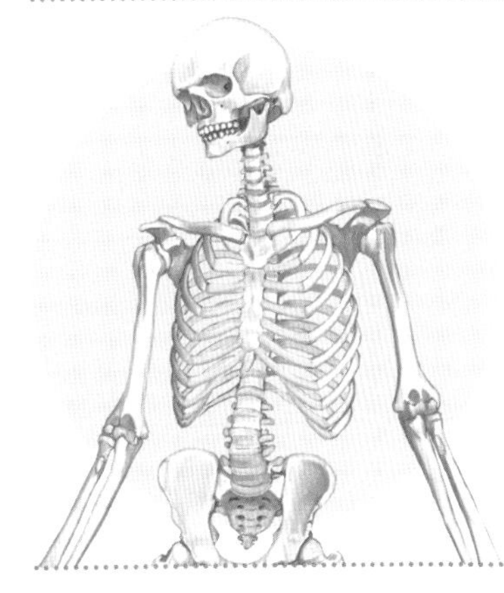

Q.9 人間のおとなの骨の数はどのくらい？

ヒント 生まれたばかりの赤ちゃんの骨の数は300個ほど。成長とともにいくつかの骨がくっついて、数が減っていくんだって。

1 150個
2 200個
3 250個

Q.10 月が満ち欠けをするのは、なにが変わるから？

1 地球が移動するスピード
2 月の大きさ
3 太陽の光の当たり具合

何問くらいわかったかな？
答え合わせはつぎのページへ

3月のおさらいクイズ　答え合わせ

Q.1　ティラノサウルスの一番の武器はなに？

答えは 1 巨大なあご(3月11日　78ページ)

Q.2　電撃が一番強い電気魚は？

答えは 3 デンキウナギ(3月16日　82ページ)

Q.3　テントウムシが農業の味方といわれる理由は？

答えは 3 アブラムシを食べる(3月14日　80ページ)

Q.4　エリマキトカゲはえりまきをいつ使う？

答えは 2 敵をいかくするとき(3月22日　87ページ)

Q.5　ホンソメワケベラはどんなことをする魚？

答えは 1 魚のからだをそうじする(3月30日　94ページ)

Q.6　シーラカンスのからだで人間に近いといわれる部位は？

答えは 2 骨格と筋肉があるひれ(3月20日　85ページ)

Q.7　シマウマのからだのしまもようの働きは？

答えは 3 ハエを近づきにくくする(3月24日　89ページ)

Q.8　ジャイアントモアが絶滅した理由は？

答えは 1 人間にとりつくされた(3月29日　93ページ)

Q.9　人間のおとなの骨の数はどのくらい？

答えは 2 200個(3月3日　72ページ)

Q.10　月が満ち欠けをするのは、なにが変わるから？

答えは 3 太陽の光の当たり具合(3月7日　75ページ)

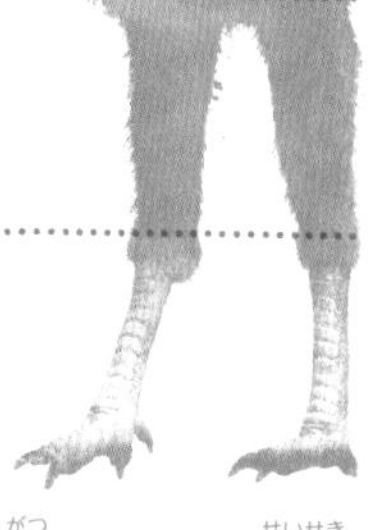

正解した問題の数に
10点をかけて、
点数を計算しよう

3月のクイズの成績

＿＿＿＿点

すごい角をもったカブトムシじゃな
4月
ナマケモノって動かないのかな？

4月1日 エイプリルフール

誕生日 大井玄洞(薬学者)▶1855年
三船敏郎(俳優)▶1920年

春の夜空に星をさがそう

春の夜空では、天頂(見上げたときの頭の真上の空)の近くに明るい星が多く、「ひしゃく」の形をした北斗七星が目立っています。北斗七星を見つけたら、北の方向の目印、北極星も見つけてみましょう。

この星空が見える時刻

3月15日…………午前0時ごろ
4月15日…………午後10時ごろ
5月15日…………午後8時ごろ

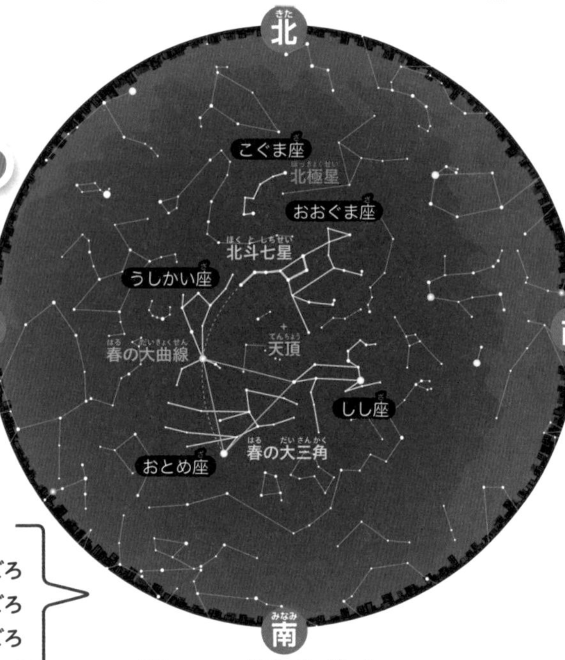

※地域によって、星空の見え方は変わります。

①おおぐま座の北斗七星を見つけよう!

天頂近くの北の空にかがやくおおぐま座の北斗七星をさがす。7つの星の連なりで、ひしゃくの形をしている。

②こぐま座の北極星を見つけよう!

北斗七星のαとβの間隔を5倍のばした先(げんこつ3つ分)にある星が「北極星」で、こぐま座のしっぽの先にあたる。

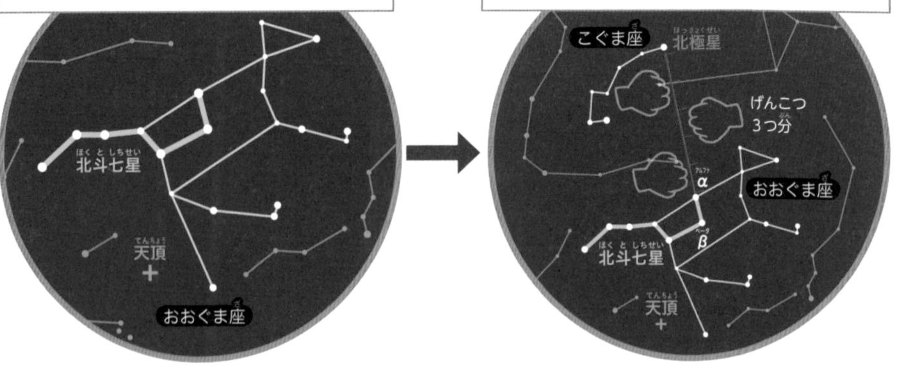

マメ知識 北極星はどの季節、どの時間でも北の方向に見えるよ。そのため、昔は航海のときの目印にされたんだ。

4月2日

誕生日 ハンス・クリスチャン・アンデルセン（作家）▶1805年
忌野清志郎（ミュージシャン）▶1951年

恐竜の色はどうしてわかったの？

皮ふや羽毛のあとが残る保存状態のよい化石から、色がわかってきたよ！

これまで恐竜の色はなぞだった

恐竜は化石でしか残っていないため、どんな色をしていたのかは、長年のなぞでした。化石のほとんどは骨しか残っていないため、外から見た皮ふがどんな色かたしかめる方法がなかったからです。恐竜の皮ふの色は、現在生きているは虫類などから想像するしかなかったのです。

新しい手がかりから恐竜の色にせまる

近年になって中国などから、皮ふのようすや羽毛のあとがわかる保存状態のよい化石が見つかり、細胞の中に色素があったあとを調べることなどにより、恐竜の色を復元できるようになりました。

背中はこい茶色で、おなかは白っぽく、色がくっきりちがうことがわかった。

尾は、赤～茶色と、白のしまもようだとわかった。

シノサウロプテリクス
竜盤類　獣脚類
全長　1m
発見地　中国
食性　肉食
学名の意味　中国の竜の翼

しましまのしっぽがかわいいね

マメ知識 ミクロラプトルは、全身の羽毛に黒い色素があったと思われるあとが残っていたんだ。このことから、カラスのように真っ黒だったことがわかったよ。

世界の巨大なカブトムシたち

4月3日

誕生日 金田一春彦(言語学者)▶1913年
マーロン・ブランド(俳優)▶1924年

世界最大のヘラクレスオオカブト

世界で一番大きいカブトムシといえば、ヘラクレスオオカブトです。前に向かって長くのびた上下2本の長い角が特徴で、角の長さは全身の半分以上にもなります。地域によって、角の形がことなります。

ヘラクレスオオカブト
コウチュウ目コガネムシ科
全長　46〜178mm
分布　中央〜南アメリカ

前ばねの色は湿度などで変化する。湿度が高いと黒みがかった色、湿度が低く乾燥していると黄みがかった色になる。

マメ知識 世界で2番目に大きいカブトムシは、ネプチューンオオカブトだよ。長い2本の角と2本の短い角をもつカブトムシで、南アメリカにすんでいるんだ。

4月4日

誕生日 エドゥアール・リュカ（数学者）▶1842年
二葉亭四迷（作家）▶1864年

一番重いアクタエオンゾウカブト

全長ではヘラクレスオオカブトにおよびませんが、重さならアクタエオンゾウカブトが世界一です。重さはなんと最大で50gにもなり、最大30gほどのヘラクレスオオカブトの1.5倍以上もあります。

アクタエオンゾウカブト
コウチュウ目コガネムシ科
全長　50〜135mm
分布　南アメリカ北部〜中央部

4月5日

誕生日 トマス・ホッブズ（哲学者）▶1588年
鳥山明（漫画家）▶1955年

アジア最大はコーカサスオオカブト

アジアにも巨大カブトムシがいます。なかでも最大なのはコーカサスオオカブト。まるで恐竜のトリケラトプスのような長い3本の角が前につき出ているのが特徴で、この角を相手にからませて投げ飛ばします。

コーカサスオオカブト
コウチュウ目コガネムシ科
全長　50〜133mm
分布　インドシナ半島〜ジャワ島（インドネシア）

マメ知識 ゾウカブトのなかまには、全身に毛が生えているものと、生えていないものがいるよ。

4月6日

誕生日　ラファエロ・サンティ（画家）▶1483年
　　　　ジェームズ・ワトソン（遺伝学者）▶1928年

動かないでくらすナマケモノ

指の数が2本のナマケモノと3本のナマケモノがいる

ナマケモノは中央・南アメリカの熱帯雨林にすみ、いつも木にぶら下がってくらしています。前あしには大きなかぎづめのついた指があり、指が２本のフタユビナマケモノのなかまと、指が３本のミユビナマケモノのなかまに分けられます。

動かないので少ないエネルギーで生きられる

ナマケモノは１日に15～20時間もねむってすごし、起きているときは食事をするかじっとしています。これは体力を使うのをできるだけおさえて、少ないエネルギーで生きられるようにするためです。動きがおそいので、いつも安全な木の上にいますが、１週間に１度ほど木から下りて地上でふんをします。

木から下りて水に入るミユビナマケモノのなかま。木の上とちがって、水中ではすいすい泳ぐ。

マメ知識　ミユビナマケモノの毛には、緑色の藻が生えているんだ。ミユビナマケモノはほとんど木の葉しか食べないので、この藻を食べて、足りない栄養分をおぎなうんだって。

4月7日

誕生日 小林誠(物理学者)▶1944年
ジャッキー・チェン(俳優)▶1954年

すもうが得意なトカゲがいる？

コモドオオトカゲは立ち上がって、すもうのように組み合って争うよ！

コモドオオトカゲは東南アジアの島にすむ、世界最大のトカゲです。スイギュウやシカなどにかみつき、毒で動けなくしてからとどめを刺します。人間をおそうこともあります。メスをめぐってオスどうしが争うとき、後ろあしだけで立ち上がって、すもうやレスリングのように組み合います。このような戦い方はオオトカゲのなかまによく見られ、「コンバットダンス(戦いのおどり)」とよばれています。

マメ知識 コモドオオトカゲは、ヘビのように先がふたまたに分かれた舌をもつ。舌でにおいを感じとり、遠くはなれた場所の肉のにおいもわかるんだよ。

4月8日

誕生日 エトムント・フッサール（哲学者）▶1859年
黒川紀章（建築家）▶1934年

海の底で笑うホヤ

大口を開けている人の顔のようなホヤ

オオグチボヤは深海にすむホヤのなかまで、まるで人間が大きく口を開けているようなすがたをしています。海底の岩などにくっついてくらしているため、植物のようにも見えますが、脊索動物というグループにふくまれる動物です。

口のように見えるのは水をとりこむためのあな

オオグチボヤは肉食性のホヤです。海中の流れに向かって大きく口（入水孔）を広げ、海水ごと流れてくるプランクトンなどを飲みこみます。飲みこんだ海水やふんは、上のほうにあるあな（出水孔）から外に出します。

オオグチボヤ
マメボヤ目オオグチボヤ科
全長　25cm
分布　日本近海、太平洋など
水深　300～1000m

出水孔
入水孔

入水孔を広げると、本当に笑っているように見えるね

マメ知識　オオグチボヤは卵から生まれるよ。ふ化した赤ちゃんはオタマジャクシのようなすがたで泳ぎまわりながら成長していき、やがて海底の岩などにくっつくんだ。

4月9日

誕生日 シャルル・ボードレール(詩人)▶1821年
佐藤春夫(詩人)▶1892年

日本にいる危険な毒ヘビたち

毒ヘビはどのくらいいる？

ヘビというと毒があるイメージが強いのですが、じつは多くのヘビは毒をもっていません。ヘビのなかまは世界に3900種ほどいますが、毒をもつヘビは全体の４分の１ほどといわれています。なかでも、日本の毒ヘビの代表といえるのがニホンマムシとハブです。

危険な毒ヘビは人家の近くにもいる

ニホンマムシとハブはクサリヘビのなかまで、血管や筋肉の細胞をこわす毒(出血毒)をもちます。かまれると内出血したり、血が止まらなくなったりするほか、重大な症状を引き起こすこともあります。人家の近くにもあらわれるので注意が必要です。

ニホンマムシ
有鱗目クサリヘビ科
全長　40〜70cm
分布　北海道〜九州
すむ場所　森林、草原

毒牙のつくり
毒牙は管状のつくりで、毒腺にためている毒をえもののからだに送りこむ。

ハブ
有鱗目クサリヘビ科
全長　１〜2.4m
分布　奄美群島、沖縄諸島
すむ場所　森林、草原、水辺

マメ知識 毒ヘビとして有名なコブラのなかまは、じつは日本にもいるんだよ。奄美群島で見られるヒャンはコブラ科のヘビで、おとなしい性格だけど強い毒をもっているんだ。

4月10日

誕生日 永六輔（作詞家）▶1933年
井上尚弥（ボクシング選手）▶1993年

まわりの環境にまぎれる保護色

魚のなかには岩やすな、海藻などにそっくりな魚たちが多くいますが、環境にまぎれて敵から見つかりにくくなるような色やもようを「保護色」といいます。あざやかな色やもようの魚は目立ってねらわれやすいように見えますが、似たような色合いの環境にいれば、それも保護色になるのです。

目立つ色やもようが、じつは生き残るのに役立っているんじゃ

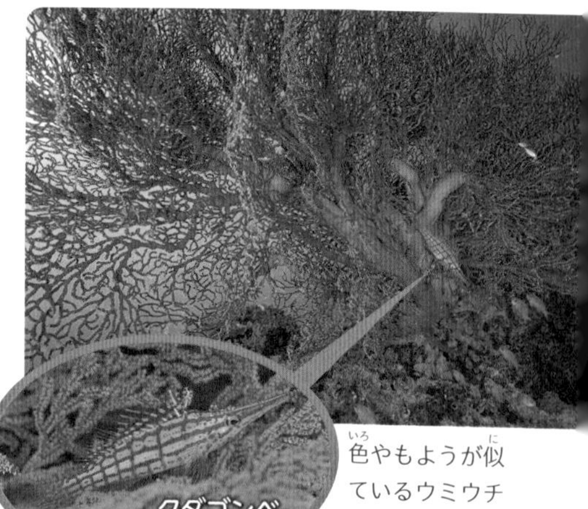

色やもようが似ているウミウチワをすみかにしている。

4月11日

誕生日 金子みすゞ（詩人）▶1903年
井深大（企業家）▶1908年

せなかとおなかの色がちがう理由

サバやイワシ、トビウオなど、海面近くをすみかにしている魚たちは、せなか側が青黒く、おなか側は白っぽくなっています。じつはこれも保護色の１つで、上からも下からも発見されにくくなっています。

せなか側

海上から見下ろすと、せなかの青黒い色が海の青にまぎれてしまう。

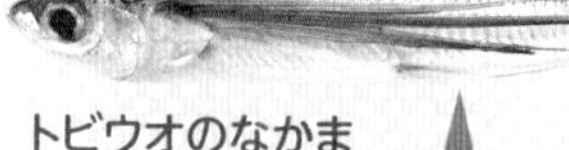

トビウオのなかま

おなか側

海中から見上げると、おなかの白い色が太陽の光にまぎれてしまう。

マメ知識 せなかが青黒く、おなかが白っぽい色の魚を「青魚」や「青背魚」とよぶよ。

4月12日

誕生日 アントワーヌ・ローラン・ド・ジュシュー（植物学者）▶1748年
ヨーゼフ・ランナー（作曲家）▶1801年

敵を混乱させるもよう

魚のからだのしまもようには、もようが重なったときに１匹１匹がわかりにくくなる働きがあります。また、ひれにある眼のような黒いもようは、頭がどこにあるかをわからなくする働きがあります。

眼のようなもよう
頭からはなれているひれに、眼のようなもようがある。

黒い帯のもよう
本当の眼をかくすように黒い帯のもようがある。

たてじま

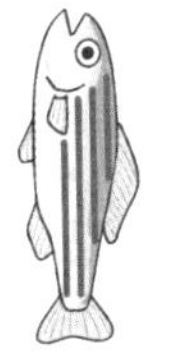

よこじま

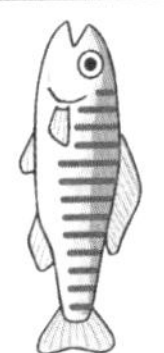

魚の頭を上にした状態で、たてになるかよこになるかでよび方が決まっている。

4月13日

誕生日 リチャード・トレヴィシック（発明家）▶1771年
大原幽学（農村指導者）▶1797年

色ともようで強い魚に化ける

シモフリタナバタウオ

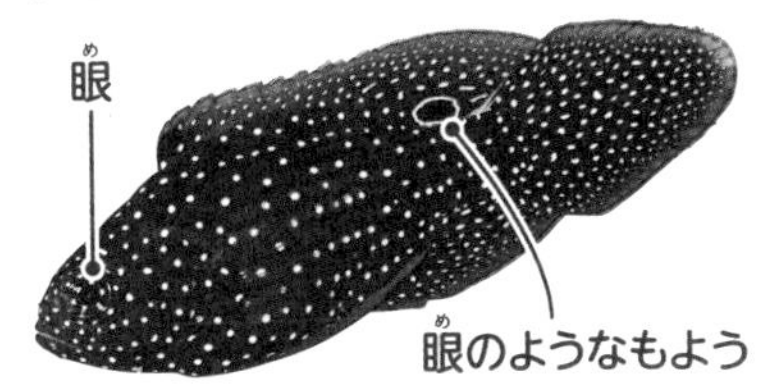

魚のなかには、色ともようが似ている強い魚のふりをする、擬態（→331ページ）が得意な魚たちがいます。シモフリタナバタウオは、体の色やもようがそっくりなウツボのふりをすることで、敵からおそわれにくくしています。

マメ知識 シモフリタナバタウオには、背びれに眼のようなもようがある。ハナビラウツボのふりをするときに、眼のようなもようがあるほうを上にすることで、頭も守っているんだ。

4月14日

誕生日 アン・サリヴァン（家庭教師）▶1866年
大友克洋（漫画家）▶1954年

ナイフのようなきばをもっていたサーベルタイガー

長いきばをもつネコ「サーベルタイガー」って？

すでに絶滅したほ乳類のなかで、上あごの犬歯が長くのびてきばになったネコのなかまを、サーベルタイガー（剣歯虎）とよびます。いまから約4000万年前の始新世から約1万年前までの更新世にかけて、何度も進化して繁栄しました。

スミロドン
ネコ目ネコ科
体長 1.9～2.1m
発見地 北アメリカ、中央アメリカ、南アメリカ
学名の意味 ナイフのような歯

大型できばも長いスミロドン

スミロドンは、とくに長いきばをもつサーベルタイガーの代表格です。きばは最長で24cmもあり、口から大きくはみ出しています。きばはナイフのようにうすく、のこぎりのようなギザギザがあり、肉を切りさくことができました。

長いきばをえものにつきさしやすいように、下あごが120度まで開くんだって

マメ知識 サーベルタイガーにはさまざまな種がいて、なかにはきばを口の中にしまうことができるホモテリウムという種もいたよ。

4月15日

誕生日 レオナルド・ダ・ヴィンチ（芸術家）▶1452年
野口聡一（宇宙飛行士）▶1965年

星座の神話・おひつじ座

3月21日～4月19日生まれの人は「おひつじ座」

ヨーロッパなどで大昔から伝わっている星うらないでは、3月21日～4月19日に生まれた人の誕生星座は「おひつじ座」であるとされます。誕生星座がおひつじ座の人の性格は「チャレンジ精神がおうせいで、負けずぎらい」などといわれています。

王子さまをすくった黄金のヒツジ

おひつじ座は、ギリシャ神話に出てくる黄金の毛をもつヒツジです。空を飛ぶことができ、生けにえにされる寸前だったプリクソス王子と妹を助けるために神様が天から送ったのです。王子はヒツジのせなかにのって飛び上がって助かりますが、妹は途中で落ちて亡くなってしまいました。そして、黄金のヒツジは、王子を助けた功績で星座になったのです。

マメ知識 黄金のヒツジの毛皮は、その後ギリシャ神話の伝説のアイテムになっているんだ。神話のなかで英雄たちがこの毛皮を手に入れるための冒険をしているよ。

4月16日

誕生日 ウィルバー・ライト（発明家）▶1867年
チャールズ・チャップリン（俳優）▶1889年

トビウオはグライダーのように飛ぶ

海から出て敵から逃げる

トビウオのなかまは沖合に群れでくらしています。海中から出て飛ぶのは、おもに敵から逃げるときです。大型の魚に追いかけられると、尾びれの力でいきおいよく海中から飛び出します。大型魚はついていくことができないので、トビウオは安全に逃げることができます。

飛ぶのではなく滑空する

トビウオといえば「飛ぶ魚」というイメージがありますが、鳥のように羽ばたいて飛ぶわけではありません。尾びれを力強くふって海中から飛び出すと、翼のように大きく発達した胸びれと腹びれを広げます。グライダーのように滑空して、ときには150m以上も移動します。

トビウオの滑空のしくみ

①尾びれをふって海面をたたく

尾びれを左右にふって何度も海面をたたき、加速する。

②海面からはなれて滑空する

海面をはなれたら胸びれと腹びれを広げて滑空し、やがて海中にもどっていく。

トビウオ

ダツ目トビウオ科
全長　35cm
分布　北日本〜南西諸島

マメ知識 トビウオのなかまには、尾びれの下半分が長い特殊な形になっている種が多いんだ。この形のおかげで、ななめ上の方向にいきおいをつけて飛び出せるんだよ。

4月17日

誕生日 ジョン・ピアポント・モルガン（企業家）▶1837年
藤城清治（影絵作家）▶1924年

キングコブラとコモドオオトカゲ もし戦ったら、勝つのはどっち？

東南アジア・インドにすむ危険生物どうしの戦いを空想してみましょう。世界最長の毒ヘビ、キングコブラ。世界最大のトカゲ、コモドオオトカゲ。大型のは虫類どうしの戦いを想像してみましょう。まずキングコブラが毒牙でかみつこうととびかかりますが、コモドオオトカゲのがんじょうな皮ふにはばまれます。今度はコモドオオトカゲがかみつきます。キングコブラはていこうしますが、コモドオオトカゲのきょうじんなあごと歯からはのがれることはできないでしょう。

マメ知識 キングコブラの毒は、じつはコブラのなかまのなかでは弱いほうなんだ。でも、毒牙から出る毒の量が多いので、ひとかみでゾウ１頭が死んでしまうんだって。

4月18日

誕生日 川端玉章(画家)▶1842年
ジョゼフ・レナード・ゴールドスタイン(遺伝学者)▶1940年

絶滅危惧種は4万種以上

世界の環境や自然保護を目的とする国際自然保護連合(IUCN)では、絶滅のおそれのある野生生物(絶滅危惧種)の一覧、「レッドリスト」をつくっています。リストに掲載されている絶滅危惧種は、4万種以上にもなります。

絶滅の原因	
①生息環境の破壊	②動物の乱獲
人間の都合による開発で環境が破壊され、すみかがうしなわれる。	人間が食用にするため、あるいは毛皮や角をとるため、むやみに狩られる。
③外来種のもちこみ	④地球温暖化
人間がもちこんだ生き物が、もといた生き物を食べつくしたり追い出したりする。	人間の活動による二酸化炭素の増加などにより、地球の気温が上がる。

4月19日

誕生日 デヴィッド・リカード(経済学者)▶1772年
山田守(建築家)▶1894年

現代の絶滅の原因のほとんどは人間

生き物の絶滅の原因は、おもに左にあげたもので、どれも人間が深くかかわっています。現代の生き物の絶滅を引き起こしているのは、わたしたち人間の活動なのです。

マメ知識 生き物を絶滅の危機から守るために、決められた種の輸出入などを規制する「ワシントン条約」が180か国以上のあいだで結ばれているよ。

4月20日

誕生日 ジョアン・ミロ(画家)▶1893年
ヴィリー・ヘニッヒ(動物学者)▶1913年

日本にも多くの絶滅危惧種がいる

日本にも多くの絶滅危惧種がいます。IUCNのレッドリストとは別に、日本の環境省が独自のレッドリストをつくっていて、3700種以上が絶滅危惧種として登録されています。また、各都道府県でも絶滅のおそれがある生物のリストを作成しています。

マメ知識 日本では絶滅危惧種を絶滅の危険が高い順に、絶滅危惧ⅠA類、絶滅危惧ⅠB類、絶滅危惧Ⅱ類、準絶滅危惧に分類しているよ。

4月21日

誕生日 フリードリヒ・フレーベル(教育者)▶1782年
HIKAKIN(YouTuber)▶1989年

砂漠にすむ口裂けトカゲ!?

暑い砂漠にすむトカゲ

オオクチガマトカゲはアガマというグループにふくまれるトカゲです。中央アジアの砂漠にすみ、からだは砂漠のすなにまぎれやすい色やもようとなっています。気温が上がり暑くなる昼間は巣あなにかくれて、気温が下がる明け方や夕方に活動します。

赤いひだを広げていかくする

オオクチガマトカゲのふだんのすがたはとても地味ですが、こうふんするとおどろくべきすがたに変わります。口を大きく開き、口のはしにある赤みがかった色のひだを広げ、まるで口が裂けたような顔になって相手をいかくします。

オオクチガマトカゲ
有鱗目アガマ科
全長　15～24cm
分布　西アジア～中央アジア
すむ場所　砂漠

マメ知識 オオクチガマトカゲは指にくしのような突起が生えている。この突起のおかげで、砂の上を速く走ったり、すばやくすなにもぐったりすることができるんだ。

4月22日

誕生日 イマヌエル・カント（哲学者）▶1724年
三宅一生（ファッションデザイナー）▶1938年

ラクダのせなかのこぶには なにがつまっている？

こぶの中には脂肪がつまっているよ。いざというときの栄養分になるんだ！

ラクダは、砂漠のような乾燥した地域にすむほ乳類です。食べ物となる草や水が見つかりにくい、きびしい環境で生きていけるように、栄養分を脂肪に変えてこぶの中にためこんでいます。そのため、ずっと食べ物が見つからなくてもこぶの脂肪をエネルギーに変えて生きていくことができます。脂肪を使うと、こぶがだんだんしぼんでいきますが、しっかり食べ物を食べることでふくらんでいきます。

マメ知識 ラクダのなかまには、こぶが１つのヒトコブラクダもいるよ。野生のヒトコブラクダはすでに絶滅していて、いまいるヒトコブラクダは家畜として飼われているものだけなんだ。

4月23日

誕生日 マックス・プランク（物理学者）▶1858年
代田稔（医学者）▶1899年

とんでもない石頭 パキケファロサウルス

ヘルメットみたいな頭骨

パキケファロサウルスは、いまからおよそ１億〜6600万年前の白亜紀後期に北アメリカでくらしていた比較的小型の植物食恐竜です。見つかっている頭骨はぶ厚くてがんじょうで、頭のてっぺんが大きくもり上がり、まるでヘルメットのような形をしています。

頭つきをした……かどうかは不明

パキケファロサウルスなどの堅頭竜類は、古くからがんじょうな頭を武器として使い、頭つきをしていたと考えられてきました。しかし最近になって、頭の内部のつくりが頭つきに適していなかったかもしれないという研究が出されるなど、実際に頭つきをしたかどうかはまだ結論が出ていません。

パキケファロサウルス
鳥盤類 周飾頭類 堅頭竜類
全長 4.5m
発見地 アメリカ、カナダ
食性 植物食
学名の意味 ぶ厚い頭のトカゲ

マメ知識 頭のてっぺんが平たく、頭の後ろにとげがあり、ドラコレックスと名づけられた恐竜がいるんだ。でも、最近の研究ではパキケファロサウルスの子どもだと考えられているよ。

4月24日

誕生日 賀茂真淵（国学者）▶1697年
エドモンド・カートライト（発明家）▶1743年

女王様を中心としたアリの社会

アリの巣は大家族

アリは、家族を単位とした社会をつくって共同でくらす昆虫です。１つの巣の中にいるのは同じ女王アリから生まれたアリで、全員が家族です。アリは自分だけのためではなく巣にいる家族のためにえさをさがし、見つけたえさを巣の中に運んできたり、幼虫やさなぎにえさをあたえて世話をしたりします。

それぞれの役割が決まっている

アリは、同じ種でもいくつかの役割があり、見た目やからだの大きさもちがいます。女王アリはほかのアリよりも大きく、巣の中に１匹しかいません。卵を産むのは女王アリだけです。働きアリはすべてメスで、巣のアリのほとんどが働きアリです。オスのアリは女王アリと交尾をする以外はなにもせず、すぐに死んでしまいます。

さなぎや幼虫の世話をするクロオオアリの女王アリ（左の大きいアリ）と働きアリ。

マメ知識　働きアリだけでなく、巣を守り、敵とたたかうための兵アリがいることもあるよ。兵アリはほかのアリよりからだが大きくて強いんだ。

水辺の王者 ワニ

4月25日

誕生日 グリエルモ・マルコーニ（発明家）▶1874年
三浦綾子（作家）▶1922年

ワニってどんな動物？

ワニは水辺にすむ大型のは虫類で、おもに水中で活動し、魚や鳥、ほ乳類を食べます。長い口にはするどい歯が何本も生えています。強いあごの力で、えものに食いついたらはなしません。また、からだは骨が変化した、かたいうろこでおおわれています。

アリゲーターのなかま

イリエワニ
ワニ目クロコダイル科
全長　5～6m
分布　南アジア、東南アジア～オーストラリア北部
すむ場所　水辺、川、湖沼、海

4月26日

誕生日 ウジェーヌ・ドラクロワ（画家）▶1798年
栗山英樹（野球指導者）▶1961年

太くて長い尾で大ジャンプ

ワニの武器は、おそろしい口だけではありません。長くてがっしりとした尾も、えものをおそう武器になります。また、尾をふる力は非常に強く、水中ですばやく泳ぐことができ、尾の力だけで水中から大ジャンプすることもできます。

クロコダイルのなかま

マメ知識 アリゲーターとクロコダイルは、口の形が似ているね。口をとじたとき、アリゲーターは下の歯が見えなくなるけど、クロコダイルは下の歯が少し見えるんだよ。

4月27日

誕生日 メアリ・ウルストンクラフト（女性解放運動家）▶1874年
サミュエル・モールス（発明家）▶1791年

ワニの3つのグループ

ワニのなかまは３つのグループに分けられ、口の形でおおまかに見分けられます。アリゲーターのなかまは口のはばが広く、ガビアルのなかまは口のはばがとてもせまくなっています。クロコダイルのなかまの口のはばはさまざまです。

ミシシッピワニ
ワニ目アリゲーター科
全長　3〜4.5m
分布　北アメリカ南東部
すむ場所　川、湖沼

ガビアルのなかま

インドガビアル
ワニ目ガビアル科
全長　4〜6m
分布　南アジア
すむ場所　水辺、川

4月28日

誕生日 東郷青児（画家）▶1897年
オスカー・シンドラー（企業家）▶1908年

ワニは待ちぶせの名人

ワニはよく待ちぶせの狩りをおこないます。水中でじっと待ち続け、近づいてきたえものにすばやく食いつきます。大型のワニは、ウシのなかまのような大型ほ乳類であっても水中に引きずりこんでしとめます。

マメ知識　ワニはリーダーのオスを中心とした群れで行動することが多く、子育ても群れでおこなうんだ。水中にいることが多いけど、卵は陸上の巣で産むんだよ。

4月29日

誕生日 ウィリアム・ランドルフ・ハースト（企業家）▶1863年
中原中也（詩人）▶1907年

けがをしたらかさぶたができるのはどうして？

血液にふくまれる血小板が、集まってきず口をふさぐから！

人間の体には、きず口を自分でふさぐ力があります。けがをして血管にきずがつくと血が出ますが、浅いきずならすぐに表面がかたまって血が止まるのです。このときにきず口をおおうのがかさぶたです。

きず口がふさがるまで

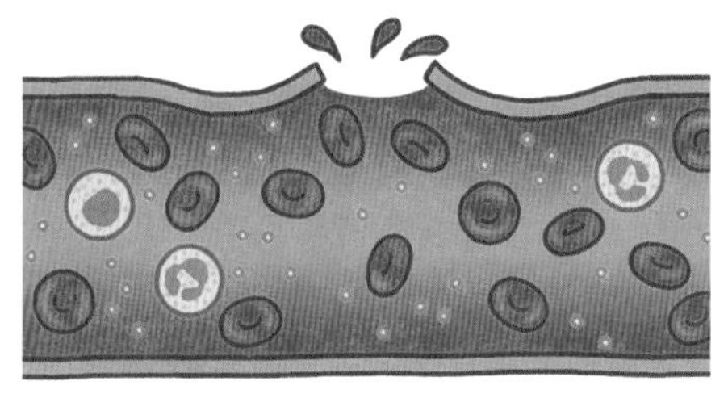

①皮ふが切れたりこすれたりして、血管がやぶれて血が出る。

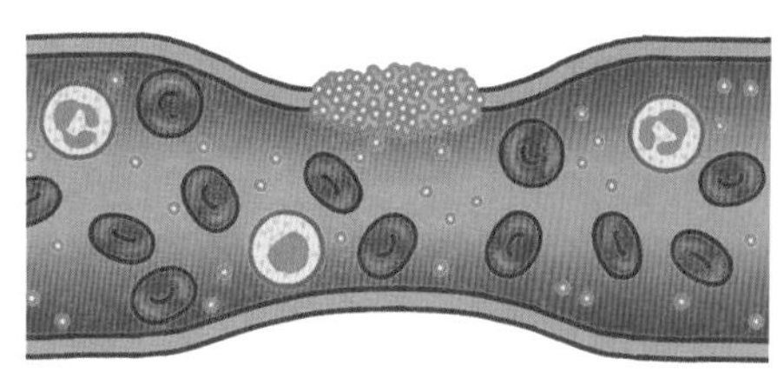

②血液にふくまれる血小板が集まってからまり合い、ふたになってきず口をふさぐ。

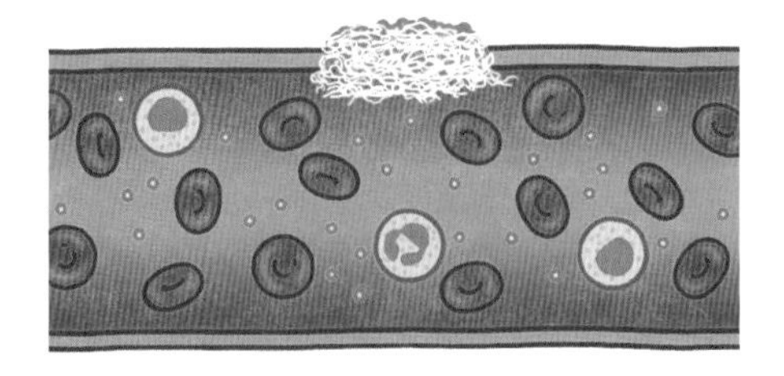

③ふたの上にフィブリンという糸状の物質があみ目をつくり、じょうぶなかさぶたができる。

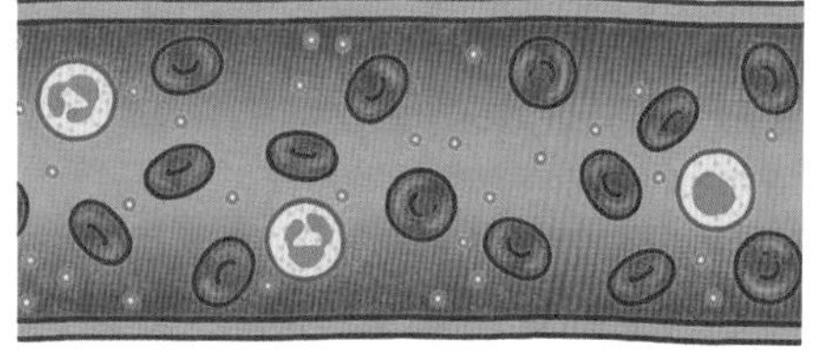

④皮ふがもとどおりになり、血管も新しくつくられてかさぶたがとれる。

血管がやぶれると、血がどんどん出ていってしまわないように血管がちぢんで、血液の流れもおそくなるよ。

4月30日

誕生日 ジャン＝バティスト・ド・ラ・サール（教育者）▶1651年
カール・フリードリヒ・ガウス（数学者）▶1777年

流れ星といん石の正体

流れ星は地球に落ちてきたちり

流れ星は、じつは星ではありません。宇宙にただよっている数mmから数cmの小さなちりが、地球の重力に引かれて落ちてくるときに、地球のまわりをおおっている大気とはげしくぶつかり、大気が高温になって光りかがやいたものです。地上から見ると、まるで夜空の星が流れたように見えるので「流れ星」とよばれます。

燃えつきずに落ちてくるといん石になる

流れ星になるちりのほとんどはとても小さいため、落ちてくるまでのあいだに燃えつきてしまいます。しかし、比較的大きくて燃えつきなかったものが、地球上に落ちてくることがあります。これがいん石です。大きないん石は、落ちたところに巨大なクレーターをつくったり、地上にひがいをもたらしたりすることがあります。

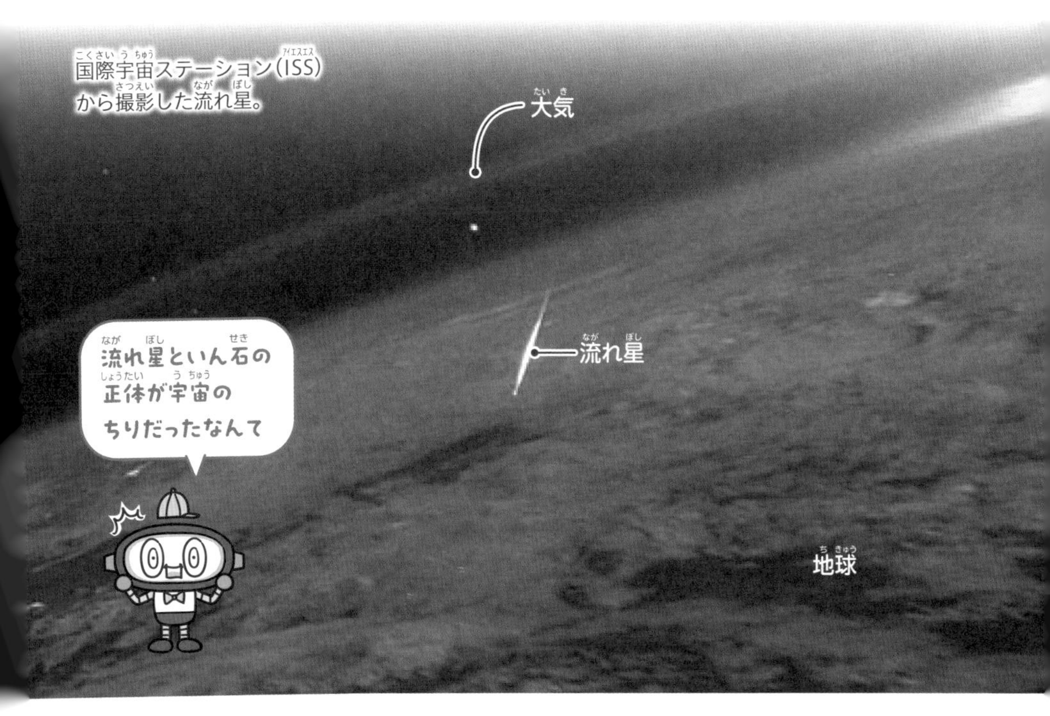

国際宇宙ステーション（ISS）から撮影した流れ星。

マメ知識 約6600万年前に直径数十kmのいん石が地球に落ちてきて、恐竜が絶滅する原因になったと考えられているよ。

4月のおさらいクイズ

4月1日～30日(100～123ページ)で学んだことをクイズでかくにんしてみよう。問題は10問(1問10点)で、答えは126ページにのってるよ！

答えは126ページにのってるよ！

Q.1 ニホンマムシやハブがもっている毒の名前は？

ニホンマムシやハブなどの毒ヘビにかまれてしまうと、血管や筋肉の細胞がこわれて、内出血したり、血が止まらなくなったりするんだ。

1. 出血毒
2. 食中毒
3. 人工毒

Q.2 パキケファロサウルスの特徴はなに？

1. よろいのような皮ふ
2. ナイフのようなつめ
3. ヘルメットのような頭骨

Q.3 春の夜空で目立って見える星のならびは？

1. 十字の形のはくちょう座
2. すな時計の形のオリオン座
3. ひしゃくの形の北斗七星

Q.4 世界最大のカブトムシは？

1. ネプチューンオオカブト
2. ヘラクレスオオカブト
3. コーカサスオオカブト

Q.5 オオグチボヤの口のように見えるものはなに？

1. 水をとりこむためのあな
2. ふんやおしっこを出すところ
3. 空気をためるふくろ

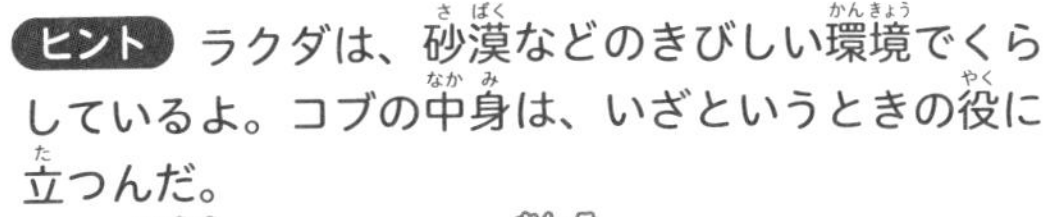

Q.6 ラクダのコブには なにがつまっている？

ヒント　ラクダは、砂漠などのきびしい環境でくらしているよ。コブの中身は、いざというときの役に立つんだ。

1 呼吸をするための酸素
2 栄養分になる脂肪
3 がんじょうな骨

Q.7 ワニが得意なのは どんな狩り？

1 長い距離を走って追いかける狩り
2 えものを待ちぶせする狩り
3 高いところから飛びかかる狩り

Q.8 絶滅危惧種は どのくらいいる？

1 4万種以上
2 40万種以上
3 400万種以上

Q.9 トビウオは、どうやって飛ぶ？

ヒント　トビウオのなかまは、おもに敵から逃げるときに、尾びれをふって海中を飛び出し、翼のように発達した胸びれを広げて飛ぶよ。

1 鳥のように羽ばたく
2 グライダーのように滑空する
3 ロケットのように水を噴射する

Q.10 かさぶたは、なにが きず口をふさぐとできる？

1 細菌
2 ウイルス
3 血小板

何点くらいとれたかな？
つぎのページで
答え合わせしてみよう

4月のおさらいクイズ 答え合わせ

Q.1 ニホンマムシやハブがもっている毒の名前は？

答えは **1** 出血毒（4月9日 107ページ）

Q.2 パキケファロサウルスの特徴はなに？

答えは **3** ヘルメットのような頭骨（4月23日 118ページ）

Q.3 春の夜空で目立って見える星のならびは？

答えは **3** ひしゃくの形の北斗七星（4月1日 100ページ）

Q.4 世界最大のカブトムシは？

答えは **2** ヘラクレスオオカブト（4月3日 102ページ）

Q.5 オオグチボヤの口のように見えるものはなに？

答えは **1** 水をとりこむためのあな（4月8日 106ページ）

Q.6 ラクダのコブにはなにがつまっている？

答えは **2** 栄養分になる脂肪（4月22日 117ページ）

Q.7 ワニが得意なのはどんな狩り？

答えは **2** えものを待ちぶせする狩り（4月28日 121ページ）

Q.8 絶滅危惧種はどのくらいいる？

答えは **1** 4万種以上（4月18日 114ページ）

Q.9 トビウオは、どうやって飛ぶ？

答えは **2** グライダーのように滑空する（4月16日 112ページ）

Q.10 かさぶたは、なにがきず口をふさぐとできる？

答えは **3** 血小板（4月29日 122ページ）

正解した問題の数に
10点をかけて、
点数を計算しよう

4月のクイズの成績

＿＿＿＿点

ライオンだ！
強そうだなあ
5月
泳ぐウミガメを
見てみたいのう

5月1日

誕生日 ヨハン・ヤコブ・バルマー（物理学者）▶1825年
北杜夫（作家）▶1927年

のんびりしていたら絶滅してしまったドードー

天敵のいない島にくらす飛べない鳥

ドードーは、インド洋にあるモーリシャス島とよばれる小さな島にくらしていた鳥です。翼は小さくて空を飛ぶことはできず、走るのも速くはありませんでした。島にはドードーの天敵になるような動物がいなかったので、地面にかんたんな巣をつくって卵を産み、のんびりとくらしていました。

人間とイヌなどがやってきて絶滅

17世紀になると、おだやかだった島が激変しました。人間がうつり住んできたのです。すみかだった森は畑にするために切りひらかれ、卵やひなは人間が連れてきたイヌやネズミによって食べられてしまいました。のんびりくらしていたドードーには対抗手段がなく、1681年には絶滅してしまったのです。

ドードー
ハト目ドードー科
頭までの高さ　1m
発見地　アフリカ（モーリシャス島）
学名の意味　カッコウによく似たぬい目のある鳥

マメ知識　ドードーは絶滅した後、『不思議の国のアリス』などのお話に登場して世界的に知られるようになったんだ。

5月2日

誕生日 樋口一葉（作家）▶1872年
デビッド・ベッカム（サッカー選手）▶1975年

月のもようの見え方

©長山省吾／国立天文台

月でウサギがもちつきをしている？

地上から月をながめると、月の表面にはなにかもようがあるように見えます。日本では昔から「月でウサギがもちつきをしている」なんて言いますよね。見えるもようは同じですが、月のもようは世界のいろいろな地域でさまざまなものにたとえられています。あなたはなにに見えますか？

もようの正体はクレーターと「海」

月の表面のもようの正体は、クレーターと海です。白っぽく見える部分はクレーターで、いん石などがしょうとつしたあとです。そして黒っぽく見える部分は「海」とよばれていますが、実際に水があるわけではありません。大昔に月の内部からふき出したよう岩がかたまってできた平原（平らな地形）です。ウサギのように見えるのはこの海の部分なんですね。

マメ知識 月の海をつくったよう岩は、地球にもある「玄武岩」という岩石がとけてできたものだよ。玄武岩が黒みがかった色をしているので、月の海も黒っぽく見えているんだって。

大迫力の３本角 トリケラトプス

5月3日 憲法記念日

誕生日 ニッコロ・マキャヴェッリ（哲学者）▶1469年
ジェームス・ブラウン（ミュージシャン）▶1933年

３本角の大型植物食恐竜

トリケラトプスは、いまから約１億～6600万年前の白亜紀後期に北アメリカにくらしていた重量級の植物食恐竜で、体重は10トンをこえるものもいたと考えられています。目の上に２本、鼻の上に１本、合わせて３本の角が生えているのが特徴で、とくに目の上の角は長く、約１mにもなります。

5月4日 みどりの日

誕生日 エミール・ガレ（工芸家）▶1846年
オードリー・ヘプバーン（俳優）▶1929年

角は成長にしたがってのびる

トリケラトプスは子どもからおとなまでさまざまなサイズの化石が見つかっていて、子どものころは目の上の角が短く、成長にしたがってのびていったことがわかっています。また、フリル（えりかざり）のまわりのギザギザした部分は成長すると丸くなっていきます。

マメ知識 トリケラトプスのなかまは「角竜類」とよばれていて、さまざまな形の角やフリルをもつ恐竜がいるよ。

5月5日

誕生日 カール・マルクス（経済学者）▶1818年
レオ・レオニ（作家）▶1910年

ティラノサウルスとも戦っていた

トリケラトプスの化石には、さまざまなきずあとが残っているものがあり、なかにはオスどうしでメスをめぐってけんかしたり、ティラノサウルスと戦ったりしたあとだと考えられるきずあとも見つかっています。

3本角とがんじょうなからだがかっこいいね

トリケラトプス
鳥盤類 周飾頭類 角竜類
体長　8〜9m
発見地　アメリカ、カナダ
食性　植物食
学名の意味　3本の角をもつ顔

マメ知識 多くの角竜類はフリルの骨にあながあいているけど、トリケラトプスのフリルの骨にはあながあいていないんだ。

5月6日

誕生日 ジークムント・フロイト（心理学者）▶1856年
向井千秋（宇宙飛行士）▶1952年

脳は体の司令塔

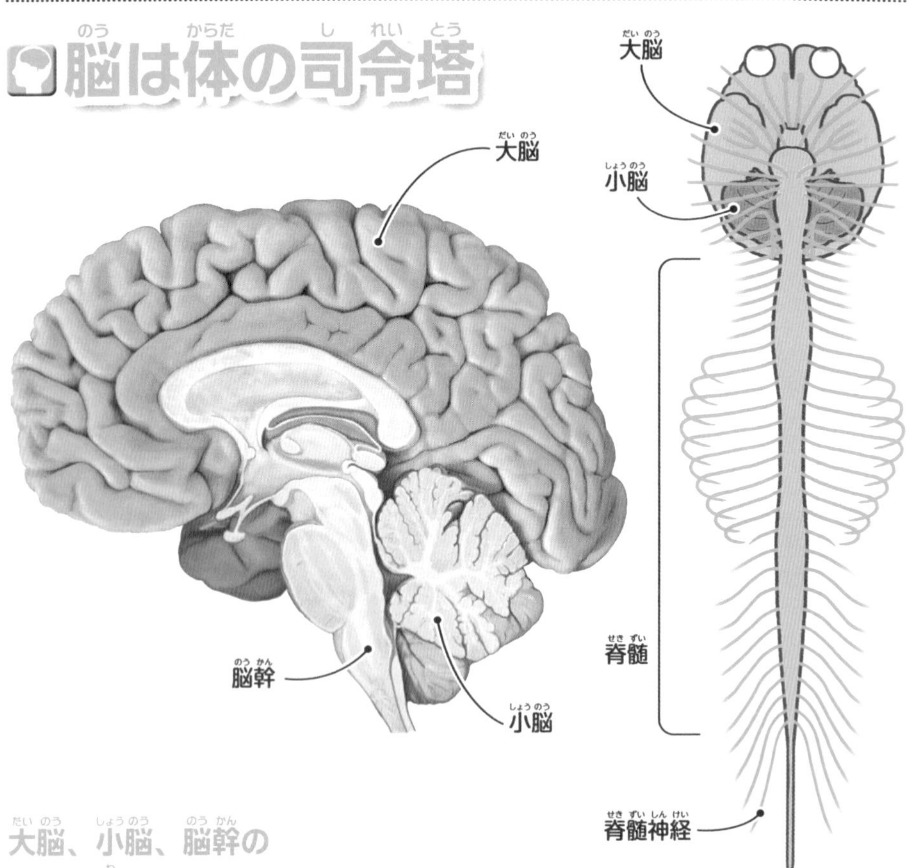

大脳、小脳、脳幹の3つに分かれる

脳は、全身からの情報を集めて処理し、体に命令を出す、体のあらゆる活動にかかわる器官です。意思決定をしたり命令を出したりする「大脳」、運動の細かい調整をする「小脳」、呼吸や心臓の動きなどをコントロールする「脳幹」の、大きく3つに分けられます。脳が働くときには、それぞれの部分が協力し合って体をコントロールします。

脊髄を通って全身に命令を送る

脳幹の下には、脊髄とよばれる神経線維の集まりが続いています。背骨に守られて体の中心を通る脊髄から、脊髄神経が体のすみずみまでのびていて、脳からの命令を全身に伝えたり、全身からの情報を脳に送ったりします。また、脳から直接のびる脳神経もあり、頭にある器官などとつながっています。

マメ知識 脳は、脳脊髄液という液体の中に浮かんでいて、外からのしょうげきが直接伝わらないしくみになっているよ。

5月7日

誕生日 ピョートル・チャイコフスキー（作曲家）▶1840年
美濃部達吉（憲法学者）▶1873年

小さな島に小さなヒトが住んでいた!?

東南アジアの小さな島、フローレス島

東南アジアにあるフローレス島では、からだの高さが1.3mほどしかない小さなゾウや体長60cmほどもある巨大なネズミなど、ほかの地域にはいない動物の化石が見つかっています。小さな島では食べ物の少ない環境に適応して大型動物が小型化したり、天敵が少ない環境で小さな動物が大型化したりすることがあるのです。

身長100cmの小さなヒト、フローレス人

いまから約260万～１万2000年前の更新世に、フローレス島に身長100cmほどの小さなヒトが住んでいたことがわかっています。ホモ・フローレシエンシス（フローレス人）とよばれる彼らもゾウと同じく、フローレス島の環境に適応して小さく進化したと考えられています。フローレス人は、火や道具をじょうずに使っていたようです。

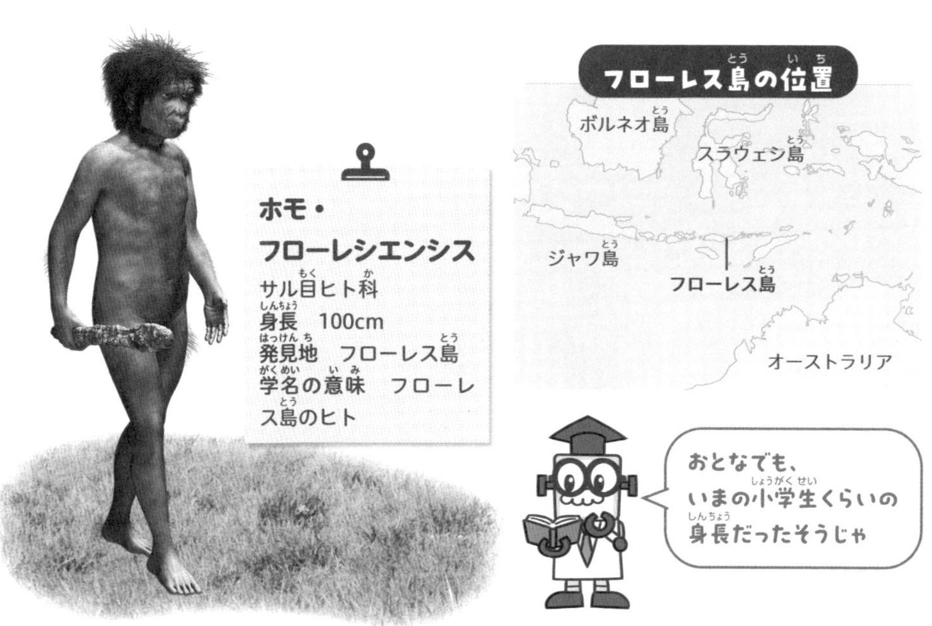

マメ知識　フローレス人といっしょに、頭までの高さが1.8mもある大型の鳥、ロブストスハゲコウの骨も見つかっているよ。

5月8日

誕生日 アンリ・デュナン(赤十字創立者)▶1828年
さくらももこ(漫画家)▶1965年

世界一危険な鳥 ヒクイドリ

ヒクイドリは大型の飛べない鳥

ヒクイドリはオセアニアの一部の地域で見られる大型の鳥です。いわゆる「飛べない鳥」で、つばさが退化して小さくなっているため、飛ぶことはできません。かわりにあしが発達していて、がっしりとしたあしで地上を速く走ります。

するどいつめによって死亡事故も起きている

ヒクイドリが世界一危険といわれるのは、あしに生えているするどいつめが理由です。なかでも内側のつめは長さが10cmもあり、過去にはこのつめで切られた人間が出血多量で死亡する事故も起こっています。

ヒクイドリのあし先。
内側(左)のつめが危険。

マメ知識 ヒクイドリには、のどもとに「肉だれ」という赤くて長いひだがあるんだ。これが火を飲んだみたいに見えるから、ヒクイドリ(火食鳥)という名前になったといわれているよ。

5月9日

誕生日 源頼朝（武将）▶1147年
ハワード・カーター（考古学者）▶1874年

ワオキツネザルは尾を立てて歩く

地上に下りることが多いサル

ワオキツネザルは、アフリカ大陸の南東にあるマダガスカル島にすむキツネザルのなかまです。木の上でくらす樹上性なのですが、よく木から下りて地上でも活動します。体温調節が苦手なので、日中は日当たりのよい場所でおなかを出してひなたぼっこします。

尾を立てて目印にする

ワオキツネザルは群れでくらしていて、地上を移動するときはみなで尾を立てながら歩きます。これは尾を群れの目印にしていると考えられています。また、尾にこすりつけた自分のにおいをまわりに広げる効果もあるといわれています。

ワオキツネザル
サル目キツネザル科
体長　31〜48cm
分布　マダガスカル島南西部〜南部
すむ場所　森林、サバンナ

ひなたぼっこするワオキツネザルの家族。

尾を立てて歩く
木から下りて移動するワオキツネザル。太くて長い尾を直立させながら地上を歩く。

マメ知識 ワオキツネザルの名前は、尾のもようが由来だよ。輪のようなもようのある尾から、ワオキツネザル（輪尾狐猿）と名づけられたんだ。

5月10日

誕生日 トーマス・J・リプトン（企業家）▶1850年
カール・バルト（神学者）▶1886年

潜水が得意なイグアナ

ウミイグアナは、南アメリカの北西にあるガラパゴス諸島にすむトカゲです。ふつうトカゲは海には入りませんが、ウミイグアナは海にもぐるのが得意です。長く平たい尾を左右にふってすばやく泳ぎ、海中の岩に生えた海藻を食べてくらしています。

ウミイグアナ

5月11日

誕生日 サルバドール・ダリ（画家）▶1904年
土屋耕一（コピーライター）▶1930年

からだをくねらせて泳ぐウミヘビ

クロガシラウミヘビ

ウミヘビのなかまは、コブラと同じグループのヘビたちです。海や海辺でくらしていて、多くの種が強い毒をもっています。からだをくねらせてじょうずに海中を泳ぎますが、魚のようなえらはなく肺で呼吸するため、水面に顔を出して息つぎをします。

マメ知識 ウミヘビのなかにはずっと海でくらす種もいるんだ。セグロウミヘビは外洋性のウミヘビで、陸地に打ち上げられると、うまく動けなくて死んでしまうこともあるんだって。

5月12日

誕生日 フローレンス・ナイチンゲール（看護師）▶1820年
武者小路実篤（作家）▶1885年

世界の海を旅するウミガメ

ウミガメのなかまは、海でくらす大型のカメたちです。からだつきは海での生活に適応していて、あしは魚のひれのような形になっています。頭やあしを甲らにしまうことはできません。世界のあたたかい海を回遊していて、1年で8000km移動することもあります。

アオウミガメ

5月13日

誕生日 スティーヴィー・ワンダー（ミュージシャン）▶1950年
夏井いつき（俳人）▶1957年

世界最大のカメ オサガメ

オサガメ

オサガメは、海にすむ世界最大のカメです。甲らの長さだけで２m近くあり、重さは900kgをこえるものもいます。ウミガメとちがい、甲らはかたく発達せず、ゴムのような皮ふにおおわれています。潜水が得意で水深1200mまでもぐります。

マメ知識 ウミガメが陸地で産卵するのは、は虫類だから。魚とちがって、は虫類は水中では呼吸ができない。卵も同じだ。だから、親ガメはわざわざ陸地に上がってきて産卵するんだ。

5月14日

誕生日 斎藤茂吉（歌人）▶1882年
ジョージ・ルーカス（映画監督）▶1944年

チョウとガのちがいってなに？

じつは、はっきりと区別することはできないんだ。チョウとガ、それぞれに多く見られる特徴はあるけど、例外もあるよ！

チョウとガは同じチョウ目の昆虫です。チョウ目の昆虫のなかでチョウではないものをガとしていて、ガのほうがずっと多く、チョウ目の80％以上がガです。

チョウに多い特徴

ガに多い特徴

マメ知識 オオスカシバは透きとおったはねをもつ、ハチにそっくりな見た目のガだよ。しかもガのなかまなのに、昼間に飛びまわるんだ。

5月15日

誕生日 ピエール・キュリー(物理学者)▶1859年
瀬戸内寂聴(僧侶)▶1922年

星座の神話・おうし座

4月20日～5月20日生まれの人は「おうし座」

ヨーロッパなどで大昔から伝わっている星うらないでは、4月20日～5月20日に生まれた人の誕生星座は「おうし座」であるとされます。誕生星座がおうし座の人の性格は「おだやかで落ち着いていて、協調性が高い」などといわれています。

牡牛に変身した神様

おうし座は、ギリシャ神話で一番えらい大神・ゼウスが牡牛に変身したすがたです。あるとき、エウロペという王女にひと目ぼれしたゼウスは、白い牡牛になって彼女に近づき、彼女が背にのったところで走りだしてさらってしまいました。海をわたりクレタ島にたどり着いたところで正体を明かし、いっしょにくらしたそうです。

マメ知識 エウロペが牡牛の背にのってかけめぐった地域を、彼女の名前にちなんで「ヨーロッパ」とよぶようになったともいわれているよ。

5月16日

誕生日 藤田晋（企業家）▶1973年
伊沢拓司（クイズプレイヤー）▶1994年

海の底にそびえ立つ竜の口

ドラゴンチムニー

南西諸島沖の熱水噴出孔のチムニーは、まるでけむりをはく竜のようにも見えるので、「ドラゴンチムニー」とよばれている。

ゴエモンコシオリエビ

海底火山のまわりなどの海底には、地球内部のマグマの熱であたためられた海水がふき出す場所、「熱水噴出孔」があります。300℃をこえる高温の熱水には、地中のさまざまな物質がとけこんでいます。熱水のふき出し口では、海水にふれて冷やされた金属がかたまって、「チムニー」とよばれるえんとつのような形になります。

マメ知識 ゴエモンコシオリエビは、熱水噴出孔の近くで見られる甲殻類だ。からだの表面に微生物をくっつけて、熱水の近くで育てるんだ。育った微生物は自分の食べ物にするんだよ。

5月17日

誕生日 エドワード・ジェンナー（医師）▶1749年
アラン・ケイ（計算機科学者）▶1940年

脱皮をするのはどんな生き物？

は虫類と両生類のほかに、昆虫と甲殻類も脱皮をするよ！

脱皮とは、古くなったうろこや皮ふ、殻などをぬぎすてることです。脱皮する生き物は、は虫類と両生類、昆虫と甲殻類（エビやカニなど）などがいて、それぞれ脱皮のしくみがちがいます。は虫類と両生類の脱皮は古くなったうろこや皮ふがはがれおちるもので、新しいうろこや皮ふができたときに起こります。いっぽう、昆虫と甲殻類の脱皮は成長にともなって起こり、からだを大きくするために古くなった殻をぬぎすてます。

は虫類・両生類の脱皮

トカゲの脱皮。古くなったうろこがボロボロとはがれる。

ヘビの脱皮。古くなったうろこがひとつながりではがれる。

イモリの脱皮。古くなった皮ふがめくれる。

昆虫・甲殻類の脱皮

チョウの幼虫の脱皮。古くなった皮をぬいでからだを大きくする。

チョウがさなぎから成虫になるための脱皮。「羽化」とよぶことが多い。

カニの脱皮。定期的に古い殻をぬいで、からだを大きくしていく。

マメ知識 昆虫や甲殻類、クモやムカデなどは外骨格（からだをおおう殻）と関節をもつ動物たちで、節足動物という大きなグループにふくまれるよ。

5月18日

誕生日 南方熊楠（博物学者）▶1867年
フレッド・ペリー（テニス選手）▶1909年

太陽を中心とした太陽系

太陽を中心にまわっている天体のまとまりを「太陽系」といいます。惑星のほか、小さな天体である小惑星や、惑星のまわりをまわる衛星、一番遠い惑星の外側にある太陽系外縁天体、そして細長い軌道（通り道）で太陽のまわりをまわる彗星なども太陽系のなかまです。

5月19日

誕生日 マルコム・X（黒人解放運動指導者）▶1925年
梅原大吾（プロゲーマー）▶1981年

地球をふくめた惑星は8つ

太陽系のなかには、太陽に近いほうから水星、金星、地球、火星、木星、土星、天王星、海王星の８つの惑星があります。地球も惑星の１つで、太陽から３番目に近いところをまわっています。

天王星

小惑星

惑星データ

太陽系の惑星のデータ（2023年５月時点）です。自転周期は惑星が１回転するのにかかる時間、公転周期は惑星が太陽のまわりを１周するのにかかる時間です。

	水星	金星	地球	火星	木星	土星	天王星	海王星
直径	4,880km	12,104km	12,756km	6,792km	142,984km	120,536km	51,118km	49,528km
自転周期	59日	243日	１日	１日	10時間	11時間	17時間	16時間
公転周期	88日	225日	365日	１年322日	11年315日	29年167日	84年７日	164年281日
衛星の数	０個	０個	１個	２個	95個	149個	27個	14個

マメ知識 惑星の条件は、①太陽のまわりをまわる、②十分な質量をもっているため丸い形をしている、③自分の軌道の近くからほかの天体を追い出している、と定められているよ。

5月20日

誕生日 高村智恵子(画家)▶1886年
三笘薫(サッカー選手)▶1997年

惑星は3種類に分けられる

太陽系の惑星は、大きく3つの種類に分けられます。水星、金星、地球、火星はおもに岩石でできていて、比較的小さな惑星です。木星と土星はほかの惑星よりずっと大きく、ガスでできた惑星です。天王星と海王星は氷とガスでできています。

5月21日

誕生日 アンリ・ルソー(画家)▶1844年
ウィレム・アイントホーフェン(生理学者)▶1860年

地上から見ると「惑う星」

惑星は太陽のまわりをまわっているため、地球から見ると星座を形づくる星(恒星)とはまったくちがう動きをします。星座の中をふらふらさまよって見えるので惑う星、「惑星」と名づけられたのです。

マメ知識 海王星の外側をまわる冥王星は、かつては惑星とされていたけど、左の惑星の条件の③を満たしていないんだ。そのため、2006年に惑星から外れて、太陽系外縁天体の１つになったよ。

5月22日

誕生日 中村修二（電子工学者）▶1954年
庵野秀明（アニメーション作家）▶1960年

星座とギリシャ神話

星座と結びついたギリシャ神話

星座にかかわるストーリーは、多くがギリシャ神話と関係しています。最初に星座がつくられたのはいまから5000年も前の古代メソポタミアだと考えられていますが、それがギリシャに伝わり、ギリシャの神様の話と結びついて星座神話として広まったのです。

たくさんの神様や英雄が登場

ギリシャ神話にはたくさんの神様や英雄が登場し、その多くが星座と結びついています。ギリシャ神話でいちばんえらい神様とされる大神・ゼウスは、神話に出てくる人間や動物を天に上げ、星座にする力をもっていると考えられたのです。

大神・ゼウス

ギリシャ神話の最高神。最強の力をもつが、浮気性な一面もある。

マメ知識 ゼウスやほかの多くの神様たちは、ギリシャにあるオリンポス山の山頂に住んでいると考えられているよ。

5月23日

誕生日 サトウハチロー（詩人）▶1903年
ジョン・バーディーン（物理学者）▶1908年

「アリジゴク」の正体

落っこちたら出られないわな

公園などのさらさらしたすな地に掘られたすりばち状のあな。アリがそこに落ちると、砂でできた斜面がくずれて出られず、あなの底に引きずりこまれてしまいます。あなの底に待ちうけているのはなにやらおそろしい見た目の生き物。あっという間にアリは食べられてしまうのです。これが「アリジゴク」のしかけです。

アリジゴク

ウスバカゲロウ
アミメカゲロウ目ウスバカゲロウ科
前ばねの長さ　36〜41mm
分布　日本

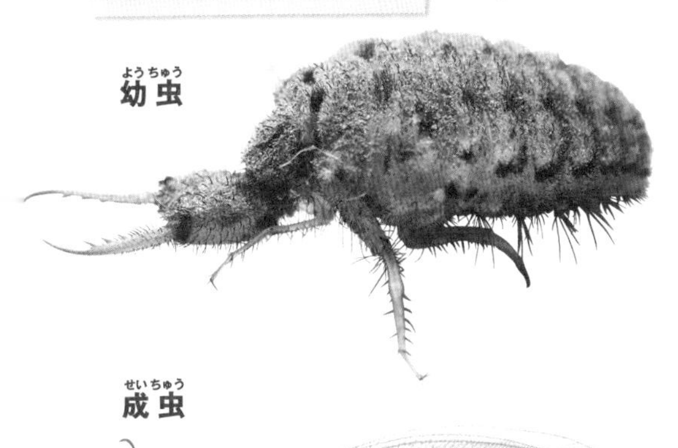

公園でよく見るアリジゴクには、こんなすがたの幼虫がひそんでいるんだね

正体はウスバカゲロウの幼虫

アリジゴクの正体は「ウスバカゲロウ」という昆虫の幼虫で、あなは幼虫がつくる巣です。幼虫は巣の底にかくれすんでいて、長い大あごをもつおそろしげな見た目をしています。成虫は、トンボのような細長いからだと長いはねをもっていて、ひらひらと空を舞う、幼虫とはぜんぜん似ていないすがたをしています。

マメ知識 ウスバカゲロウの幼虫は、えものがわなにかかるのを長いことじっと待っているよ。数か月のあいだ、なにも食べなくても生きていけるんだ。

5月24日

誕生日 横溝正史(作家)▶1902年
ボブ・ディラン(ミュージシャン)▶1941年

ジャンプが得意な干潟の魚たち

干潟は多くの生き物のすみか

干潟は、河口や入り江のおくまったところにできます。すなやどろがたまってなだらかになっていて、潮が引いたときには遠浅の浜となります。小魚や貝類、カニなどが豊富にいて、それらを食べに来る水鳥も集まり、多くの生き物のすみかとなっています。

干潟のハゼに注目

干潟にいる魚でとくに多いのが、どろの中に巣をつくってくらすハゼのなかまたちです。ムツゴロウやトビハゼなどは潮が引くと巣あなから出て、どろの上をはいまわったり、ぴょこぴょことびはねたりします。

トビハゼ
スズキ目ハゼ科
全長 10cm
分布 日本(南日本、沖縄島)、太平洋北西部

ムツゴロウ
スズキ目ハゼ科
全長 20cm
分布 日本(有明海)、太平洋北西部

マメ知識 繁殖期のムツゴロウやトビハゼのオスは、メスにアピールするためにとびはねるんだ。からだをくねらせて、高く美しくジャンプするよ。

5月25日

誕生日 ピーター・ゼーマン（物理学者）▶1865年
菊池武夫（ファッションデザイナー）▶1939年

ヒクイドリとイリエワニ もし戦ったら、勝つのはどっち？

オーストラリアやオセアニアにすむ危険生物どうしの戦いを空想してみましょう。世界一危険な鳥、ヒクイドリ。世界最大のは虫類、イリエワニ。からだの大きさにかなりの差があります。ヒクイドリがフットワークを使いながらするどいつめの生えたあしでけりますが、イリエワニのかたい皮ふにはじかれます。イリエワニが水中にもぐると、ヒクイドリは追うことができず、やがて不意うちをくらって強力なあごでしとめられてしまうでしょう。

マメ知識 イリエワニは塩水でも活動できるので、海にもあらわれるんだ。さらに、海をわたって大移動することもあり、分布域から遠くはなれた日本でもイリエワニの発見例があるんだ。

5月26日

誕生日 モンキー・パンチ(漫画家)▶1937年
小平奈緒(スピードスケート選手)▶1986年

ライオンと「プライド」

ライオンは、アフリカで最大のネコのなかまです。ネコのなかまは群れずに単独でくらす種が多いのですが、ライオンは群れをつくります。この群れは「プライド」とよばれ、4～12頭のメスを中心に、1～3頭のオス、子どもたちからなります。

オスは首のまわりにたてがみが生える。強いオスほどたてがみがりっぱで、黒っぽくなる。

5月27日

誕生日 ジョルジュ・ルオー(画家)▶1871年
ジョン・コッククロフト(物理学者)▶1897年

群れに入れるのは強いオスだけ

群れの中心はメスのライオンたちで、そこに加わることができるオスは数頭だけです。そのため、群れに入りたいオスたちは群れのオスたちに争いをしかけます。命がけの争いに勝ったオスだけが群れでメスたちとくらし、子孫を残すことができるのです。

ライオン
ネコ目ネコ科
体長　1.4～3.3m
分布　アフリカ(サハラ砂漠より南)、インド
すむ場所　サバンナ、低木林

マメ知識　プライドで育つ子どもたちのうち、メスは成長しても群れに残れる。オスはある程度大きくなると、おとなのオスライオンに群れから追い出されてしまうんだ。

5月28日

誕生日 ルイ・アガシー（古生物学者）▶1807年
イアン・フレミング（作家）▶1908年

ライオンのオスはなまけもの!?

狩りはメスが中心

ライオンの狩りは群れのメスたちがおこないます。えものにしのびよりながらとりかこみ、いっせいにおそいかかって、強力な前あしときばでえものをしとめます。オスは狩りには参加せず、メスたちがしとめたえものを食べるだけです。

5月29日

誕生日 フランツ・バルツァー（鉄道技術者）▶1857年
美空ひばり（歌手）▶1937年

ライオンはアジアにもいる!?

インドライオン。アフリカのライオンよりからだつきが小ぶり。

ライオンはアフリカの動物と思われがちですが、じつはアジアにもライオンがいます。インドライオンという亜種（→55ページ マメ知識）で、数百頭が国立公園で保護されています。森林でくらしているので木登りが得意です。

マメ知識 群れをはなれた若いオスたちは、オスだけの群れで助け合いながら成長していく。そして、ほかの群れのオスをたおして群れに入れる機会をねらうんだ。

5月30日

誕生日 杉田久女(俳人)▶1890年
アレクセイ・レオーノフ(宇宙飛行士)▶1934年

恐竜の化石が最初に発見されたのは200年前

1820年代に2種類の化石が発見された

世界で初めて恐竜の化石が発見されたのは1820年代。イギリスの医師のマンテルがイグアノドンの歯の化石を、イギリスの地質学者のバックランドがメガロサウルスの下あごの化石を発見しました。見つかったのはからだのごく一部の化石だけなので、はじめはどんな生き物のものか、よくわかりませんでした。

「おそろしいトカゲ」→「恐竜」と名づけられた

発見された2つの化石は、巨大なは虫類のものとされてきました。しかし、イギリスの解剖学者のリチャード・オーウェンが、この化石はいままで知られていたは虫類とはちがう、新しいグループのものであると考え、「おそろしいトカゲ」という意味のダイノサウリアと命名しました。これが明治時代に日本語に訳され、「恐竜」になったのです。

マメ知識 マンテルはイグアノドンを、鼻の先に角があり、四足歩行のイグアナのようなすがたの巨大な生き物だと想像していたよ。

5月31日

誕生日 土方歳三（新選組副長）▶1835年
クリント・イーストウッド（俳優）▶1930年

舌で味を感じるしくみ

舌の表面にある舌乳頭

舌の表面はざらざらしています。これは、舌乳頭という細かい突起がたくさんならんでいるためです。舌乳頭には４つの種類があり、それぞれ決まった場所にあります。糸状乳頭以外の３つの舌乳頭には「味らい」とよばれる小さな器官があり、これで味を感じます。

味らいで味を検知する

食べ物の細かいつぶ（味物質）が舌乳頭の小さなあな（味孔）に入り、おくにある味細胞の味覚毛とよばれる部分にふれると、味の情報が味細胞を伝わり、神経を通って脳に送られ、味を感じます。つぶの種類によって、あまさやすっぱさ、苦みなどを感じとります。

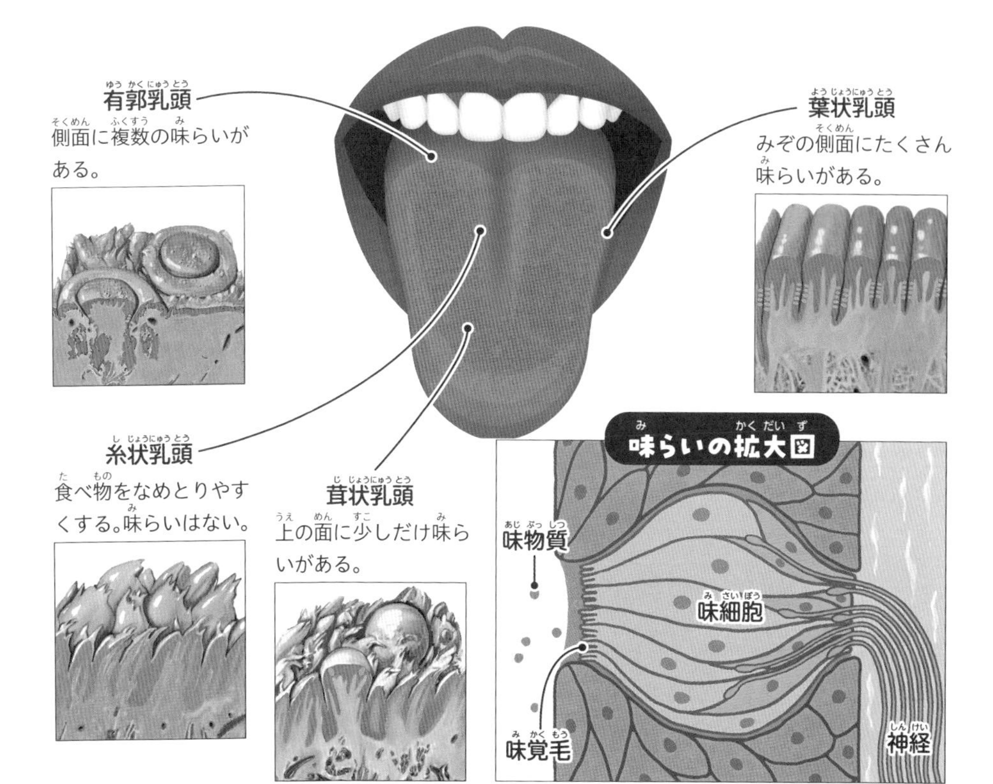

マメ知識 味らいで感じとれる味は「甘味、塩味、苦味、酸味、うま味」の５種類だけなんだ。カレーやキムチなどの「からさ」は味ではなく、いたみとして感じているよ。

5月のおさらいクイズ

3つの答えのなかから、正しいと思ったものを選んでね

5月1日～31日(128～151ページ)で学んだことをクイズでかくにんしてみよう。問題は10問(1問10点)で、答えは154ページにのってるよ！

Q.1 飛べない鳥ドードーが絶滅した理由はなに？

ヒント 天敵のいない小さな島にくらしていたドードーは、卵を守ったりもせずに、のんびりとくらしていたんだって。

1. ドードーどうしが争い合った
2. 気候が変わって、暑さにたえられなかった
3. 人間が連れてきたイヌやネズミに、卵やひなを食べられた

Q.2 つぎのうち、チョウに多い特徴はなに？

1. 昼間に活動する
2. 夜に活動する
3. 触角がくし形

Q.3 南西諸島沖の熱水噴出孔はなんとよばれている？

1. ドラゴンチムニー
2. リヴァイアサンチムニー
3. ゴッドチムニー

Q.4 呼吸や心臓の動きをコントロールするのは脳のどこの部分？

1. 大脳
2. 小脳
3. 脳幹

Q.5 ヒクイドリが危険とされるのはなぜ？

1. 毒をもっているから
2. あしのつめがするどいから
3. するどいきばでかみつくから

Q.6 ライオンの「プライド」とはどんな群れ？

ヒント ライオンは強いオスだけが群れに入り、狩りは基本的にメスがおこなうよ。成長したオスは群れから追い出されてしまうんだ。

1 オスだけの10頭前後の群れ

2 オスとメスが1頭ずつだけの群れ

3 4～12頭のメス、1～3頭のオス、子どもたちの群れ

Q.7 干潟にすむハゼのなかまの名前は？

1 モモタロウ

2 ムツゴロウ

3 オージロウ

Q.8 天王星と海王星はおもになにでできている？

1 岩石

2 氷とガス

3 金属

Q.9 トリケラトプスの角は成長するとどうなる？

ヒント トリケラトプスは子どもから大人までさまざまなサイズの化石が見つかっていて、成長の様子がわかっているよ。

1 だんだん短くなる

2 だんだん長くなる

3 大人になると抜け落ちる

Q.10 月の「海」にはなにがある？

1 塩水

2 マグマ

3 よう岩がかたまった平らな地形

手ごたえはどうじゃ？
つぎのページで
成績をチェックしてみよう

5月のおさらいクイズ　答え合わせ

Q.1 飛べない鳥ドードーが絶滅した理由はなに？

答えは 3 人間が連れてきたイヌやネズミに、卵やひなを食べられた(5月1日　128ページ)

Q.2 つぎのうち、チョウに多い特徴はなに？

答えは 1 昼間に活動する(5月14日　138ページ)

Q.3 南西諸島沖の熱水噴出孔はなんとよばれている？

答えは 1 ドラゴンチムニー(5月16日　140ページ)

Q.4 呼吸や心臓の動きをコントロールするのは脳のどこの部分？

答えは 3 脳幹(5月6日　132ページ)

Q.5 ヒクイドリが危険とされるのはなぜ？

答えは 2 あしのつめがするどいから(5月8日　134ページ)

Q.6 ライオンの「プライド」とはどんな群れ？

答えは 3 4～12頭のメス、1～3頭のオス、子どもたちの群れ(5月26日　148ページ)

Q.7 干潟にすむハゼのなかまの名前は？

答えは 2 ムツゴロウ(5月24日　146ページ)

Q.8 天王星と海王星はおもになにでできている？

答えは 2 氷とガス(5月20日　143ページ)

Q.9 トリケラトプスの角は成長するとどうなる？

答えは 2 だんだん長くなる(5月4日　130ページ)

Q.10 月の「海」にはなにがある？

答えは 3 よう岩がかたまった平らな地形(5月2日　129ページ)

正解した問題の数に10点をかけて、点数を計算しよう

5月のクイズの成績

＿＿＿＿＿点

ホホジロザメは
こんなに高く
とべるのか!?
6月
オオカミの遠ぼえ
聞いてみたいな

6月1日

誕生日 千代の富士貢(力士)▶1955年
トム・ホランド(俳優)▶1996年

オオカミの遠ぼえはどこまでとどくの？

10kmもはなれた場所までとどくといわれているよ！

オオカミは、野生のイヌのなかまでもっとも大きいからだをもつ種です。血のつながったものどうしで「パック」とよばれる10頭ほどの群れとなり、なわばりをつくってくらしています。遠ぼえはオオカミどうしがコミュニケーションをとるためのもので、その声は10km先にもとどきます。対立するパックに自分たちのなわばりを主張したり、同じパックのなかまをよび集めたりするときに、遠ぼえが使われます。

オオカミ(タイリクオオカミ)
ネコ目イヌ科
体長　82〜160cm
分布　ユーラシア、北アメリカなど
すむ場所　森林、山地、草原など

マメ知識 タイリクオオカミは、分布する地域ごとに13の亜種(→55ページ マメ知識)に分けられている。シベリアオオカミやアラビアオオカミ、シンリンオオカミなどがいるよ。

6月2日

誕生日 エドワード・エルガー(作曲家)▶1857年
稲垣啓太(ラグビー選手)▶1990年

猛毒生物の毒の強さをくらべてみよう

自然界で強い毒をもつ生き物といえば、ヘビやカエル、クモがあげられます。ヘビでもっとも毒が強いナイリクタイパンは、さまざまな成分がまざった猛毒をもちます。カエルでもっとも毒が強いモウドクフキヤガエルは、人間の武器に利用されるほどの猛毒をもちます。クモでもっとも毒が強いといわれているクロドクシボグモは、攻撃的な性質で人間が死亡するほどの毒をもちます。これらの生き物の毒の強さは、人間が科学的につくった毒(青酸カリ)の数百、数千倍といわれています。

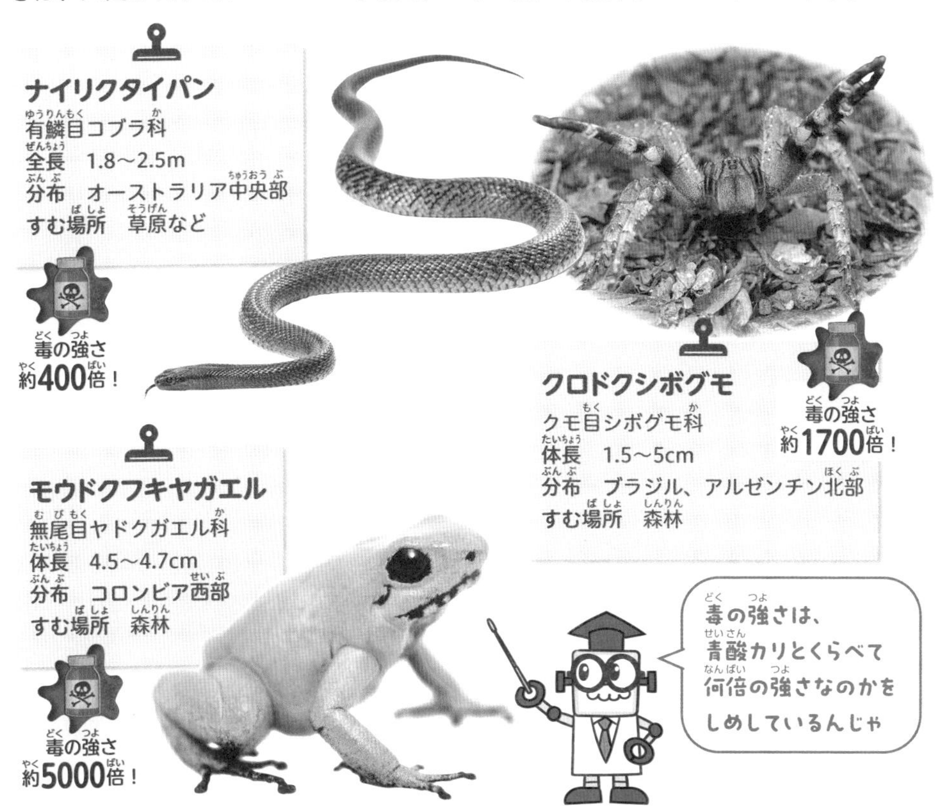

マメ知識 海にはさらに強い毒をもつ生き物がいるよ。オーストラリアウンバチクラゲの毒は青酸カリの約１万倍、イワスナギンチャクの毒は約４万倍なんだよ。

6月3日

誕生日 ジェームズ・ハットン（地質学者）▶1726年
ラファエル・ナダル（テニス選手）▶1986年

からだのぬるぬるのひみつ

ウナギは細長いつつ形のからだで、からだ全体がぬるぬるとしたねん液におおわれています。うなぎのうろこは皮ふにうもれるほど小さいため、このねん液でからだが傷つかないように守っています。また、ねん液をとおして皮ふ呼吸ができるので、ウナギは水のない陸地でもしばらくは呼吸ができます。

ニホンウナギ
ウナギ目ウナギ科
全長　60cm
分布　日本、東アジア

ウナギは皮ふ呼吸ができるので、水から出て陸地を移動することもあるんじゃ

6月4日

誕生日 大山倍達（空手家）▶1923年
久保建英（サッカー選手）▶2001年

ウナギの赤ちゃんは白い葉っぱ!?

ウナギは卵からふ化してすぐはつつ形の体形をしていますが、そこからからだの厚みがなくなっていき、うすい葉っぱのような体形に変化します。これは海中を長距離移動するときに海流にのりやすくするためだと考えられています。

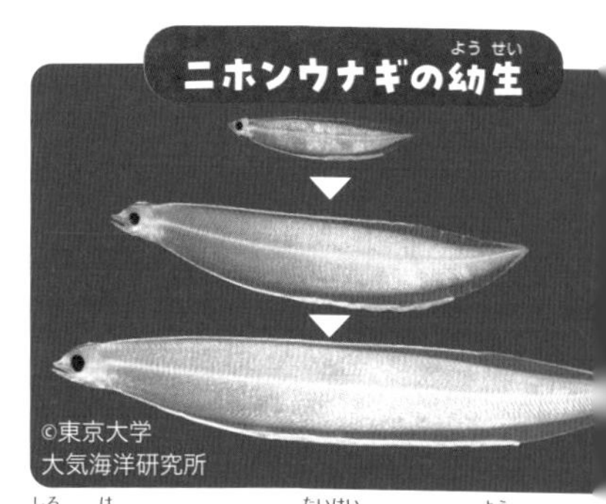

白い葉っぱのような体形になった幼生を「レプトセファルス」とよぶ。

マメ知識 ウナギは、成長とともによび名が変わる。レプトセファルスから白いひものような稚魚に成長すると「シラスウナギ」に、さらに成長してからだが黒くなると「クロコ」とよばれるよ。

6月5日

誕生日 アダム・スミス(経済学者)▶1723年
ジョン・メイナード・ケインズ(経済学者)▶1883年

ウナギの生まれ故郷は太平洋の深海

ウナギは海で生まれて日本の川や湖で成長しますが、どこで生まれ、どのように日本にやってくるのかは正確にはわかっていませんでした。しかし近年の調査で、ウナギの産卵場所が日本のはるか南にある太平洋(マリアナ諸島近海)の深海であり、そこから数千kmの距離を泳いで日本までやってきていることがつきとめられました。

背びれと尾びれ、しりびれに切れ目はなく、つながっている。

ニホンウナギの一生

日本

太平洋

マリアナ諸島近海

①マリアナ諸島近海の深海で生まれ、レプトセファルスに成長して西へ向かう。

②稚魚に成長し、日本の沿岸部に向かう。

③日本の川や湖、沿岸で数年をすごして大きく成長する。

④海に下ってマリアナ諸島近海にもどり、深海にもぐって産卵する。

マメ知識 川で数年育ってからだが黄みがかった色になると「黄ウナギ」だ。さらに成長して繁殖ができるようになり、からだが黒くなって金属のような光沢が出ると「銀ウナギ」とよばれるんだ。

6月6日

誕生日 本因坊秀策(囲碁棋士)▶1829年
葛西紀明(スキージャンプ選手)▶1972年

星座の数は88個

紀元前3000〜2000年？
古代メソポタミア

星座の誕生

古代メソポタミアでは、星を観測して国の運勢をうらなっていた。星うらないで知られる黄道12星座などはこのころにつくられた。

しし座 いて座

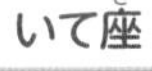

紀元前8世紀〜紀元後2世紀
古代ギリシャ・ローマ

48星座に整理された

古代ギリシャに伝わった星座はギリシャ神話と結びつき、星座神話がつくられた。ギリシャの天文学を引きついだ古代ローマの天文学者プトレマイオスが『アルマゲスト』という本の中で48個の星座をのせた。

プトレマイオス

1928年
近代

88星座が定められる

ヨーロッパで大規模な航海がはじまり南半球に進出すると、これまで知らなかった星が発見され、新しい星座がつぎつぎとつくられた。国によってバラバラだった星座を整理するため、1928年に開かれた国際天文学連合(IAU)の会議で88星座が決められた。

星座の数は全部で88個。これは世界中の国ぐにが参加する国際天文学連合(IAU)が決めたもので、世界共通です。決まっているのは星座の範囲をしめす境界線で、その範囲に見える星はすべてその星座の星としてあつかいます。どの星をどのように線で結ぶかについては、とくに決まりはありません。

マメ知識 現在の88星座以外にも世界各地でさまざまな星座がつくられてきたよ。いまはないネコ座やカバ座なんてのもあったんだ。

6月7日

誕生日 ポール・ゴーギャン（画家）▶1848年
荒木飛呂彦（漫画家）▶1960年

せなかに帆をもつ水の恐竜 スピノサウルス

大きさはティラノサウルス以上

スピノサウルスは白亜紀（約1億4500万～6600万年前）の中ごろに生きていました。ティラノサウルスをしのぐ最大級の肉食恐竜で、全長は15mもあり、せなかに高さ1.7mにもなる帆があるのが最大の特徴です。帆の役割については、体温調節や求愛に使っていたなど、さまざまな説があります。

水中の名ハンター

スピノサウルスは水辺、あるいは水中で生活していたと考えられています。ひれのような長い尾とからだをくねらせてたくみに泳ぎ、ワニのように細長い口で魚をつかまえて食べていたのでしょう。最大級の肉食恐竜スピノサウルスは、水中の狩人だったのです。

マメ知識 スピノサウルスのせなかの帆は、背骨からのびた長い突起が皮ふでおおわれたものだよ。

6月8日

誕生日 ロベルト・シューマン（作曲家）▶1810年
フランシス・クリック（分子生物学者）▶1916年

日本に入りこむ危険な虫たち

本来はいないはずの虫が日本にいる理由

近年、セアカゴケグモやヒアリといった危険な虫たちが国内で発見されています。これらは本来は日本にいないはずの外来種（→47ページ）で、外国から運ばれてきた木材や貨物にまぎれこんで入ってきたものと考えられています。

危険なので見つけても絶対にさわらない

現在、セアカゴケグモは全国的に広がっていて、ヒアリも発見場所が増え続けています。どちらも強い毒をもつため、かまれたり刺されたりすると危険です。これからも危険な外来種が日本に入ってくるおそれがあるので、見たことがないめずらしそうな虫を見つけても、絶対にさわらないようにしましょう。

セアカゴケグモ
クモ目ヒメグモ科
体長　3～10㎜
分布　オーストラリア南部

毒が強いのはメスだけ。性格はおとなしいが、さわろうとすると毒牙でかむことがある。

ヒアリ
ハチ目アリ科
体長　2.5～8㎜
分布　南アメリカ中央部

おしりにハチのような毒ばりがあり、刺されると焼けるようにいたむ。

マメ知識 生き物がある場所に根づいて、継続的に子孫を残している状態のことを「定着」しているというんだ。一部の外来種が国内で定着していて、大きな問題になっているよ。

6月9日

誕生日 ジョージ・スティーブンソン（発明家）▶1781年

水谷隼（卓球選手）▶1989年

ガラガラヘビはどうやって音を出す？

尾の先にある「ガラガラ」を高速でふって音を出すよ！

ガラガラヘビは尾の先に脱皮したときの殻が残っていて、この部分をガラガラ（赤ちゃんをあやすのに使う音が出るおもちゃ）のようにふって、「ジージー」という独特な音を出します。ガラガラヘビは毒をもつクサリヘビのなかまですが、おくびょうな性格です。尾をふって音を出して自分がいることを知らせて、敵が近づいてこないようにしています。

最初の脱皮の殻

2回目の脱皮の殻

3回目の脱皮の殻

脱皮した古い殻が何重にも重なっている。これらがこすれ合うことで音が出る。

ニシダイヤガラガラヘビ

有鱗目クサリヘビ科

全長　1.8～2.1m

分布　北アメリカ西部～中央アメリカ北部

すむ場所　砂漠、草原、森林

からだにトランプのダイヤ柄のようなもようがあるから、この名前がついたんじゃ

マメ知識 ニシダイヤガラガラヘビの毒液には、出血が止まらなくなる出血毒やからだの機能をまひさせる神経毒などがふくまれているんだ。

6月10日

誕生日 ヘルマン・シュレーゲル(鳥類学者)▶1804年
鶴見和子(社会学者)▶1918年

長い毛ときばをもつマンモス

マンモスはいまから約258万～1万1700年前の更新世に生きていたほ乳類です。このころは地球全体がとても寒くなる「氷河期」で、寒い地域にすんでいたケナガマンモスは全身に長い毛が生え、ゾウよりも長いきばをもっていました。

ケナガマンモス
ゾウ目ゾウ科
からだの高さ　2.6～3.5m
発見地　ユーラシア
学名の意味　原始のマンモス

6月11日

誕生日 豊田喜一郎(企業家)▶1894年
ジョー・モンタナ(アメリカンフットボール選手)▶1956年

寒さにたえるからだ

ケナガマンモスは、全身に生えた長い毛以外にも、寒さにたえられるからだの特徴がありました。たとえば、耳はゾウにくらべて小さく、からだの熱を逃がしません。尾は短く、尾のつけ根にある皮ふのひだで肛門にふたをして、肛門から熱が逃げるのをふせぐことができました。

マメ知識 マンモスは、ケナガマンモスのほかに10種類がかくにんされているよ。あたたかいところにすんでいたマンモスはあまり毛が長くないんだ。

6月12日

誕生日 茨木のり子（詩人）▶1926年
アンネ・フランク（作家）▶1929年

マンモスは人間に狩られていた

マンモスが生きていたころ、人間は狩りをして生活をしていました。からだが大きなマンモスは、たくさんの食料がとれる重要なえものだったのです。人間はマンモスの肉を食料として利用しただけでなく、骨やきば、毛皮を家や衣服の材料として利用していたことがわかっています。

6月13日

誕生日 トマス・ヤング（物理学者）▶1773年
伊調馨（レスリング選手）▶1984年

いまのゾウの祖先ではない

マンモスはゾウによく似ていますが、いまのゾウの直接の祖先ではありません。マンモスとゾウは、数百万年前に共通の祖先から分かれ、それぞれ独自に進化したと考えられています。マンモスのほかにもマストドン、ナウマンゾウなどいろいろなゾウと共通の祖先をもつ動物がいました。

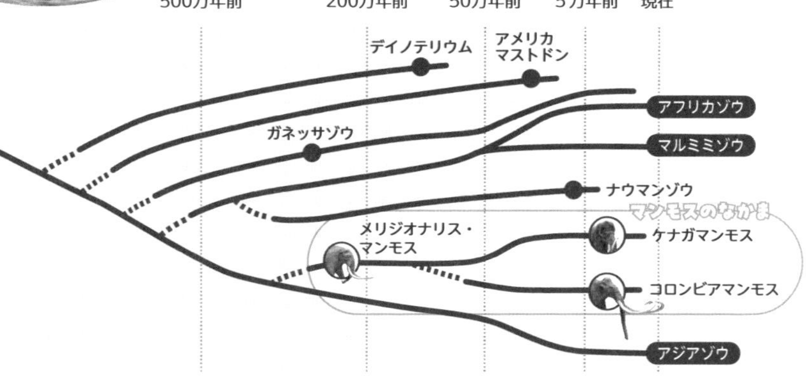

マメ知識 シベリアの永久凍土などから、氷づけのマンモスの死がいが見つかっているよ。

6月14日

誕生日 アロイス・アルツハイマー（精神医学者）▶1864年
川端康成（作家）▶1899年

水の上を歩く 忍者のようなアメンボ

水の上をスイスイ歩く

アメンボのなかまは6本のあしの先で水の上に立ち、水面をすべるように移動する昆虫です。針のようにとがった口をもっていて、水に落ちた昆虫などのからだにつき刺して消化液を注入し、肉をとかして吸います。成虫ははねがあるので、空を飛ぶこともできます。

ひみつはあしの毛と油

アメンボが水の中にしずんでしまうことなく水面に立っていられるのは、とても軽いからだとあしの先にひみつがあります。あしの先には細かい毛がたくさん生えていて、あしの先から油を分泌しています。この毛と油が水をはじくため、しずむことなく水に浮き、水面をスイスイ移動できるのです。

オオアメンボ
カメムシ目アメンボ科
体長　19〜27mm
分布　東アジア、日本

マメ知識 アメンボの名前は、からだからおかしのあめのようなあまいにおいがすることからつけられたんだ。雨とは関係ないよ。

6月15日

誕生日 小林一茶（俳人）▶1763年
エリク・H・エリクソン（発達心理学者）▶1902年

星座の神話・ふたご座

5月21日～6月21日生まれの人は「ふたご座」

ヨーロッパなどで大昔から伝わっている星うらないでは、5月21日～6月21日に生まれた人の誕生星座は「ふたご座」であるとされます。誕生星座がふたご座の人の性格は「行動力があり、おしゃべり好きだけど気まぐれ」などといわれています。

神と人間のあいだに生まれたふたご

ふたご座のもとになったのは、ギリシャ神話の大神・ゼウスと人間の王妃・レダのあいだに生まれたふたご、カストルとポルックスです。兄のカストルは人間の血を、弟のポルックスは神の血を受けついでいました。ある戦いで、カストルは命を落とします。神の血を引くポルックスは不死身でしたが、兄の死を悲しみ、いっしょに死にたいと泣きます。そこでゼウスはふたりを星座にして、いつもいっしょにいられるようにしたのでした。

マメ知識 カストルとポルックスは星の名前にもなっていて、ふたご座で一番明るい星がポルックス、つぎに明るい星がカストルだよ。

6月16日

誕生日 バーバラ・マクリントック（細胞遺伝学者）▶1902年
池井戸潤（作家）▶1963年

人魚のモデルは深海魚だった!?

「竜宮の使い」と名づけられた神秘的なすがたの魚

リュウグウノツカイは平たくて長い帯のようなからだつきの深海魚です。全長は最大で８mにもなり、もっともからだが長い硬骨魚類といわれています。頭を上に向けて、長い背びれをくねらせてゆったりと泳ぎます。

赤い髪と白いからだが人魚の特徴!?

リュウグウノツカイを、日本の昔話に出てくる人魚の正体だとする説があります。昔の書物で人魚は白いからだに赤い髪のすがたでえがかれています。リュウグウノツカイは白銀色のからだで、赤い背びれのすじが頭からたてがみのようにのびています。もしかしたら、昔の人はこのすがたを見てから人魚の絵をかいたのかもしれません。

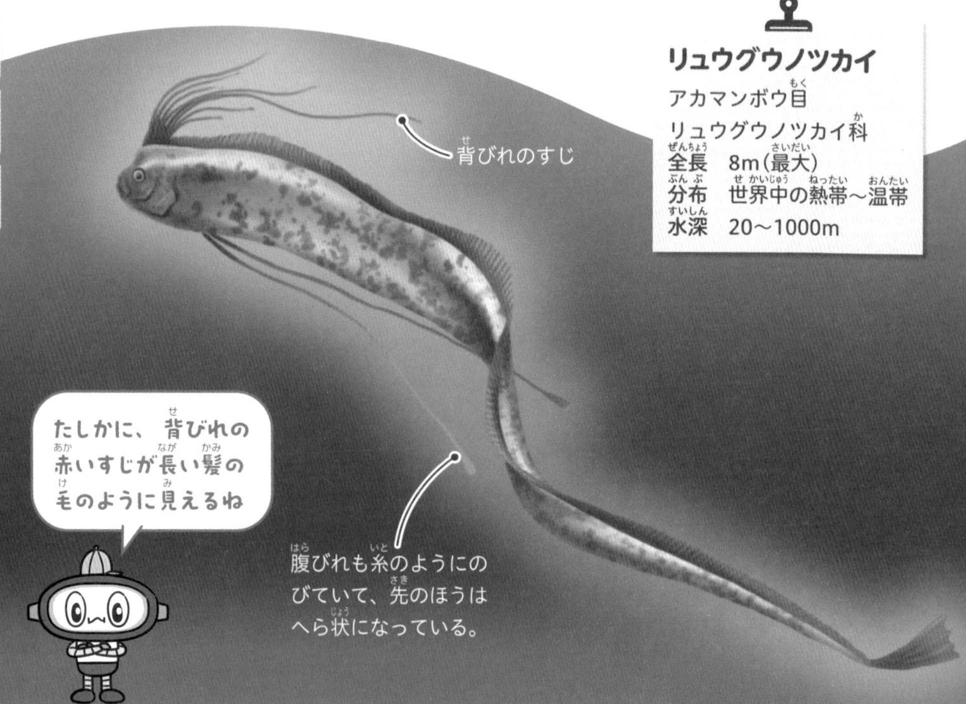

マメ知識 魚類の大部分をしめる硬骨魚類は、骨格の大部分が硬骨（かたい骨）でできている魚だ。反対に、サメやエイのように骨格が軟骨（やわらかい骨）でできている魚を軟骨魚類というよ。

6月17日

誕生日 ウィリアム・クルックス(化学者)▶1832年
原節子(俳優)▶1920年

ヨツメウオは眼が4つあるの？

眼は2つだけど、眼にしきりがあり、まるで眼が4つあるように見えるよ！

ヨツメウオは南アメリカのアマゾン川などにすむ魚で、真上につき出た大きな眼をもちます。黒目の中央あたりに眼を上下に分けるようなしきりがあり、眼が左右に2つずつ、合計で4つあるように見えるので、「四つ目魚」という名前がつきました。この特殊な眼のおかげで、水上と水中を同時に見ながら泳ぐことができます。

ヨツメウオの眼のしくみ

しきりより上の部分を水から出すことで、眼の上部で水上を見て、眼の下部で水中を見ている。これにより、水上と水中からおそってくる敵の両方に注意をはらうことができる。

ヨツメウオ
カダヤシ目ヨツメウオ科
全長　14cm
分布　南アメリカ

マメ知識　ヨツメウオは、水面に落ちてきた虫をよく食べるんだ。上下に分けられた眼は、虫さがしにも役立っているんだよ。

陸上最大の動物 ゾウ

アフリカゾウ
ゾウ目ゾウ科
体長　3〜7.5m
分布　アフリカ（サハラ砂漠より南）
すむ場所　サバンナ、熱帯雨林など

鼻は筋肉でできていて骨はない。100kg以上あるものも軽く持ち上げる。

大きな耳をバタバタとあおぎ、からだにこもった熱を逃がす。

6月18日

誕生日　横山光輝（漫画家）▶1934年
ポール・マッカートニー（ミュージシャン）▶1942年

ゾウはどのくらい大きくなる？

アフリカゾウは、陸上でもっとも大きくなる動物です。大きいもので、体長は7.5m（肩までの高さは４ｍ）、体重は６トンにもなります。植物食で、１日で200〜300kgもの草や木を食べ、水を100Lも飲むといわれています。

からだの大きなゾウは食べる量もすごい。1日の多くの時間を食事に使うんじゃ

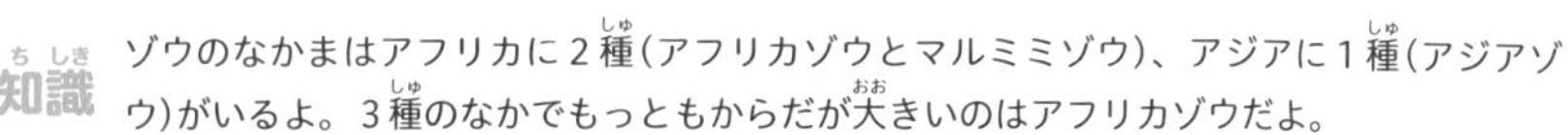

マメ知識　ゾウのなかまはアフリカに２種（アフリカゾウとマルミミゾウ）、アジアに１種（アジアゾウ）がいるよ。３種のなかでもっともからだが大きいのはアフリカゾウだよ。

6月19日

誕生日 ブレーズ・パスカル（哲学者）▶1623年
太宰治（作家）▶1909年

ゾウの群れはおばあさんがリーダー

アフリカゾウは、メスと子どもの群れと、オスの群れに分かれてくらしています。メスと子どもの群れでは年長のメスがリーダーで、群れのほかのゾウはリーダーの子や孫となります。子どもたちが成長すると、メスはそのまま群れに残ります。オスは群れからはなれ、オスだけの群れに加わるか、単独で生きていきます。

アフリカゾウの群れ。みんな血がつながっている。

6月20日

誕生日 フレデリック・ホプキンズ（生化学者）▶1861年
竹鶴政孝（企業家）▶1894年

きばは武器にも道具にもなる

アフリカゾウは、オスにもメスにも長くてするどいきば（切歯）があります。きばは戦うための武器になりますが、植物の根を掘り出したり、木の皮をはいだりするためにも使われます。

マメ知識 ゾウの鼻にもいろいろな使い方があるんだ。ストローのように使って水を飲んだり、鼻にためこんだ水をふき出してシャワーのように使い、からだにかけたりするよ。

6月21日

誕生日 本居宣長（国学者）▶1730年
青山剛昌（漫画家）▶1963年

マンタは頭にひれがある!?

海底にはりつくエイと海中を泳ぎまわるエイ

エイは、サメと同じ軟骨魚類（→168ページ マメ知識）にふくまれる魚です。生態でエイを分けると、海底にはりついてくらすタイプと海中を泳ぎまわるタイプがいます。ナンヨウマンタは、泳ぎまわるタイプのなかでもとくに大型の種です。

頭のひれはなんのためのもの？

ナンヨウマンタは口を開けて泳いで海水を飲みこみ、えらでプランクトンをこしとって食べます。口は顔の正面にあり、その両わきに「頭びれ」というひれがついてます。この頭びれは、海水をかいてプランクトンを口の前に集めるのに使われます。

頭びれのもう1つの役割

ナンヨウマンタは泳ぐときに頭びれをくるっと丸めて、水のていこうを少なくする。大きく旋回するときは、頭びれの片方だけ丸めてまわりやすくする。

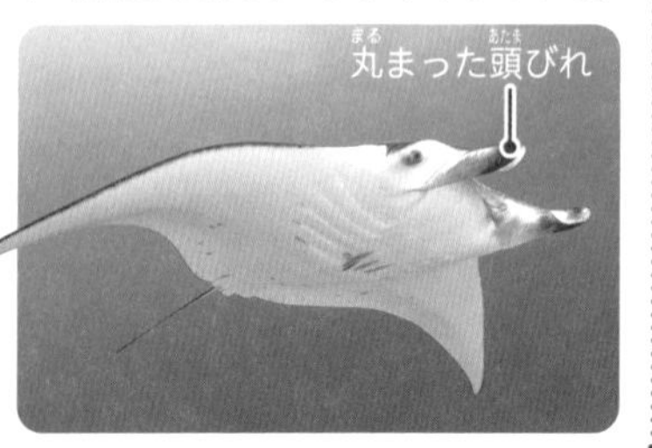

ナンヨウマンタ
トビエイ目イトマキエイ科
からだのはば　4m（最大）
分布　太平洋西部、インド洋、大西洋東部、日本

頭びれ

マントを思わせる体形。「マンタ」という名前もマントやコートをしめすスペイン語が由来。

マメ知識 ナンヨウマンタは、以前はオニイトマキエイという種と同じものとされ、マンタはこの1種だけだと思われていたけど、近年の研究でそれぞれ別の種であることがわかったんだ。

6月22日

誕生日 山本周五郎(作家)▶1903年
内藤哲也(プロレスラー)▶1982年

カバは口の大きさで強さが決まる

カバは陸上の動物ではゾウとサイについで３番目に大きく、成長すると体重が３トンほどになります。見た目とちがって攻撃的な性質で、なわばりに入ってくるものをするどいきばで攻撃します。アフリカでは人間がおそわれることも多く、とくに危険な動物としておそれられています。反対に、カバのオスどうしの争いではいきなり攻撃することはありません。向き合って口を大きく開け、どちらが大きく口を開けられるかをくらべます。より大きく開けられるほうが強いオスとなります。

カバ
クジラ偶蹄目カバ科
体長　2.7～5.2m
分布　アフリカ(サハラ砂漠より南)
すむ場所　河川、湖沼

マメ知識　カバの歯でもっとも大きいのは、下あごのきば(犬歯)だ。このきばはふだんのくらしですりへっていくけど、一生のび続けるんだ。成長すると長さ50cm、重さ１kgをこえるよ。

6月23日

誕生日 織田信長(戦国大名)▶1534年
アラン・チューリング(数学者)▶1912年

植物の葉や茎にあるこぶはなに?

ハエなどの虫がつくった「虫こぶ」だよ!

さまざまな虫が虫こぶをつくる

虫こぶは、虫が植物に寄生することで植物の一部がふくらんでできたものです。虫こぶをつくる昆虫として知られているのは「タマバエ」とよばれるハエのなかまです。そのほかにも、ハチやアブラムシなどの昆虫や、ダニなどに虫こぶをつくるものがいます。種類ごとに植物が決まっていて、虫こぶの形もさまざまです。

かくれがと食事場所になる

虫こぶをつくる虫は、虫こぶの中に産卵し、幼虫はその中で育ちます。虫こぶは幼虫にとって安全なかくれがであると同時に、食事場所でもあります。虫こぶも生きた植物の一部なので栄養豊富です。幼虫は外に出て食べ物をさがしにいかなくても、虫こぶの中身を食べながら育つことができます。

虫こぶいろいろ

クヌギの葉にできたタマバエのなかまによる虫こぶ。

ヤマブドウの葉にできたタマバエのなかまによる虫こぶ。

コナラの枝にできたタマバチのなかまによる虫こぶ。

マメ知識 アブラムシのなかまがヌルデという植物につくる虫こぶは、染め物の染料としてつかうタンニンの材料になるよ。

6月24日

誕生日 アルプレヒト・ベルブリンガー(発明家)▶1770年
リオネル・メッシ(サッカー選手)▶1987年

アレルギーが起こるしくみ

病原体を攻撃する免疫細胞

人間の体には、外から入ってきた病原体(病気などをもたらすウイルスや細菌)と戦い、体を守るための免疫細胞があります。体の中にウイルスや細菌などの外敵が入ってきたときに、それぞれちがう役割をもついくつかの種類の免疫細胞が協力して情報を伝え、敵に合わせた武器(抗体)をつくって病原体を破壊するのです。

免疫細胞がまちがえるのがアレルギー

体を守るための免疫細胞がまちがって、花粉や食べ物など体に害のないもの(アレルゲン)が入ってきたときに強く反応し、攻撃してしまうのがアレルギー反応です。人によって、花粉や動物の毛、卵などの食品などの特定のものがアレルゲンとなり、せきやじんましんなどさまざまな症状が出てしまうのです。

マメ知識 アレルギーは子どものときに発症することが多く、成長するにつれてアレルギー反応が起こりにくくなることもあるよ。

6月25日

誕生日 アントニ・ガウディ（建築家）▶1852年
エリック・カール（絵本作家）▶1929年

水くみ場で人をおそうワニ

2018年、アフリカの湖でナイルワニが水をくんでいた人びとをおそう事件が起こり、逃げおくれた女性と赤ん坊が水中に引きずりこまれてしまいました。ナイルワニは水辺で待ちぶせして生き物をおそうため、年間数百件の事件が起こっているといわれています。

ナイルワニ

6月26日

誕生日 ウィリアム・トムソン（物理学者）▶1824年
具志堅用高（ボクシング選手）▶1955年

じつは攻撃的で危険なカバ

カバ

2014年、アフリカ西部の川でカバがわたし舟を攻撃して、10人以上の乗客が亡くなる事件が起こりました。カバはなわばり意識の強い動物で、アフリカでは年間500人以上の死者が出ているといわれています。

マメ知識 さまざまな危険動物がいるアフリカで、もっとも多くの死亡事件を起こしている動物がカバなんだ。現地では、ライオンやヒョウよりも、カバのほうがおそれられているんだって。

6月27日

誕生日 ヘレン・ケラー（作家）▶1880年
張本智和（卓球選手）▶2003年

ホホジロザメ

恐怖の人食いザメ

1916年、アメリカでサメのしゅうげきによる死亡事件が3回続けて起こりました。3回目の事件の2日後にとらえられたホホジロザメの胃から人間のものらしい骨が見つかり、このサメのしわざであったと考えられています。ホホジロザメはもっとも危険なサメで、毎年のように死亡事件が起こっています。

このサメは「ジャージーマンイーター（ニュージャージー州の人食いザメ）」と名づけられたそうじゃよ

6月28日

誕生日 ジャン＝ジャック・ルソー（哲学者）▶1712年
イーロン・マスク（企業家）▶1971年

ダイバーをおそったサメ

2017年、中央アメリカのコスタリカのココ島でダイビング中の女性がイタチザメにおそわれて死亡する事件が起こりました。イタチザメは、ホホジロザメのつぎに人間のしゅうげき事件が多いサメで、この事件以外にも過去に死亡事件が起こっています。

イタチザメ

マメ知識 じつはサメはけいかい心が強く、水中で人間を見ても逃げていくことが多いんだ。それでもまれに人間をおそうサメがいるので、やっぱりサメはこわい生き物なんだね。

6月29日

誕生日 アントワーヌ・ド・サン＝テグジュペリ（作家）▶1900年
神尾葉子（漫画家）▶1966年

あわに包まれたモリアオガエルの卵

モリアオガエルの少し変わった産卵方法

モリアオガエルは、本州の高地の森などで見られるカエルです。繁殖のやり方が変わっていて、池などの上にはり出した木の枝にオスとメスが１匹ずつくっついて産卵をはじめます。すると、数匹のオスがそこに加わって集団の産卵となります。やがてオスたちによってあわのかたまりがつくられ、メスはそこに卵を産みます。

あわのかたまりは卵を守るゆりかご

モリアオガエルの卵はあわに守られ、水辺の生き物に食べられることなく成長していきます。やがて卵からオタマジャクシが生まれ、あわから出て、下にある池へと落ちます。そして、水の中で成長しておとなのカエルになっていきます。

モリアオガエルの産卵とふ化

集団で産卵をはじめるモリアオガエルたち。

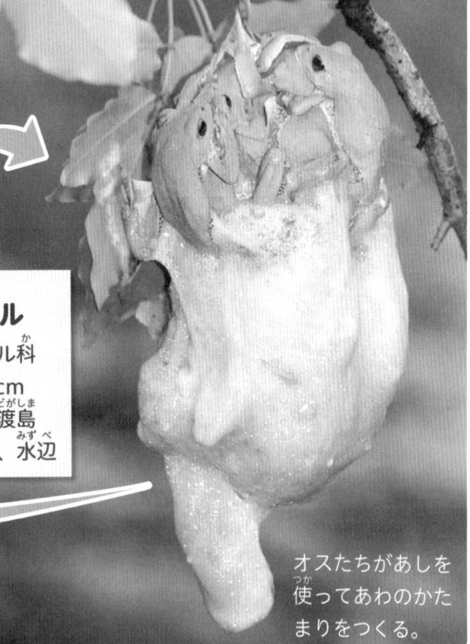

オスたちがあしを使ってあわのかたまりをつくる。

モリアオガエル
無尾目アオガエル科
体長　4.2〜8.2cm
分布　本州、佐渡島
すむ場所　森林、水辺

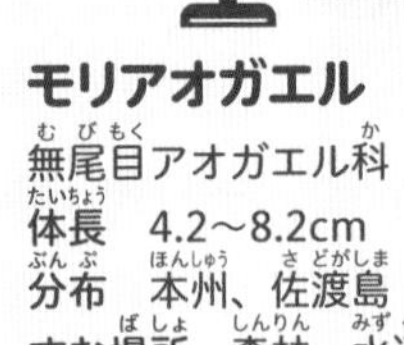

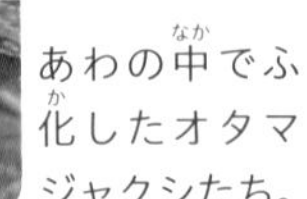

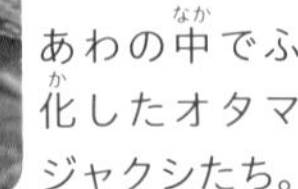

あわの中でふ化したオタマジャクシたち。

マメ知識 モリアオガエルは日本の固有種（→46ページ マメ知識）なんだ。モリアオガエルによく似たシュレーゲルアオガエルというカエルも日本の固有種だよ。

6月30日

誕生日 アーネスト・サトウ(外交官)▶1843年
マイク・タイソン(ボクシング選手)▶1966年

アフリカゾウとカバ もし戦ったら、勝つのはどっち？

アフリカにすむ危険生物どうしの戦いを空想してみましょう。地上最大の動物、アフリカゾウ。大きなからだにするどいきばをもつ、カバ。どちらも強力な動物で、1対1ではライオンでさえかないません。まずは攻撃的な性質のカバがアフリカゾウにかみつき、するどいきばがぶ厚い皮ふをつらぬきます。おこったアフリカゾウはかみついたままのカバをおしたおし、前あしでふみつけます。自身の倍もある体重でおさえつけられたら、カバに勝ち目はないでしょう。

マメ知識 おだやかなイメージのあるアフリカゾウだけど、おこらせるととても危険だ。ふみつけのほかに、きばをつきたてたり、鼻でなげとばしたり、いろいろな攻撃方法があるよ。

6月のおさらいクイズ

3つの答えのなかから、正しいと思ったものを選んでね

6月1日～30日(156～179ページ)で学んだことをクイズでかくにんしてみよう。問題は10問(1問10点)で、答えは182ページにのってるよ！

Q.1 マンモスの寒さにたえられるからだのひみつは？

ヒント マンモスは、地球がとても寒くなる「氷河期」に生きていた動物で、全身に長い毛が生えて寒さにたえられるからだのつくりになっていた。長い毛以外にも、寒さから身を守るしくみがあるんだ。

1. 大きな耳でからだをあおぐ
2. 長いしっぽをからだにまく
3. 肛門にふたをする

Q.2 水に浮くアメンボのあしのひみつはなに？

1. 細かい毛が生えて油を分泌している
2. ひれのような形になっている
3. つねに空気をふきだしている

Q.3 近年日本に入ってきた危険なアリの名前は？

1. モウドクアリ
2. ヒアリ
3. ヒッカキアリ

Q.4 アレルギーが起こるのはなにが反応するから？

1. ニューロン
2. 酵素
3. 免疫細胞

Q.5 ニホンウナギの産卵場所はどこ？

1. 太平洋の深海
2. 地中海の沿岸
3. 南極海の中層

Q.6 モリアオガエルはどうやって産卵する？

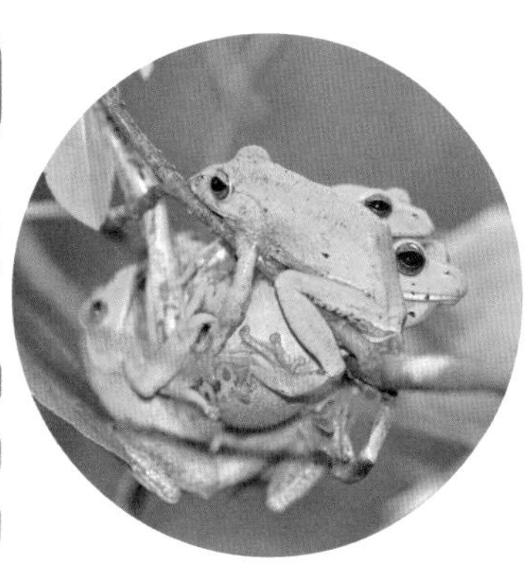

ヒント　日本の固有種のモリアオガエルは、池の上にはり出した木の枝などで産卵をするんだけど、そのやり方が変わっているんだ。

1. メスがオスのせなかの上に産卵する
2. オスがあわのかたまりをつくり、メスがその中に産卵する
3. メスが産卵した卵をオスがのみこみ、胃の中で育てる

Q.7 アフリカゾウは1日でどれくらいの水を飲む？

1. 10L
2. 50L
3. 100L

Q.8 星座の数は全部でいくつ？

1. 88個
2. 98個
3. 108個

Q.9 長い帯のようなからだつきの深海魚の名前は？

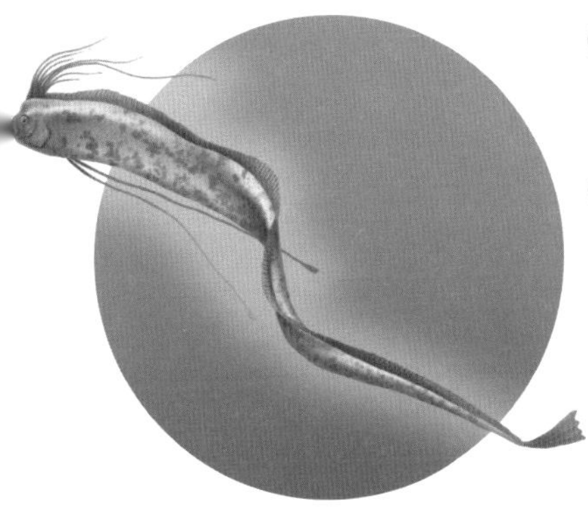

ヒント　この深海魚は、日本の昔話に出てくる人魚の正体だとする説もあるんだ。長い背びれをくねらせてゆったりと泳ぐすがたは神秘的に見えるよ。

1. オトヒメサマ
2. リュウグウノツカイ
3. シンカイノオトメ

Q.10 スピノサウルスはどこで生活していた？

1. 砂漠
2. 岩山
3. 水辺や水中

何問くらいわかったかな？
答え合わせはつぎのページへ

6月のおさらいクイズ　答え合わせ

Q.1 マンモスの寒さにたえられるからだのひみつは？

答えは 3 肛門にふたをする(6月11日　164ページ)

Q.2 水に浮くアメンボのあしのひみつはなに？

答えは 1 細かい毛が生えて油を分泌している(6月14日　166ページ)

Q.3 近年日本に入ってきた危険なアリの名前は？

答えは 2 ヒアリ(6月8日　162ページ)

Q.4 アレルギーが起こるのはなにが反応するから？

答えは 3 免疫細胞(6月24日　175ページ)

Q.5 ニホンウナギの産卵場所はどこ？

答えは 1 太平洋の深海(6月5日　159ページ)

Q.6 モリアオガエルはどうやって産卵する？

答えは 2 オスがあわのかたまりをつくり、メスがその中に産卵する(6月29日　178ページ)

Q.7 アフリカゾウは1日でどれくらいの水を飲む？

答えは 3 100L(6月18日　170ページ)

Q.8 星座の数は全部でいくつ？

答えは 1 88個(6月6日　160ページ)

Q.9 長い帯のようなからだつきの深海魚の名前は？

答えは 2 リュウグウノツカイ(6月16日　168ページ)

Q.10 スピノサウルスはどこで生活していた？

答えは 3 水辺や水中(6月7日　161ページ)

正解した問題の数に10点をかけて、点数を計算しよう

6月のクイズの成績

＿＿＿＿点

セミの鳴き声を聞くと、夏だなって思うよね
7月
宇宙ステーションに行ってみたいのう

7月1日

誕生日 ジョルジュ・サンド（作家）▶1804年
坂田三吉（将棋棋士）▶1870年

世界最大の「巨人ガエル」

ゴライアスガエルは、アフリカ中央部で見られる世界最大のカエルです。その大きさから、巨人や巨大なものを意味する「ゴライアス」を名前につけられました。生息地では食用にされていて、ゴライアスガエルは個体数を大きく減らしています。また、大きいものほどねらわれるので、大型の個体は見つかりにくくなっています。

マメ知識　ゴライアスガエルのオタマジャクシは全長4cmほどで、それほど大きくないんだ。日本にもいるウシガエルのオタマジャクシはすごく大きくて、全長は10cmをこえるよ。

7月2日

誕生日 ヘルマン・ヘッセ（作家）▶1877年
竹内均（地球物理学者）▶1920年

巣づくり名人 ビーバーのくらし

ビーバーはネズミのなかま

ビーバーは世界で２番目に大きいネズミのなかまで、北アメリカとヨーロッパに１種ずついます。泳ぎが得意で、水かきのついた大きな後ろあしと平らな板のような尾を使い、水中を自由自在に泳ぎます。森の中を流れる川などに「ロッジ」とよばれる巣をつくって、家族でくらしています。

木を運んできてロッジをつくる

ロッジの材料は森の木です。がんじょうな歯で木をかじってたおし、たくさんの枝を運び、どろを使ってかためます。また、ビーバーは植物食で木の枝や皮を食べます。つまり、ロッジは巣であるとともに、食べ物をためておく貯蔵庫にもなっています。

アメリカビーバー
ネズミ目ビーバー科
体長　60〜130cm
分布　北アメリカ
すむ場所　川、湖など

歯 一生のび続けるかたい歯で、木をかじる。

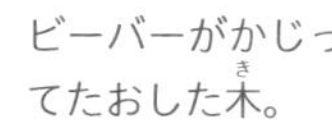
ビーバーがかじってたおした木。

ロッジ（巣）
木の枝を運んで川の中に積み上げていき、中の枝を食べて巣にする。まわりを水でかこまれていて入り口も水中なので、敵は巣に入りこめない。

ダム
川の水位を上げるため、巣の下流に木の枝をつんでダムをつくり、水をせき止める。

マメ知識 世界で一番大きいネズミのなかまは、南アメリカで見られるカピバラだよ。カピバラも泳ぎが得意で、水中に５分以上もぐることもあるんだよ。

7月3日

誕生日 フランツ・カフカ（作家）▶1883年
トム・クルーズ（俳優）▶1962年

天の川と七夕の星が見られる夏の夜空

夏の夜空で目立つのは、こと座のベガ、わし座のアルタイル、はくちょう座のデネブの、天頂付近で見られる３つの１等星です。ベガとアルタイルは、七夕の織姫と彦星として知られ天の川をはさんで向かい合うように光っています。天の川によってへだてられた恋人どうしだと想像すると、ロマンチックですね。

この星空が見える時刻
6月15日…………午前0時ごろ
7月15日………午後10時ごろ
8月15日…………午後8時ごろ

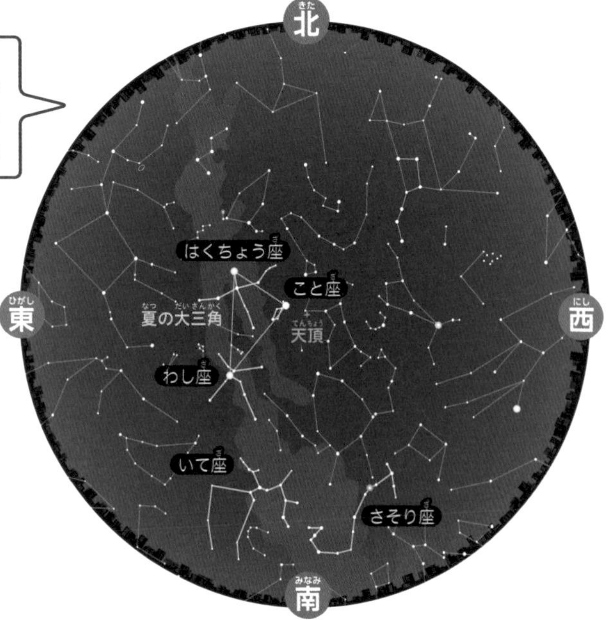

空が暗いところなら、
ベガとアルタイルの
あいだに流れる天の川が
見られるかも

マメ知識 はくちょう座のくちばしにあたるアルビレオは、オレンジ色の星と青白い星がすぐ近くに見える「二重星」なんだよ。

7月4日

誕生日　ジョージ・エベレスト（測地学者）▶1790年
池江璃花子（水泳選手）▶2000年

夏の大三角を見つけよう

夏の夜空で一番明るいのが、頭上にかがやくこと座のベガです。ベガよりも南東の空に、ベガよりも少し暗いわし座のアルタイルがあります。そしてベガよりも北東の空にあるのがはくちょう座のデネブ。はくちょう座は十字の形をしているのでわかりやすいでしょう。この３つの星を結ぶと、夏の大三角ができ上がります。

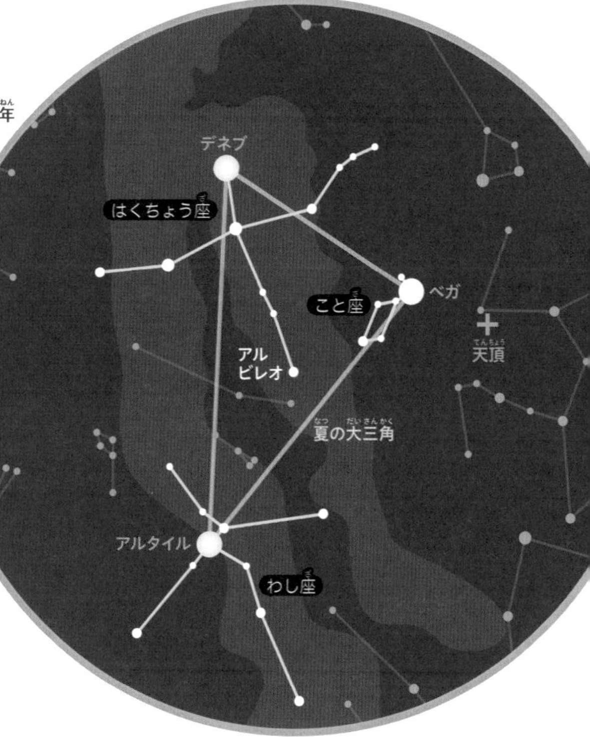

7月5日

誕生日　ジャン・コクトー（芸術家）▶1889年
大谷翔平（野球選手）▶1994年

南の空にさそり座を見つけよう

夏の夜には、１等星がもう１つ見つけられます。南の空の地平線近くの低いところにある赤っぽい明るい星。さそり座のアンタレスです。さそり座は、アルファベットの「S」のような、またはつりばりの形のようなわかりやすい形をしています。

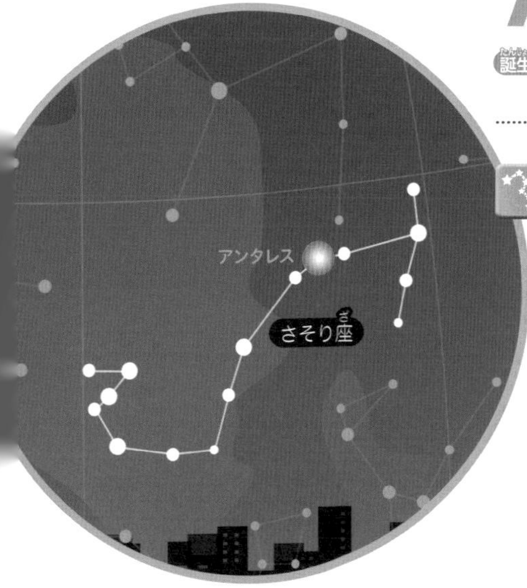

マメ知識　さそり座は、日本ではつりばりの星座として知られているよ。「うおつり星」などとよばれることもあるんだよ。

7月6日

誕生日 フリーダ・カーロ（画家）▶1907年
都筑道夫（作家）▶1929年

かくれ身の術!? 枝のようなナナフシ

木の枝に化けて身を守る

ナナフシのなかまは、木の枝にそっくりな細長いからだをしています。敵が近づくと、前あしをまっすぐのばしてからだをさらに細長くし、枝のふりをします（擬態）。その化けっぷりはみごとなもので、枝の中にまぎれてしまうとなかなか見つけられません。それでもおそわれると、自分のあしを切っておとりにして、そのすきに逃げます。

エダナナフシの卵。

卵は植物の種にそっくり

植物にそっくりなのは、ナナフシ自身だけではありません。ナナフシの卵も、まるで植物の種のように見えます。鳥に食べられたナナフシの卵が、消化されずにふんとして外に出されてそこでふ化することもあり、ナナフシが分布を広げるのに役立っているようです。

エダナナフシ
ナナフシ目ナナフシ科
体長　82〜115mm
分布　東アジア、日本

マメ知識　エダナナフシには、からだが茶色いものと緑色のものがいるよ。どちらも植物の枝によく似た色になっているんだね。

7月7日

七夕

誕生日 円谷英二（特撮監督）▶1901年
早田ひな（卓球選手）▶2000年

七夕にだけ会える恋人

7月7日は七夕

中国ではじまり、日本に伝わった伝統で、7月7日は「七夕」とされています。天に住む織姫と彦星のふたりが年に一度だけ会うことができる日だという中国の神話が伝わっています。この日は笹をかざり、おそなえものをしておいわいします。ねがいごとを書いた短冊を笹につるすと、ねがいがかなうといわれています。

織姫と彦星の恋物語

織姫は天の王様のむすめで、毎日機織りをする働き者でした。彦星は牛を飼ってくらしており、織姫のむこに決まりました。しかし恋人になった織姫と彦星は仲がよすぎて、仕事をサボってデートばかりするようになりました。おこった王様はふたりに、天の川の両岸に別れてくらすように命じます。そして年に一度だけ、七夕の日には川をわたってふたりが会うことをゆるしたのです。

マメ知識 七夕に、織姫と彦星が天の川をわたっておたがいに会いにいくときには、カササギという鳥が橋になってくれるという言い伝えもあるよ。

7月8日

誕生日 ジャン・ド・ラ・フォンテーヌ(詩人)▶1621年
ジョン・D・ロックフェラー(企業家)▶1839年

大昔のナマケモノは体重4トン!?

メガテリウムは更新世(約258万年～1万1700年前)まで南アメリカでくらしていたほ乳類で、現代のナマケモノに近いなかまですが、なんと体長6m、体重は4トンもある巨大な動物です。現代のナマケモノのように木の上ではなく、地上でくらしており、2本足で立ち上がって前あしのするどいつめを使い、木の上の葉などを食べていたようです。

メガテリウム
アリクイ目メガテリウム科
体長　6m
発見地　中央・南アメリカ
学名の意味　大きなけもの

ゾウと同じくらい
大きいね

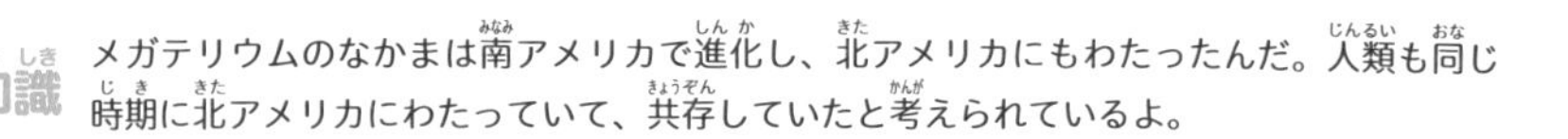

マメ知識　メガテリウムのなかまは南アメリカで進化し、北アメリカにもわたったんだ。人類も同じ時期に北アメリカにわたっていて、共存していたと考えられているよ。

7月9日

誕生日 朝比奈隆（指揮者）▶1908年
トム・ハンクス（俳優）▶1956年

病気をもたらす細菌とウイルス

細菌は1つの細胞でできている

細菌は、1つの細胞でできた単細胞生物で、鞭毛や線毛などで動きまわって活動します。温度や栄養などが十分だと、DNA（遺伝情報をもち、たんぱく質の設計図となる物質）を2倍の量に増やした後、分裂してどんどん増えます。多くの細菌は無害ですが、ごく一部の細菌は人間の体の中に入ると細胞にくっついて毒素を出したり組織をこわしたりして、さまざまな病気を引き起こします。

ウイルスは細胞に入りこんで増える

ウイルスのほとんどは細菌の10分の1以下の大きさで、細胞を1つももっていません。DNAなどがカプシドとよばれる殻におおわれ、種類によってはさらにエンベロープという膜にもおおわれています。ウイルスはスパイクで細胞にくっつき、DNAを細胞の中に送りこみ、細胞がDNAをコピーするしくみを利用して増えます。体内で増えると、感染症を引き起こすことがあります。

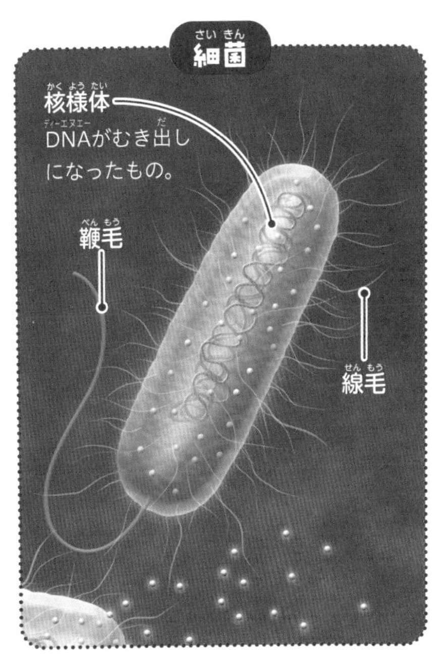

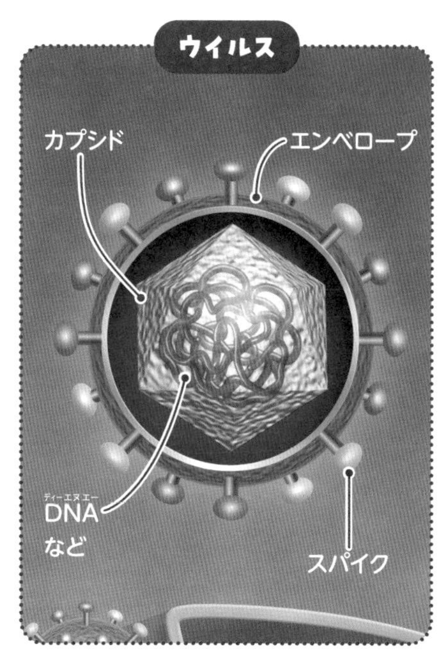

マメ知識
細胞内でウイルスのDNAをコピーするときにまちがいが起こると「変異株」が誕生するよ。薬が効かなくなることもあってやっかいなんだ。

7月10日

誕生日 カミーユ・ピサロ(画家)▶1830年
ニコラ・テスラ(発明家)▶1856年

夜空を流れる川のような光の帯

暗いところで夜空を見ると、夜空をよこ切るような巨大な光の帯が見えます。流れる川のようにも見える帯は、「天の川」とよばれ、光の１つ１つが星です。夏にはとくによく見え、その美しさに圧倒されます。

7月11日

誕生日 徳川光圀(大名)▶1628年
ジョルジオ・アルマーニ(ファッションデザイナー)▶1934年

天の川の正体は銀河

地球から天の川として見えているのは、無数の星の集まりである「天の川銀河」の一部です。わたしたちのすんでいる地球も天の川銀河の中にあるのです。天の川銀河は棒うずまき銀河に分類される銀河で、うずをまく銀河のうで(うずまき腕)の１つに、地球をふくむ太陽系があります。

真上から見た天の川銀河(想像図)

NASA/JPL-Caltech

マメ知識 天の川銀河を真よこから見ると、中心がふくらんで両端がうすい、どら焼きのような形に見えるよ。

7月12日

誕生日 ジョサイア・ウェッジウッド（陶芸家）▶1930年
大村智（化学者）▶1935年

夏は銀河の中心が見えるので明るく見える

地球は太陽のまわりを1年かけて公転しています。夏の夜には、地球が天の川銀河の中心の方向を向いているため、数多くの星ぼしからなる明るい天の川を見ることができます。冬には星の少ない、銀河のはしのほうを向くため、天の川は夏より暗く見えます。

7月13日

誕生日 松本良順（医師）▶1832年
エルノー・ルービック（発明家）▶1944年

英語では「ミルキーウェイ」

天の川は英語では「ミルキーウェイ（乳の道）」といいます。たしかに、黒い夜空に真っ白な牛乳がこぼれて流れたあとのようにも見えるかもしれませんね。ギリシャ神話では、女神ヘラの母乳が流れ出て天の川になったのだ、という神話が伝えられています。

ギリシャ神話では、女神ヘラの母乳を飲んだ者は不死身になるといわれていたんじゃ

マメ知識 太陽系は、天の川銀河の中を回転しながら移動しているよ。およそ2億年で天の川銀河を1周していると考えられているんだ。

7月14日

誕生日 根岸英一（化学者）▶1935年
阿部詩（柔道選手）▶2000年

鳴くのはオスだけ!? セミが鳴くしくみ

セミが鳴くのはメスへのアピール

セミを見ると、すぐに鳴き声を想像してしまいますが、じつは鳴くのはオスだけで、メスは鳴きません。オスのセミが鳴くのは、メスに「自分はここにいるよ」と知らせてアピールするためです。セミは成虫になってから2～3週間ほどしか生きることができません。短いあいだに相手を見つけて子孫を残すために、必死で鳴くのです。

おなかをふるわせて鳴く

オスのおなかの中には空洞があり、「発音膜」があります。「発音筋」という筋肉で膜をふるわせて音を出し、その音を空洞の中でひびかせることで大きな音を出せるのです。発音膜がギターの弦、空洞がスピーカーのような役割を果たしているのです。さらに、おなか側にある「腹弁」という板状の器官を動かすことで、音の調子を変えることができます。

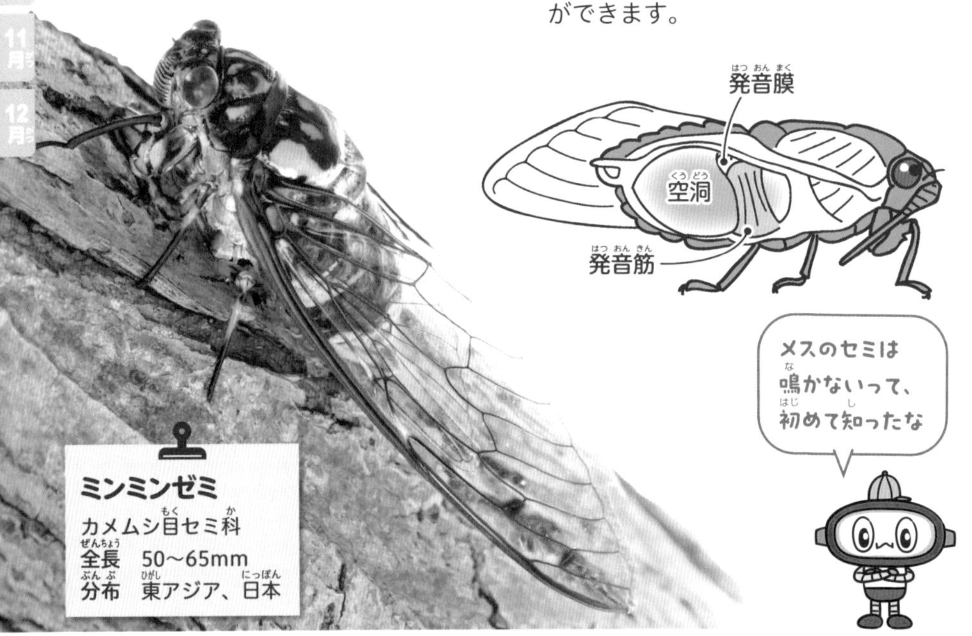

マメ知識 セミのおなか側を見てみると、オスには大きな板のような「腹弁」があり、メスはそれがとても小さいので、オスとメスを見分けることができるよ。

7月15日

誕生日 レンブラント・ファン・レイン(画家)▶1606年
吉田正尚(野球選手)▶1993年

星座の神話・かに座

6月22日～7月22日生まれの人は「かに座」

ヨーロッパなどで大昔から伝わっている星うらないでは、6月22日～7月22日に生まれた人の誕生星座は「かに座」であるとされます。誕生星座がかに座の人の性格は「めんどう見がよく、家族愛が強い」などといわれています。

英雄にふみつぶされたあわれなカニ

かに座のカニは、ギリシャ神話で女神・ヘラが英雄・ヘルクレスを苦しめるために送りこんだお化けガニだとされています。ヘラは大神・ゼウスの妻で、ゼウスの浮気相手との子どもであるヘルクレスをにくんでいたのです。お化けガニはヘビの怪物・ヒドラと戦うヘルクレスにおそいかかりますが、あっという間にふみつぶされてしまいました。

マメ知識 かに座は、明るい星がない暗い星座だけど、甲らのあたりには「プレセペ星団(M44)」があって双眼鏡で見ると40個以上の星が集まっているのが見えるよ。

7月16日

誕生日 ロアール・アムンゼン（探検家）▶1872年
松本隆（作詞家）▶1949年

子持ちししゃもの正体は？

子持ちししゃもとして売られている魚の多くは、外国から輸入されたカラフトシシャモという魚だよ！

シシャモは日本の固有種（→46ページ マメ知識）で、北海道の沿岸にしかいません。古くから食用の魚として親しまれてきましたが、現在はあまりとれなくなっています。そのため、シシャモによく似たカラフトシシャモ（カペリン）という魚が輸入されて、「子持ちししゃも」として流通しています。同じように白身魚のフライも、国産の魚を使うのはまれで、外国から輸入された魚がよく使われています。

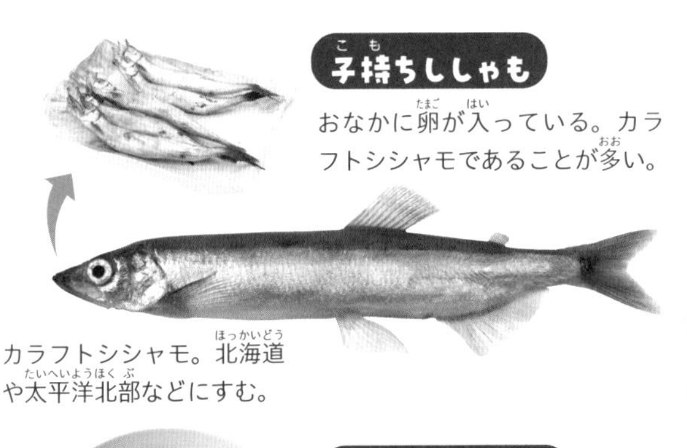

子持ちししゃも

おなかに卵が入っている。カラフトシシャモであることが多い。

カラフトシシャモ。北海道や太平洋北部などにすむ。

シシャモ

キュウリウオ目キュウリウオ科
全長　14cm
分布　北海道南東部

白身魚のフライ

魚種は限定せず、白身のさまざまな魚が使われている。

白身魚によく使われているタラ目のメルルーサのなかま。

マメ知識 北海道では古くからシシャモ漁がおこなわれていて、1969年より前は3000トン以上とれることもあった。しかし、近年は数百トンしかとれなくなっているんだ。

7月17日

誕生日 C・W・ニコル(作家)▶1940年
羽根田卓也(カヌー選手)▶1987年

プレーリードッグも巣づくり名人

あな掘りが得意な地リス

北アメリカで見られるプレーリードッグは、木の上ではなく地面でくらすジリス(地リス)のなかまです。地面を掘るのが得意で、広い草原の地下に「タウン」とよばれるトンネルを掘り、そこを巣にしてくらしています。

いくつもの群れが集まるタウン

オグロプレーリードッグはオス1頭と数頭のメス、その子どもたちで群れをつくります。オグロプレーリードッグがつくるタウンは非常に広く、いくつもの群れが集まり、その数は数百頭にもなります。タウンの中にはたくさんの部屋があって、子ども部屋やトイレなど、部屋ごとに使いみちも決まっています。

オグロプレーリードッグ
ネズミ目リス科
体長　28～41.5cm
分布　北アメリカ中部
すむ場所　草原、高原

地面に開いている
あなは、タウンへの
入り口なんじゃよ

マメ知識 もっとも広かったタウンには4億頭がすんでいて、その広さは6万5000km^2(リトアニア共和国とほぼ同じ面積)もあったといわれているよ。ひとつの国と同じ広さなんてすごいね。

7月18日

誕生日 ロバート・フック（科学者）▶1635年
ネルソン・マンデラ（政治家）▶1918年

樹液をめぐって争うことがある

夏の昆虫でとくに人気なのが、カブトムシとクワガタムシです。成虫は木の幹から出る樹液をおもに食べるので、食べ物を求めてはち合わせることも。たいていは小さいほうが大きいほうにゆずりますが、ときどきけんかになることもあります。

7月19日

誕生日 エドガー・ドガ（画家）▶1834年
藤井聡太（将棋棋士）▶2002年

カブトムシは角を使ってすくい投げ

カブトムシはずんぐりとしたからだつきで体重も重く、前にまっすぐつき出た角が最大の武器です。オスのカブトムシどうしや、クワガタムシなどとの戦いでは、角を相手のからだの下に差し入れて、「すくい投げ」で相手をひっくり返してしまいます。

マメ知識　カブトムシは、食べ物をとり合う以外にも、メスをめぐってオスどうしがけんかをすることがよくあるよ。

7月20日

誕生日 グレゴール・ヨハン・メンデル（遺伝学者）▶1822年
糸川英夫（工学者）▶1912年

ミヤマクワガタやヒラタクワガタもけんかが強いよ

クワガタムシは大あごではさんで投げとばす

クワガタムシの武器は、左右に開く大あご。とくにオスのものは大きく、開いたり閉じたり自由に動かすことができ、がっしりとものをつかんではなしません。戦うときは、相手のからだを大あごでつかみ、そのままもち上げて投げとばしたり外におし出したりします。

ノコギリクワガタ
コウチュウ目クワガタムシ科
全長　25〜65mm
分布　東アジア、日本

7月21日

誕生日 ジャン・ピカール（天文学者）▶1620年
アーネスト・ヘミングウェイ（作家）▶1899年

どっちが勝つかはわからない

カブトムシとクワガタムシが戦ったらどちらが勝つのでしょうか。同じサイズだとやはり体重の重いカブトムシのほうが有利で、力ずくでおし出してしまうことが多いようです。ただ、うまく大あごで相手のからだをがっちりとつかむことができると意外としぶといため、クワガタムシが勝つこともあるようです。

マメ知識 クワガタムシという名前は、大あごが戦国時代のかぶとの「鍬形」という正面のかざりの部分に似ているからつけられたよ。

7月22日

誕生日 安西水丸（イラストレーター）▶1942年
上野由岐子（ソフトボール選手）▶1982年

深海の大横綱 ヨコヅナイワシ

深海調査で発見された新種

ヨコヅナイワシは、日本の海洋研究開発機構（JAMSTEC）などのチームが深海調査で発見した新種の魚です。2016年に静岡県の駿河湾でつり上げてから数年かけて研究して、2021年に新種として発表されました。

深海のトップ・プレデター

生き物どうしの食べる・食べられる関係のことを「食物連鎖」といい、その中で頂点に立つ種を「トップ・プレデター」といいます。からだの大きいヨコヅナイワシは深海のトップ・プレデターで、ほかの魚をおそって食べています。

大きなあごには、するどく小さい歯がたくさんならんでいるんじゃよ

ヨコヅナイワシ
セキトリイワシ目
セキトリイワシ科
全長　2.5m
分布　駿河湾、伊豆・小笠原諸島沖
水深　1961～2572m

マメ知識 関取とは、おすもうさんのことだよ。「セキトリ（関取）イワシ」のなかまでもっとも大きいから「ヨコヅナ（横綱）イワシ」と名づけられたんだね。

7月23日

誕生日 レイモンド・チャンドラー(作家)▶1888年
ダニエル・ラドクリフ(俳優)▶1989年

日本でもっとも危険な生き物は？

日本では、スズメバチに刺されたことが原因の死亡事故が多いんだ！

日本ではスズメバチのなかまにおそわれて、毎年10人以上、多い年には50をこえる人びとが亡くなっています。その数はクマや毒ヘビなどよりも多く、生き物が原因の死亡事故でもっとも多くなっています。スズメバチの群れにおそわれて何度も刺されてしまうと、アナフィラキシーショック(毒による急激なアレルギー反応)が起こり死亡するおそれもあるので、巣を見つけたら近づかないようにしましょう。

マメ知識 オオスズメバチは、人気のない場所に巣をつくりやすいんだって。巣はつりがねのような形で、土の中や木の中につくることが多いんだよ。

7月24日

誕生日 谷崎潤一郎（作家）▶1886年
アメリア・イアハート（パイロット）▶1897年

クワガタムシのからだのひみつ

最大の特徴は大あご

クワガタムシの最大の特徴は、発達した大あごです。形や大きさは種によってことなりますが、メスは大あごが小さく、オスは多くの種で大あごが大きくなります。大あごは口の一部が発達したもので、開いたり閉じたり動かすことができ、しっかり閉じてものをはさむこともできます。メスをめぐるオスどうしの戦いなどに、武器として使われます。

ミヤマクワガタ
コウチュウ目クワガタムシ科
全長　35〜70mm
分布　日本

大あごが大きい
オスはけんかも
強いんだよ

カブトムシにくらべると平たいからだつき

クワガタムシは平たいからだをしており、せまい所に入ることができます。からだは軽く、カブトムシなどにくらべて動きもすばやいのが特徴です。日本全国で約50種のクワガタムシがいて、体長５mmほどしかないマダラクワガタから、最大で70mmをこえるミヤマクワガタなどまで、大きさもさまざまです。

マメ知識 多くのクワガタムシの食べ物は、木から出る樹液。大あごのつけ根にあるブラシのような口で樹液をなめとるよ。

7月25日

誕生日 リチャード・ライデッカー（自然史学者）▶1849年
フランク・スプレイグ（発明家）▶1857年

宇宙を飛ぶ実験室 国際宇宙ステーション（ISS）

地上400kmの宇宙を飛ぶ基地

国際宇宙ステーション（ISS）は、地上から約400kmの上空にあり、約90分で地球を１周するスピードで地球のまわりをまわっています。地球の重力を利用して宇宙空間を飛んでいるのです。アメリカ、ロシア、日本、ヨーロッパなど、世界の国ぐにが協力してつくり、2011年に完成しました。大きさは、サッカーのグラウンドと同じくらいで、室内は空気でみたされ、快適な環境がたもたれています。

世界各国の宇宙飛行士が使う

ISSは宇宙という特別な環境を生かした「実験室」で、実験棟や居住棟などの「モジュール」がいくつもつながった形をしています。訓練を受けた世界各国の宇宙飛行士たちが交代で滞在し、さまざまな実験をおこないます。宇宙服を着て、ISSの修理などの「船外活動」をすることもあります。宇宙飛行士はアメリカのクルードラゴンやロシアのソユーズなどの宇宙船で地球と行き来します。

マメ知識 ISSに食料や衣服などの荷物を運ぶには無人補給機が使われるよ。ISSにドッキング（接続）して、荷物を受けわたすんだ。

世界中で大人気の魚 マグロ

7月26日

誕生日 カール・グスタフ・ユング(心理学者)▶1875年
スタンリー・キューブリック(映画監督)▶1928年

大きくておいしいクロマグロ

クロマグロは日本近海に分布するマグロのなかでもっとも大きく、味もよいので、本物のマグロという意味で「本マグロ」ともよばれています。成長した個体は重さが400kgをこえることもあり、ライオン(最大270kg)やゴリラ(最大200kg)よりも重くなります。

7月27日

誕生日 ヨハン・ベルヌーイ(数学者)▶1667年
ゲイリー・ガイギャックス(ゲームデザイナー)▶1938年

赤身魚と白身魚

生き物の筋肉には、酸素を運ぶためのミオグロビンやヘモグロビンというたんぱく質がふくまれていて、これらは赤い色素をもっています。マグロのように筋肉の中にこれらのたんぱく質が多い魚を「赤身魚」、少ない魚を「白身魚」といいます。

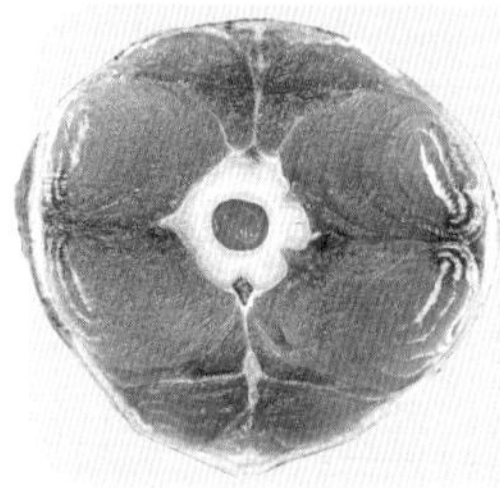

クロマグロの筋肉。つねに力強く泳ぐためにミオグロビンやヘモグロビンが豊富で、全身の筋肉が真っ赤になる。

マダイの筋肉。ゆっくりと泳ぐことが多いので、ミオグロビンやヘモグロビンは少なめで、筋肉は全体的に白い。

マメ知識 クロマグロは、成長にともなって太平洋を横断する個体が多いんだ。日本近海で生まれて約8000kmはなれた北アメリカ西海岸に移動し、産卵のためにまた日本にもどるんだ。

7月28日

誕生日 ビアトリクス・ポター（絵本作家）▶1866年
ジャック・ピカール（海洋工学者）▶1922年

人気すぎて絶滅危惧種になった

マグロは世界中で食べられていて、クロマグロは日本やメキシコ、韓国、アメリカなど太平洋沿岸の国ぐにで漁獲されています。しかし、あまりにとりすぎてしまったために数が急激に減って、絶滅危惧Ⅱ類（→115ページ マメ知識）」に指定されました。その後、世界各国の漁業の取り組みで数が回復して、現在では「準絶滅危惧」に引き下げられています。

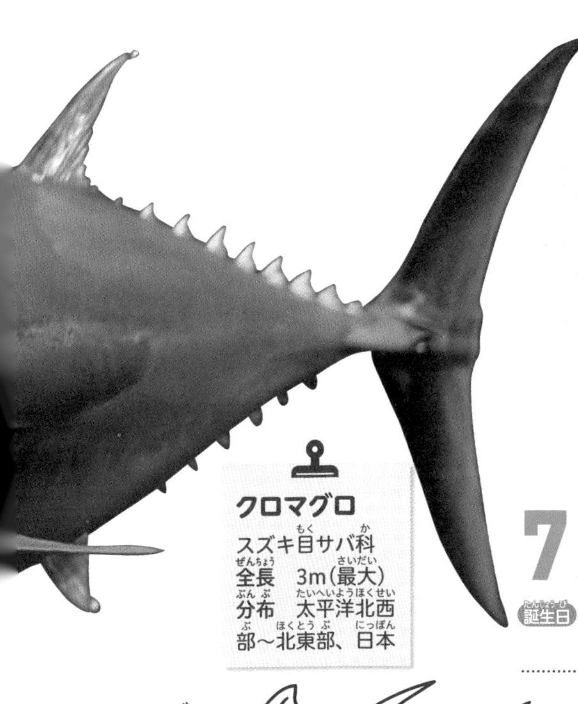

クロマグロ
スズキ目サバ科
全長　3m（最大）
分布　太平洋北西部～北東部、日本

7月29日

誕生日 ウラジミール・ツヴォルキン（発明家）▶1888年
武尊（キックボクシング選手）▶1991年

日本近海のマグロたち

日本近海にはクロマグロのほかに、4種のマグロがいます。黄色いかま形の背びれとしりびれが特徴のキハダ、深い所でえものを追うため眼が大きく発達しているメバチ、非常に長い胸びれをもつビンナガ、細長い体形のコシナガです。

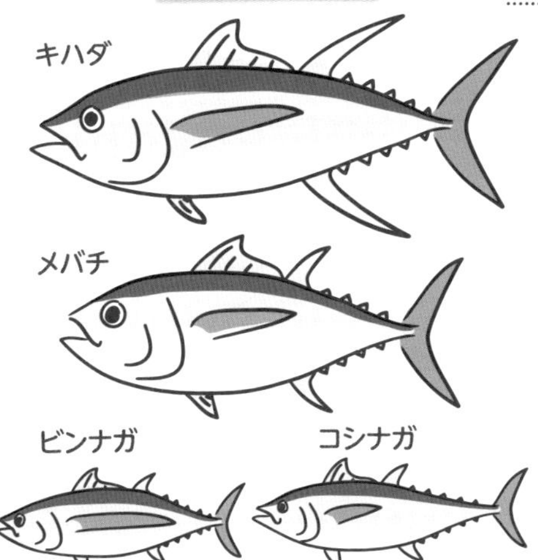

マメ知識 世界最大のマグロは、大西洋に分布するタイセイヨウマグロだ。過去には全長4.5m、重さ684kgというおどろきの記録が残っているよ。

7月30日

誕生日 ヘンリー・フォード（企業家）▶1863年
新美南吉（作家）▶1913年

5000万年前のクジラはからだがとても長かった!?

バシロサウルスは始新世（約5600万～3390万年前）の海にいた生き物で、大型のクジラのなかま、つまりほ乳類です。非常に細長いからだをしています。尾の先はひれになっていて、退化したとても小さな後ろあしがあります。歯はするどく、大型の魚や別のクジラのなかまなどをかみくだいて食べていたと考えられています。

小さな後ろあし

バシロサウルス
クジラ偶蹄目バシロサウルス科
全長　20m
発見地　北アメリカ、南アメリカ、アジア、アフリカ
学名の意味　トカゲの王

頭の大きさは2mで、
全身は20mもあったそうじゃ

マメ知識 クジラの祖先は始新世の前期にあたる約4800万～4700万年前に海に進出し、やがて完全に水中に適応していったと考えられているよ。

7月31日

誕生日 柳田國男(民俗学者)▶1875年
J･K･ローリング(作家)▶1965年

耳で音を感じるしくみ

集めた音が鼓膜をふるわせる

耳の外から見える部分は「耳介」といい、まわりの音を集めるのに適した形をしています。集まった音は外耳道を通っておくに入っていき、鼓膜をふるわせます。鼓膜とつながった耳小骨は、鼓膜が受けとった空気の振動を増幅させるしくみになっていて、そのおくにある「内耳」に振動を伝わらせます。

内耳で音を聞き分ける

実際に音を感じるのは耳のおくにある内耳です。内耳は、ふくざつな形をした骨の管「骨迷路」と、その中にあるやわらかい膜でできた管「膜迷路」からできています。骨迷路の一部はカタツムリのようにうずをまく「蝸牛」という器官になっていて、この中を振動が伝わると音の信号が生まれ、それが神経を通って脳に送られるのです。

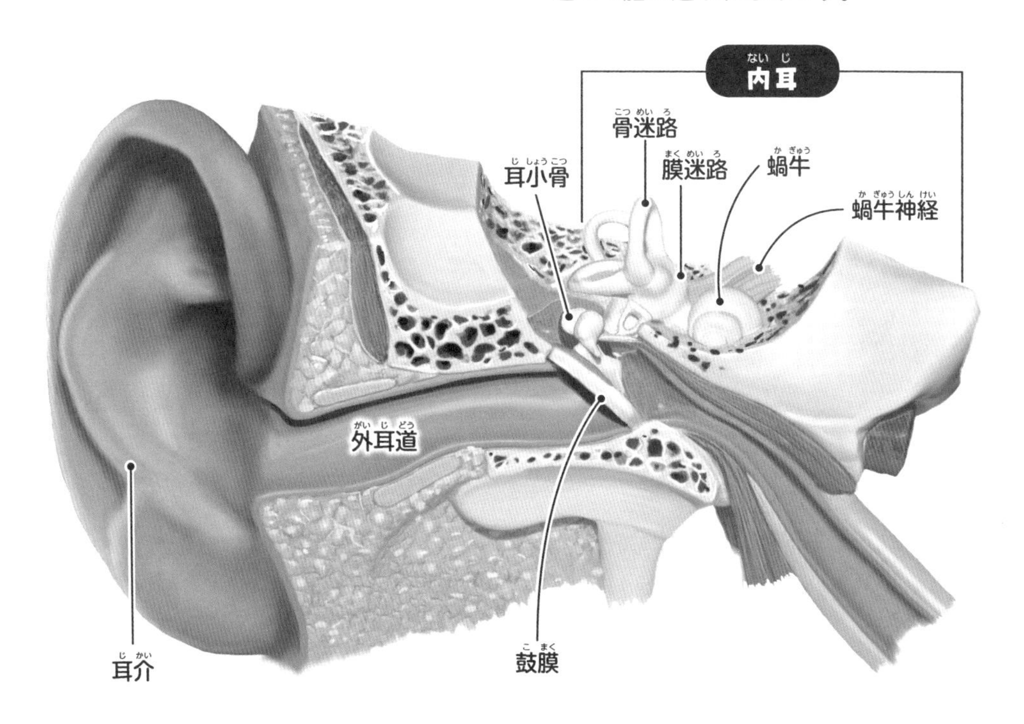

マメ知識 ほとんどの生き物に耳が2つあるのは、音がそれぞれの耳にとどくまでの時間差で、音の出ている場所がわかるからなんだよ。

7月のおさらいクイズ

3つの答えのなかから、正しいと思ったものを選んでね

7月1日～31日(184～207ページ)で学んだことをクイズでかくにんしてみよう。問題は10問(1問10点)で、答えは210ページにのってるよ！

Q.1 七夕の織姫として知られるベガは、どの星座の星？

ヒント 夏の夜空には、こと座、わし座、はくちょう座の星を結んでつくる「夏の大三角」がかがやいているんだ。そして、ベガは夏の夜空で一番明るい星だよ。

1 こと座
2 ペガスス座
3 しし座

Q.2 世界最大のゴライアスガエルの「ゴライアス」ってどういう意味？

1 牛
2 巨人や巨大なもの
3 ワニのようなもの

Q.3 ビーバーの巣(ロッジ)の材料はなに？

1 落ち葉
2 動物の骨
3 森の木

Q.4 耳のおくの蝸牛という器官は、どんな生き物に形が似ている？

1 ウニ
2 カタツムリ
3 イソギンチャク

Q.5 日本でもっとも死亡事故の原因として多いのは、どの生き物？

1 ツキノワグマ
2 マムシ
3 スズメバチ

Q.6 カブトムシとクワガタムシがけんかをしたら結果はどうなる？

ヒント からだが大きくてりっぱな角をもつカブトムシが有利だけど、大あごをうまく使えればクワガタムシにも勝ち目はあるよ。

1 カブトムシがはさんで投げて勝つ
2 クワガタムシがすくい投げで勝つ
3 どちらが勝つかわからない

Q.7 2021年に新種として発表された深海魚の名前は？

1 ドスコイイワシ
2 ヨコヅナイワシ
3 チャンピオンイワシ

Q.8 国際宇宙ステーション（ISS）の大きさはどれくらい？

1 サッカーのグラウンドと同じくらい
2 小学校の教室と同じくらい
3 東京都と同じくらい

Q.9 成長したクロマグロの重さは最大でどれくらいになる？

ヒント クロマグロは、日本近海に分布するマグロのなかでもっとも大きく、成長するとライオンやゴリラよりも重くなるよ。

1 100kg
2 400kg
3 1000kg

Q.10 大昔にいた巨大ナマケモノのなかま、メガテリウムはどうやってくらしていた？

1 ほとんどを木の上ですごし、木の実を食べる
2 地上にいて、2本足で立ち上がって木の葉を食べる
3 水辺でくらし、魚をとって食べる

何点くらいとれたかな？
つぎのページで
答え合わせしてみよう

7月のおさらいクイズ　答え合わせ

Q.1 七夕の織姫として知られるベガは、どの星座の星？
答えは **1** こと座（7月3日　186ページ）

Q.2 世界最大のゴライアスガエルの「ゴライアス」ってどういう意味？
答えは **2** 巨人や巨大なもの（7月1日　184ページ）

Q.3 ビーバーの巣（ロッジ）の材料はなに？
答えは **3** 森の木（7月2日　185ページ）

Q.4 耳のおくの蝸牛という器官は、どんな生き物に形が似ている？
答えは **2** カタツムリ（7月31日　207ページ）

Q.5 日本でもっとも死亡事故の原因として多いのは、どの生き物？
答えは **3** スズメバチ（7月23日　201ページ）

Q.6 カブトムシとクワガタムシがけんかをしたら結果はどうなる？
答えは **3** どちらが勝つかわからない（7月21日　199ページ）

Q.7 2021年に新種として発表された深海魚の名前は？
答えは **2** ヨコヅナイワシ（7月22日　200ページ）

Q.8 国際宇宙ステーション（ISS）の大きさはどれくらい？
答えは **1** サッカーのグラウンドと同じくらい（7月25日　203ページ）

Q.9 成長したクロマグロの重さは最大でどれくらいになる？
答えは **2** 400kg（7月26日　204ページ）

Q.10 大昔にいた巨大ナマケモノのなかま、メガテリウムはどうやってくらしていた？
答えは **2** 地上にいて、2本足で立ち上がって木の葉を食べる（7月8日　190ページ）

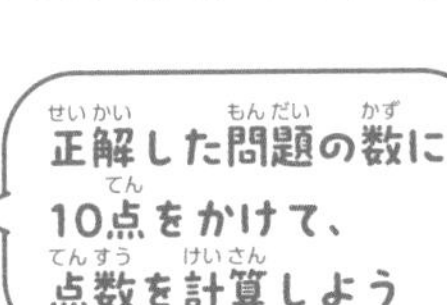

7月のクイズの成績

＿＿＿＿点

シャチのジャンプ
コンビネーションが見事じゃな
8月
チーターってどのくらい速いのかな？

8月1日

誕生日 菅原道真（学者）▶845年
ジャン＝バティスト・ラマルク（博物学者）▶1744年

深海の王様 ダイオウイカ

ダイオウイカは世界最大の無脊椎動物

ダイオウイカはもっとも大きいイカのなかまで、無脊椎動物（背骨のない動物）のなかでも世界最大の種です。記録では全長4.5m（胴の長さ２m）ほどですが、実際にはもっと大きく、過去には最大で18mをこえる個体もいたと考えられています。

２本の長いうでがダイオウイカの武器

巨大なからだをもつダイオウイカは、眼の直径が30cmにもなり、わずかな光でも感じとることができます。大きな眼でえものを見つけると、とくに長い２本のうでをのばして、えものにおそいかかります。そして、残り８本のうでで動かないようにおさえつけ、うでのつけ根にあるかたいくちばしでえものに食いつきます。

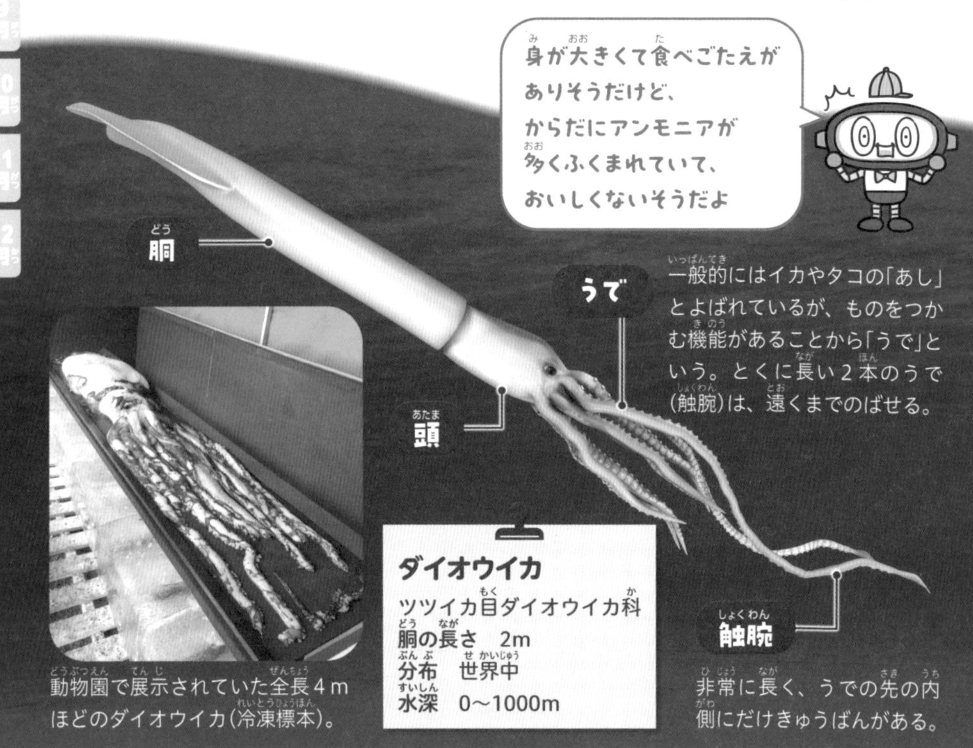

動物園で展示されていた全長４m ほどのダイオウイカ（冷凍標本）。

ダイオウイカ
ツツイカ目ダイオウイカ科
胴の長さ　2m
分布　世界中
水深　0〜1000m

マメ知識 無脊椎動物には、イカやタコのほかに貝、エビ、カニ、ホヤ、ヒトデ、クラゲ、サンゴ、カイメンなどがいる。さらに、陸にすむ昆虫やクモ、ミミズなども無脊椎動物なんだよ。

8月2日

誕生日 フレデリック＝オーギュスト・バルトルディ（彫刻家）▶1834年
イライシャ・グレイ（発明家）▶1835年

アシカやアザラシはネコのなかま!?

アシカやアザラシ、セイウチなどは海にくらすほ乳類で、分類では陸でくらすライオンやトラなどと同じネコ目（食肉目）にふくまれます。海でのくらしに適したからだのつくりになっていて、あしがひれのような形になっているため、「鰭脚類」ともよばれています。陸のネコ目のなかまは単独でくらす種が多いのですが、鰭脚類の多くは海や海辺で群れをつくってくらしています。

カリフォルニアアシカ
ネコ目アシカ科
体長　1.7〜2.4m
分布　北アメリカ〜中央アメリカ北部（太平洋側）
すむ場所　海辺

アシカの前ひれは大きく、かぎづめはない。

アザラシの前ひれは小さく、かぎづめがある。

ゴマフアザラシ
ネコ目アザラシ科
体長　1.4〜2m
分布　ベーリング海、オホーツク海、北海道
すむ場所　海、海氷、海辺

セイウチ
ネコ目セイウチ科
体長　2〜3.6m
分布　北極海、ユーラシア北部、北アメリカ北部
すむ場所　海、海氷、海辺

セイウチの前ひれは短く、かぎづめはない。長いきばをもつ。

マメ知識 いまから2000年以上前にあらわれたエナリアークトスのなかまは、鰭脚類の祖先と考えられているんだ。このグループのなかまの化石は、日本でも見つかっているよ。

8月3日

誕生日 佐川眞人（電気工学者）▶1943年
田中耕一（化学者）▶1959年

角があるのはオスだけ

カブトムシといえば、頭に生えたりっぱな角が特徴です。角があるのはオスだけで、メスには角がありません。オスの角は２本あり、下から上に向かってのびる大きな角と、上から下に向かう小さな角があります。

海外には、角がたくさんあるカブトムシもいるよ。たとえば、東南アジアで見られるゴホンヅノカブトは角が５本なんだ。

8月4日

誕生日 ルイ・ヴィトン（トランク職人）▶1821年
バラク・オバマ（政治家）▶1961年

はねを広げて空を飛べる

カブトムシが飛んでいるすがたはあまり目にする機会がないかもしれません。飛ぶときには、かたいよろいのような上ばねを大きく開き、その下のとうめいなはねを広げて飛びます。からだが重いので飛ぶのはあまりうまくありません。

カブトムシ
コウチュウ目コガネムシ科
体長　40〜80mm
分布　インド〜東アジア、日本

8月5日

誕生日 エドワード・ジョン・エア（探検家）▶1815年
ニール・アームストロング（宇宙飛行士）▶1930年

食べ物は木から出る樹液

カブトムシの成虫はブラシのような口で、クヌギやコナラ、クリなどの樹液をなめるように食べます。樹液を食べる昆虫にはクワガタやスズメバチ、オオムラサキなどがいますが、カブトムシはそのなかで一番強く、ほかの昆虫を追い出してしまうこともあります。

マメ知識 カブトムシの幼虫は、腐葉土（くさった葉っぱと土がまじったもの）を食べるよ。

8月6日

誕生日 ヨハン・ベルヌーイ(数学者)▶1667年
アレクサンダー・フレミング(細菌学者)▶1881年

シャチは海のギャング

海で一番強い生き物

シャチはハクジラのなかま(→347ページ)で、海の生態系の頂点といわれています。魚類はもちろん、ほかのクジラやアシカ、アザラシといった海生ほ乳類までもがシャチのえものになります。全長10mにもなる巨体ですが、泳ぎは速く、瞬間的にすさまじいスピードを出してえものにおそいかかります。

ギャングとよばれる理由

シャチは頭のよい攻撃的なハンターです。群れで狩りをおこなうので、集団で悪さをする「ギャング」の異名がつけられています。えものによって狩りのやり方を変え、チームワークでえものを追いつめます。ときには、自分たちよりもずっと大きなクジラをしとめることもあります。

シャチ
クジラ偶蹄目マイルカ科
体長　5.7〜10m
分布　世界中
すむ場所　海

シャチの歯は、えものをかみちぎりやすいようにするどくとがった形をしている。

マメ知識 海の危険生物の代表ともいえるサメたちも、シャチにはかなわないよ。シャチはサメの肝臓が大好物で、あのホホジロザメでさえもシャチにおそわれてしまうんだ。

8月7日

誕生日　司馬遼太郎(作家)▶1923年
橋本大輝(体操選手)▶2001年

陸上でもっともあしが速い動物は？

陸上で最速の動物はチーターだよ。
最高速度は時速100kmをこえるよ！

チーターはアフリカにすむネコのなかまです。陸上でもっともあしが速い動物で、高速で走ることに特化したからだつきをしています。体長は1mをこえますが体重は軽く、しなやかなからだをばねのように使って走ります。走りだして数秒で時速100kmほどのスピードを出し、全力で逃げるえものをあっという間にしとめます。

マメ知識　ネコ科の動物はあしのつめをしまうことができるけど、チーターはしまうことができないんだ。これは、速く走るために地面につめを立てるからだと考えられているよ。

8月8日

誕生日 ヘンリー・フェアフィールド・オズボーン（古生物学者）▶1857年
ロジャー・フェデラー（テニス選手）▶1981年

カブトムシの一生

卵
大きさは3～4mmくらい。

幼虫
土の中で育ち、大きくなる。

さなぎ
土の中で動かなくなり、さなぎになる。からだが茶色っぽくなり、オスは角がのびる。

成虫
地上に出て活動する。成虫の寿命は約2か月。

カブトムシは、幼虫からさなぎのあいだは土の中ですごし、成虫になると地上に出てきます。カブトムシの一生はおよそ1年で、そのうち約8か月は土の中にいます。幼虫はイモムシのすがたで、土にふくまれる落ち葉やくち木などの栄養分を食べて成長します。成虫になって地上に出ると、樹液を食べます。

マメ知識 カブトムシの大きさは幼虫のときに食べたえさの量で決まり、成虫になってからは大きくならないんだ。

8月9日

誕生日 黒柳徹子(俳優)▶1933年
阿部一二三(柔道選手)▶1997年

星の集まり 星団

数十個～数百万個の星が集まって星団をつくる

星団は、同じくらいの時期に生まれた星が集まったものです。数十個の星が集まっただけの小さな星団から、数百万個の星が集まった大星団もあります。地上から肉眼や双眼鏡などで見える星団もあり、日本では「すばる」ともよばれるおうし座のプレアデス星団などが有名です。

わかい「散開星団」と年老いた「球状星団」

星団には、数十～数百個の星が不規則な形に集まっている「散開星団」と、数万個以上の星が球状に集まった「球状星団」があります。散開星団にはわかい星が多く、ちりやガスのこい部分でいっせいに生まれたと考えられています。球状星団は百億歳をこえるような年老いた星が多く、強い重力で結びついています。

おうし座にあるプレアデス星団。およそ120個の星が集まっていて、肉眼では6～7個の星をかくにんできる。

ヘルクレス座の球状星団M13。およそ30万個の星が集まっている。

マメ知識 散開星団は天の川銀河の円盤部分に多くあるので、夜空では天の川の周辺に見つけられるよ。暗い所なら肉眼で見えるものもあるので、さがしてみよう。

8月10日

誕生日 アンリ・ネスレ（企業家）▶1814年
三國清三（フランス料理シェフ）▶1954年

光でえものを集める

深海生物の8割ほどの種は光を放つことができ、太陽の光がとどかない深海の暗やみの中でその能力を活用しています。とくに多いのが、光を使ってえものを集める生き物たちです。深海魚のチョウチンアンコウなどは光を放つ発光器をもち、光に集まる習性をもつ小魚などをおびきよせて食べてしまいます。

チチュウカイ
ヒカリダンゴイカ

8月11日

山の日

誕生日 吉川英治（作家）▶1892年
孫正義（企業家）▶1957年

光を使って敵から逃げる

小型の生き物たちは、敵から逃げるのに光を活用しています。チチュウカイヒカリダンゴイカはすみのかわりに発光液をはくことができ、敵が発光液に気をとられているうちに逃げだします。

マメ知識 深海生物の光の使い方はほかにもあるよ。光を使ってなかまとコミュニケーションをとったり、光を放って自分のかげを消して敵からかくれたりするんだよ。

8月12日

誕生日 エルヴィン・シュレーディンガー(理論物理学者)▶1887年
淡谷のり子(歌手)▶1907年

光でえものをさがす

深海の暗やみの中では、えものをさがすのが大変です。クレナイホシエソは眼の下に赤色の発光器があり、赤い光でまわりをてらします。深海のほとんどの生き物は赤い光を見ることができないので、相手に気づかれることなくえものをさがせます。

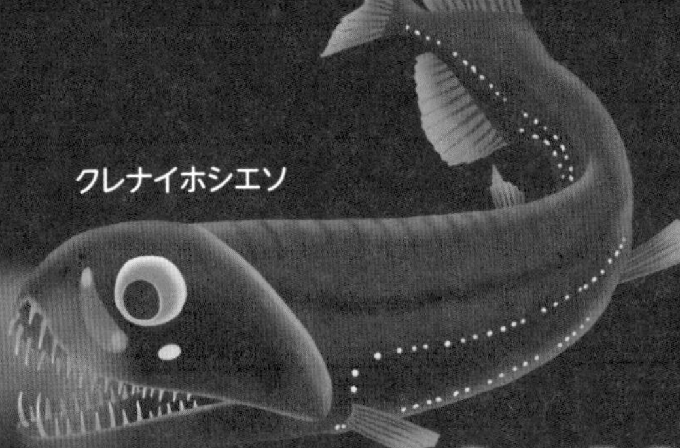
クレナイホシエソ

みんな、深海で
生き残るために
光を使っているんだね

8月13日

誕生日 緒方洪庵(医師)▶1810年
アルフレッド・ヒッチコック(映画監督)▶1899年

光を使って敵の敵をよぶ!?

ムラサキカムリクラゲは、敵におそわれると発光器から青白い光を放ち、まわりの生き物に自分の場所を知らせます。すると、その敵を食べようとするより大きな生き物(サメなど)がよってくるので、敵がおそわれているすきに逃げると考えられています。

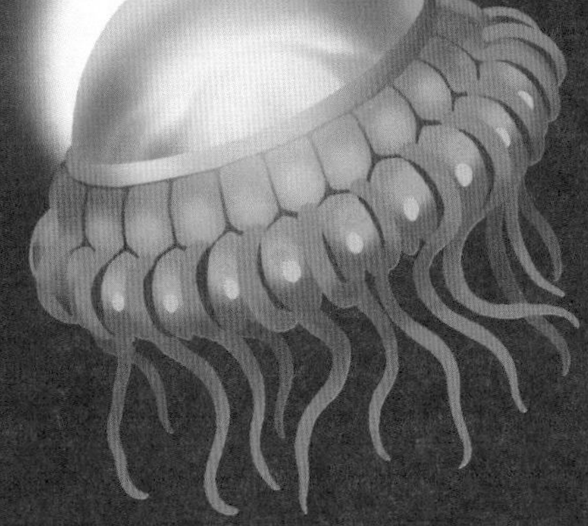
ムラサキカムリクラゲ

マメ知識 ムラサキカムリクラゲは、かさの部分に発光器がならんでいるよ。円をえがくように光らせることができるんだ。

8月14日

誕生日 アーネスト・トンプソン・シートン(博物学者)▶1860年
上田トシコ(漫画家)▶1917年

カタツムリを食べる昆虫 マイマイカブリ

日本にしかいないオサムシのなかま

マイマイカブリは、日本にしかいない昆虫(固有種)です。すんでいる地域によって何種類かの亜種(→55ページ マメ知識)に分けられ、からだの色などが少しずつちがいます。オサムシのなかまには下ばねが退化して飛べないものが多いのですが、マイマイカブリは上ばねまでくっついていて、開くこともできません。もちろん飛ぶこともできませんが、その代わりに長いあしですばやく歩くことができます。

カタツムリを食べるのに適したからだのつくり

マイマイカブリのおもなえものはカタツムリです。首が長く、カタツムリのからの中に頭をつっこんで、やわらかいからだにかみつきます。名前も、からに頭をつっこんでいるようすがマイマイ(カタツムリ)をかぶっているように見えるためつけられたようです。

マイマイカブリ
コウチュウ目オサムシ科
体長 30～65mm
分布 日本

マイマイカブリの幼虫。

マイマイカブリの幼虫も、カタツムリを食べるんじゃよ

マメ知識 マイマイカブリは、つかまえるとおなかの先から液体を噴射するんだ。皮ふに液体がつくとひりひりといたむので、注意が必要だよ。

8月15日 終戦記念日

誕生日 ルイ・ド・ブロイ（物理学者）▶1892年
萩野公介（競泳選手）▶1994年

星座の神話・しし座

7月23日～8月22日生まれの人は「しし座」

ヨーロッパなどで大昔から伝わっている星うらないでは、7月23日～8月22日に生まれた人の誕生星座は「しし座」であるとされます。誕生星座がしし座の人の性格は「自信家で目立つのが好き」などといわれています。

ヘルクレスを苦しめた人食いライオン

しし座は、ギリシャ神話では英雄・ヘルクレスと戦った人食いライオンだとされています。このライオンはネメアの森というところにすみ、人びとからおそれられていました。ライオンは退治しに来たヘルクレスにおそいかかりましたが、こんぼうで気絶させられ、怪力でしめころされてしまいました。そしてヘルクレスと戦った力を認められ、星座になったのです。

マメ知識 しし座は春に見られる星座で、「？」をうら返したような形の星の連なりが目印だよ。この部分は、「ししの大がま」とよばれているんだ。

8月16日

誕生日 ジェームズ・キャメロン（映画監督）▶1954年
ダルビッシュ有（野球選手）▶1986年

アリクイはどうやってアリを食べる？

アリの巣の中に長い舌を高速で出し入れして、アリをなめとるよ！

アリクイは、中央・南アメリカで見られる動物です。シロアリやアリが主食というめずらしい習性をもち、からだつきもアリを食べるのに特化しています。前あしには大きなかぎづめがついていて、アリの巣をこわすのに役立ちます。細長い舌は、入りくんだ巣の中に入れやすく、べたべたしただ液で大量のアリをくっつけて食べます。

オオアリクイ
アリクイ目アリクイ科
体長　1～2m
分布　中央アメリカ～南アメリカ中央部
すむ場所　草原、森林など

長い舌
長さは60cm以上もあり、表面はとげとげしている。

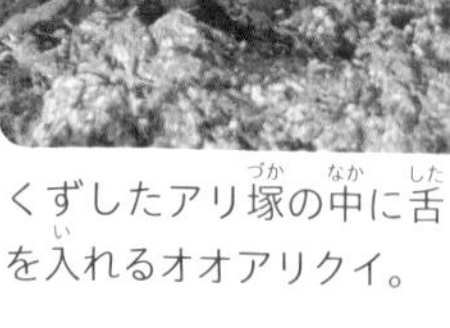
くずしたアリ塚の中に舌を入れるオオアリクイ。

マメ知識　野生のオオアリクイは１日に３万ものアリを食べるんだ。動物園で毎日その量を用意するのは大変なので、食虫動物用のえさなどでつくったペーストをあたえているんだって。

8月17日

誕生日 ピエール・ド・フェルマー（数学者）▶1601年
山本由伸（野球選手）▶1998年

目から血しぶきを飛ばすトカゲ

砂漠にすむとげとげトカゲ

ツノトカゲは、北・中央アメリカの砂漠や乾燥した地域で見られる小型のトカゲたちです。ずんぐりとした体形で、頭やせなかにたくさんのとげがあります。食べ物の少ない砂漠ではとげのあるトカゲも貴重なえものとなるため、多くの動物からねらわれています。

さまざまな方法で身を守る

ツノトカゲのなかまには、敵におそわれそうになるとからだをふうせんのようにふくらませて、敵をおどろかせるものがいます。また、一部のツノトカゲは眼から血しぶきを飛ばすことができ、敵がおどろいてひるんだすきに逃げだします。

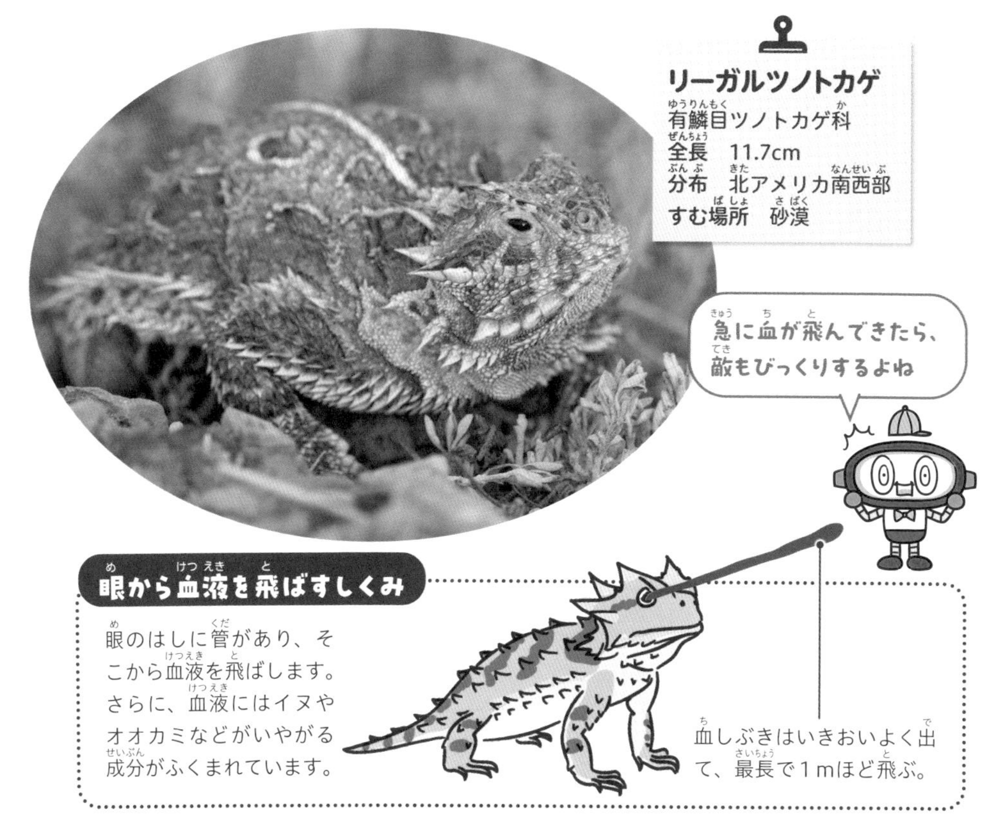

リーガルツノトカゲ
有鱗目ツノトカゲ科
全長　11.7cm
分布　北アメリカ南西部
すむ場所　砂漠

眼から血液を飛ばすしくみ

眼のはしに管があり、そこから血液を飛ばします。さらに、血液にはイヌやオオカミなどがいやがる成分がふくまれています。

血しぶきはいきおいよく出て、最長で1mほど飛ぶ。

マメ知識 ツノトカゲは尾が短く、口先も短いんだ。カエルに似たずんぐりとした体形なので、生息地では「角のあるカエル」とよばれることもあるんだよ。

8月18日

誕生日 リュック・モンタニエ(ウイルス学者)▶1932年
那須川天心(ボクシング選手)▶1998年

エネルギーの源、炭水化物と脂質

炭水化物の一種である糖は、日常的に全身で使われるエネルギーの源として欠かせません。脂質も多くのエネルギーを生み出すことができますが、炭水化物が足りなくなってから使われ、使われないと脂肪として体にたまります。

- ○ 炭水化物
- □ たんぱく質
- △ 脂質
- ☆ ビタミン
- ⬡ ミネラル
- ▯ 食物繊維

8月19日

誕生日 オーヴィル・ライト(発明家)▶1871年
ココ・シャネル(ファッションデザイナー)▶1883年

体をつくるたんぱく質

肉や魚に多くふくまれるたんぱく質は、体の材料です。筋肉、骨、内臓などはほとんどがたんぱく質からできていて、病気の原因となる細菌やウイルスに対抗するための免疫にもかかわっています。子どもが成長するために欠かせない栄養素でもあります。

マメ知識 糖と脂肪は、運動をするときに使われるエネルギーになるよ。ウォーキングなどの有酸素運動では、糖と脂肪の両方が使われるんだ。

8月20日

誕生日 金栗四三(マラソン選手)▶1891年
白川英樹(化学者)▶1936年

骨や歯のもとになるミネラル

ナトリウム、カルシウムなどの物質をミネラルといいます。骨や歯のもとになります。また、体を健康な状態にたもつのにも必要で、足りないと体調をくずしてしまうこともあります。ヒトの体に必要なミネラルは16種類あり、海藻や小魚、塩などからとることができます。

8月21日

誕生日 セルゲイ・ブリン(企業家)▶1973年
ウサイン・ボルト(陸上選手)▶1986年

体の調子を整えるビタミンと腸の働きを助ける食物繊維

ビタミンはビタミンA、ビタミンCなど13種類あり、体の中でつくることができない栄養素です。野菜や果物に多くふくまれ、体の調子を整えたり、ほかの栄養素の働きを助けたりします。食物繊維は炭水化物の一種ですが、小腸で消化・吸収されず、大腸までとどいて腸の働きを助けます。

マメ知識 栄養素以外にも、納豆やヨーグルトにふくまれる細菌が、腸にすみついている細菌の働きを助けることがあるよ。

8月22日

誕生日 出光佐三（企業家）▶1885年
所英男（総合格闘家）▶1977年

子育てをする昆虫っているの？

いろいろな種類の昆虫が子育てをするよ！

多くの昆虫は卵を産んだ後に子育てはせず、ふ化した幼虫は自分の力で食べ物をさがして生きていかなければなりませんが、なかには親が卵を守ったり、幼虫が成長するまで食べ物をあたえたりする昆虫もいます。

家族で育てる

ハチやアリのなかまは、家族で子育てをします。働きバチや働きアリが巣の中の卵や幼虫の世話をします。

お母さんが育てる

エサキモンキツノカメムシは、母親が卵の上におおいかぶさるようにして卵を守ります。ふ化してからもしばらくは守っています。

自分のからだを食べさせる

コブハサミムシの母親は卵がふ化するまで守るだけでなく、ふ化した子どもに自分のからだを食べさせて、死んでしまいます。

マメ知識 水生昆虫のタガメは、母親ではなく父親が、ふ化するまで卵を守るんだ。

8月23日

誕生日 ジョルジュ・キュヴィエ（動物学者）▶1769年
ディック・ブルーナ（絵本作家）▶1927年

発見から27年で絶滅したカイギュウ

全長8mの巨大なジュゴンのなかま

ステラーカイギュウは、かつてアラスカとシベリアのあいだにあるベーリング海にすんでいた大型のジュゴンのなかまです。海藻を食べておだやかにくらす生き物で、人間によって発見されたのは1741年です。発見したのは無人島に遭難したロシアの探検隊でした。探検隊は、つかまえたステラーカイギュウの肉を食べ、毛皮やあぶらを利用して生きのびたのです。

なかまを守る習性が命とりに

探検隊が無事にロシアに帰り着くと、ステラーカイギュウのことが大きな話題になりました。そして、肉やあぶらをとるための乱獲がはじまりました。からだが大きくて動きがにぶいうえ、なかまがきずつけられると助けようとして集まってくる習性があり、まとめてしとめられてしまったのです。最後につかまえられた記録は1768年で、そのときに絶滅してしまったと考えられています。

ステラーカイギュウ
カイギュウ目ジュゴン科
全長　8m
発見地　ユーラシア（ベーリング海）
学名の意味　巨大な水の子牛

マメ知識　日本でも北海道北広島市にある約120万年前の地層から、ステラーカイギュウの化石が見つかっていて、キタヒロシマカイギュウ（ステラーカイギュウ北広島標本）とよばれているよ。

8月24日

誕生日 滝廉太郎（作曲家）▶1879年
河井寛次郎（陶芸家）▶1890年

まるで海藻!? 擬態じょうずな魚

タツノオトシゴに近いなかま

リーフィーシードラゴンは、オーストラリア南部の沿岸の海だけで見られる魚で、海藻が多くしげっている岩礁にすんでいます。タツノオトシゴに近いなかまで、からだに海藻とそっくりな形の突起（皮弁）がいくつも生えています。じっと動かずにいると、海藻と見分けがつかないほどです。

擬態して敵もえものもだます

生き物がほかのものにすがたやようすを似せることを「擬態」といい、リーフィーシードラゴンは海藻に擬態するのが得意な魚です。海藻のふりをすることで、敵に見つかりにくくなり、えものに気づかれないように近づくこともできます。

リーフィーシードラゴン
トゲウオ目ヨウジウオ科
全長　35cm（最大）
分布　オーストラリア南部

マメ知識 リーフィーシードラゴンのなかまに、ウィーディーシードラゴンという魚がいるよ。同じオーストラリア南部に分布していて、やはり海藻によく似た見た目をしているんだ。

8月25日

誕生日 笠置シヅ子(歌手)▶1914年
ティム・バートン(映画監督)▶1958年

ミナミゾウアザラシとシャチ もし戦ったら、勝つのはどっち？

南極大陸とその周辺の海にすむ危険生物どうしの戦いを空想してみましょう。体長6m、体重5トンの巨体をほこるミナミゾウアザラシ。海のギャングとよばれるシャチ。海の中で2頭がそうぐうして、最初に攻撃するのはミナミゾウアザラシ。シャチの側面にとつげきし、するどいきばでかみつきます。シャチはきずを負いましたが、ほとんどきいていません。かなわないとさとったミナミゾウアザラシは陸へ逃げようとしますが、猛スピードでおそってくるシャチをふりきることはできないでしょう。

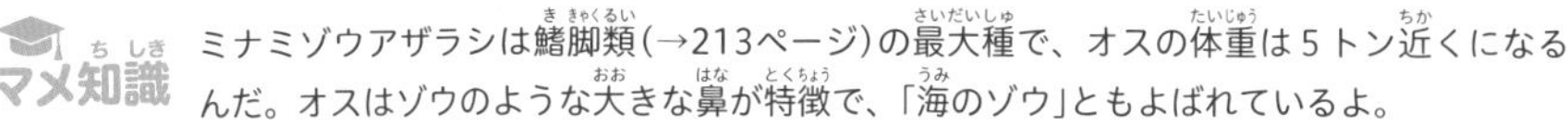
マメ知識 ミナミゾウアザラシは鰭脚類(→213ページ)の最大種で、オスの体重は5トン近くになるんだ。オスはゾウのような大きな鼻が特徴で、「海のゾウ」ともよばれているよ。

8月26日

誕生日 アントワーヌ・ラヴォアジエ（化学者）▶1743年
マザー・テレサ（修道女）▶1910年

日本で見つかった全身骨格

2003年に北海道で尾の一部の化石が発見されたときは、首長竜のものだと思われていました。その後ハドロサウルスのなかまの骨だとわかり、2013〜2016年に大規模な発掘がおこなわれました。その結果、全体の８割ほどにあたる骨が見つかったのです。これだけの骨が発見された大型恐竜は日本で初めてでした。

カムイサウルス
鳥盤類 鳥脚類
全長 8m
発見地 日本（北海道）
食性 植物食
学名の意味 カムイ（アイヌの神）のトカゲ

8月27日

誕生日 宮沢賢治（詩人）▶1896年
下村脩（生物学者）▶1928年

2019年に新種に指定

発掘した化石を、これまで見つかっている恐竜の特徴とくらべたところ、せなかの骨の上の突起が前にかたむいていることがわかりました。ここがそれ以前に知られていた恐竜とはちがい、新種の決め手になりました。2019年、発見された恐竜が正式に新種として認められました。

マメ知識 ハドロサウルスのなかまは、「カモノハシ竜」ともよばれているよ。平らなくちばしのような形の口先が特徴なんだ。

8月28日

誕生日 ヨハン・ヴォルフガング・フォン・ゲーテ（劇作家）▶1749年
田尻智（ゲームクリエイター）▶1965年

名前は「カムイサウルス」

新種として認められると、世界共通の正式な名前である「学名」がつけられます。北海道で見つかったこの恐竜につけられた名前は「カムイサウルス（学名：カムイサウルス・ジャポニクス）」。カムイというのは、アイヌ語で神を意味する言葉で、カムイサウルスは「竜の神」または「神のトカゲ」という意味になります。

木の年輪のような、すねの骨の断面図。

8月29日

誕生日 ジョン・ロック（哲学者）▶1632年
マイケル・ジャクソン（ミュージシャン）▶1958年

すねの骨から 12～13歳だとわかった

カムイサウルスのすねの骨を調べてみると、木の年輪のような線が残っていました。これを分析することで、その骨の持ち主が何歳だったかを調べることができます。分析の結果、見つかった全身骨格は12～13歳のカムイサウルスのものだということがわかりました。

マメ知識 カムイサウルスの頭には、もしかしたらトサカがあったかもしれないと考えられているよ。

8月30日

誕生日 佐藤勝彦（宇宙物理学者）▶1945年
井上陽水（ミュージシャン）▶1948年

アナウサギとノウサギのちがい

巣あなをつくって群れでくらすアナウサギ

野生のウサギは、おおまかに「アナウサギ」と「ノウサギ」に分けられます。アナウサギはあな掘りが得意で、地中にいくつもの部屋がつながっている巣あなをつくります。つがいを中心とした群れでくらし、敵におそわれると巣あなに逃げこみます。せまいあなでくらすためにからだは小さく、あしや耳は短めです。

巣あなはつくらずに単独でくらすノウサギ

ノウサギは巣あなをもたず、群れもつくらずに単独でくらしています。敵におそわれると逃げきるまで走り続けないといけないので、アナウサギよりも長いあし、長距離を走れる大きな心臓をもっています。また、敵に早く気づけるように耳が大きく発達しています。

マメ知識 ペットのウサギは、野生のアナウサギを改良したものなんだ。もとは毛皮や肉をとるために家畜化されたんだけど、かわいいからペットとして飼われるようになっていったんだね。

8月31日

誕生日 ヘルマン・フォン・ヘルムホルツ(物理学者)
▶1821年
野茂英雄(野球選手)▶1968年

アンコウは待ちぶせハンター

たてに平たいからだつきの魚

アンコウは上から押しつぶしたような平たいからだつきの魚で、おもに海底のすな地でくらしています。からだのふちにはまるでフリルのような突起(皮弁)がいくつもならんでいて、からだとすな地のさかい目をわかりにくくする働きがあります。

つりざお器官を使って待ちぶせ

アンコウはすな地にはりついてじっと動かず、えものが来るのを待ちます。小魚などを見つけると、眼と眼のあいだあたりにあるつりざお器官を前後に動かします。その動きで小魚をおびきよせ、近づいてきたところを大きな口で丸のみにします。

マメ知識 日本近海のアンコウのなかまには、アンコウとキアンコウがいるよ。一般的に「あんこう」として流通しているのは、アンコウよりも大型のキアンコウなんだ。

8月のおさらいクイズ

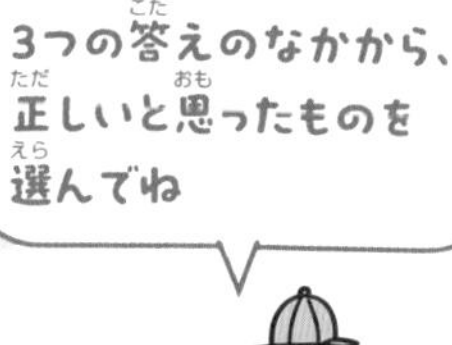

8月1日～31日(212～235ページ)で学んだことをクイズでかくにんしてみよう。問題は10問(1問10点)で、答えは238ページにのってるよ！

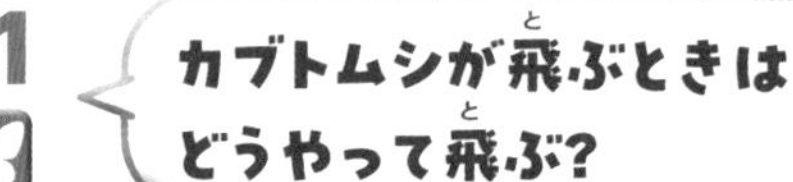

Q.1 カブトムシが飛ぶときはどうやって飛ぶ？

ヒント カブトムシの上ばねはよろいのようにかたくなっているよ。上ばねを開くと、その下にはとうめいな下ばねがあるんだ。飛ぶのに使うのはどのはねかな？

1. かたい上ばねをふるわせて飛ぶ
2. とうめいな下ばねを広げて飛ぶ
3. 上ばねと下ばねを交互に動かして飛ぶ

Q.2 ダイオウイカの眼の大きさはどれくらい？

1. 直径5cm
2. 直径30cm
3. 直径1m

Q.3 アシカやアザラシはなにに近いなかま？

1. ゾウ
2. イルカ
3. ネコ

Q.4 年老いた星が強い重力で結びついている星の集まりとは？

1. 星球
2. 球状星団
3. 小銀河

Q.5 一部のツノトカゲは、どうやって敵をおどろかせる？

1. おでこから角が生える
2. 口からねばねばする液を飛ばす
3. 眼から血しぶきを飛ばす

Q.6 栄養素としてのたんぱく質の役割は？

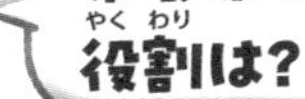

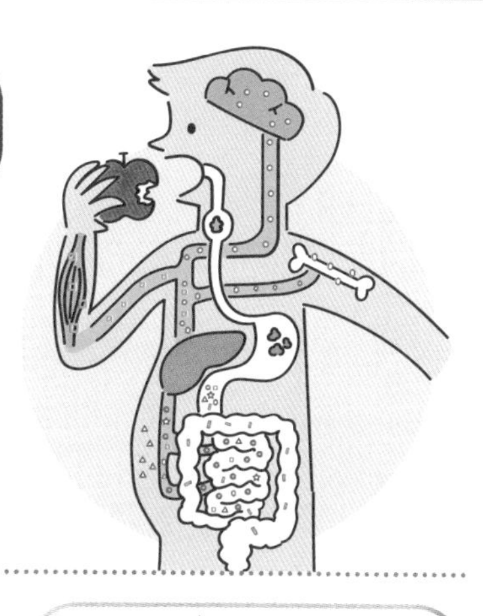

ヒント たんぱく質は肉や魚に多くふくまれる栄養素で、体づくりに欠かせないよ。

1. 筋肉や内臓などの材料となる
2. 腸の働きを助けて、便を出やすくする
3. 体の調子をととのえる

Q.7 ステラーカイギュウが絶滅する原因にもなった習性は？

1. なかまがきずつけられると集まってくる
2. 危険を感じると深海にもぐる
3. 船に突進してくる

Q.8 シャチは狩りのやり方からなんとよばれている？

1. 海のギャング
2. 海のマスター
3. 海のアーティスト

Q.9 2019年に新種として認められた、日本で見つかった恐竜の名前は？

ヒント 北海道で見つかったこの恐竜には、アイヌ語で「神」を意味する名前がつけられたんだよ。

1. ミコトサウルス
2. ゴッドサウルス
3. カムイサウルス

Q.10 アンコウは、どんな狩りをする？

1. 高速で泳いで、ぶつかった魚を食べる
2. 待ちぶせして、つりざお器官で小魚をおびきよせる
3. 口から水をふき出して、小魚を気絶させる

手ごたえは
どうじゃ？
つぎのページで
成績をチェック
してみよう

8月のおさらいクイズ　答え合わせ

Q.1 カブトムシが飛ぶときはどうやって飛ぶ？

答えは **2** とうめいな下ばねを広げて飛ぶ（8月4日　215ページ）

Q.2 ダイオウイカの眼の大きさはどれくらい？

答えは **2** 直径30cm（8月1日　212ページ）

Q.3 アシカやアザラシはなにに近いなかま？

答えは **3** ネコ（8月2日　213ページ）

Q.4 年老いた星が強い重力で結びついている星の集まりとは？

答えは **2** 球状星団（8月9日　219ページ）

Q.5 一部のツノトカゲは、どうやって敵をおどろかせる？

答えは **3** 眼から血しぶきを飛ばす（8月17日　225ページ）

Q.6 栄養素としてのたんぱく質の役割は？

答えは **1** 筋肉や内臓などの材料となる（8月19日　226ページ）

Q.7 ステラーカイギュウが絶滅する原因にもなった習性は？

答えは **1** なかまがきずつけられると集まってくる（8月23日　229ページ）

Q.8 シャチは狩りのやり方からなんとよばれている？

答えは **1** 海のギャング（8月6日　216ページ）

Q.9 2019年に新種として認められた、日本で見つかった恐竜の名前は？

答えは **3** カムイサウルス（8月28日　233ページ）

Q.10 アンコウは、どんな狩りをする？

答えは **2** 待ちぶせして、つりざお器官で小魚をおびきよせる（8月31日　235ページ）

正解した問題の数に
10点をかけて、
点数を計算しよう

8月のクイズの成績

点

トラの顔って
迫力があるね
9月
この魚は
りっぱなおでこを
もっているのう

9月1日

誕生日 新渡戸稲造(教育者)▶1862年
小澤征爾(指揮者)▶1935年

鼻でにおいを感じるしくみ

におい物質が鼻に入る

食べ物や植物など、においがするものは、目に見えないにおい物質を出しています。におい物質は空気中をただよい、空気といっしょに鼻のあな(鼻孔)に入ります。鼻孔のおくには鼻腔という空間があり、鼻腔の天井にある嗅上皮でにおい物質から情報を受けとります。

嗅上皮にある嗅細胞がにおいを感じる

鼻腔の天井にある嗅上皮には、嗅細胞がたくさん集まっています。嗅細胞から出ている細かい毛ににおい物質がくっつくと嗅細胞がにおいの情報を受けとり、その情報が嗅神経を通って、脳の底にある嗅球に伝わります。

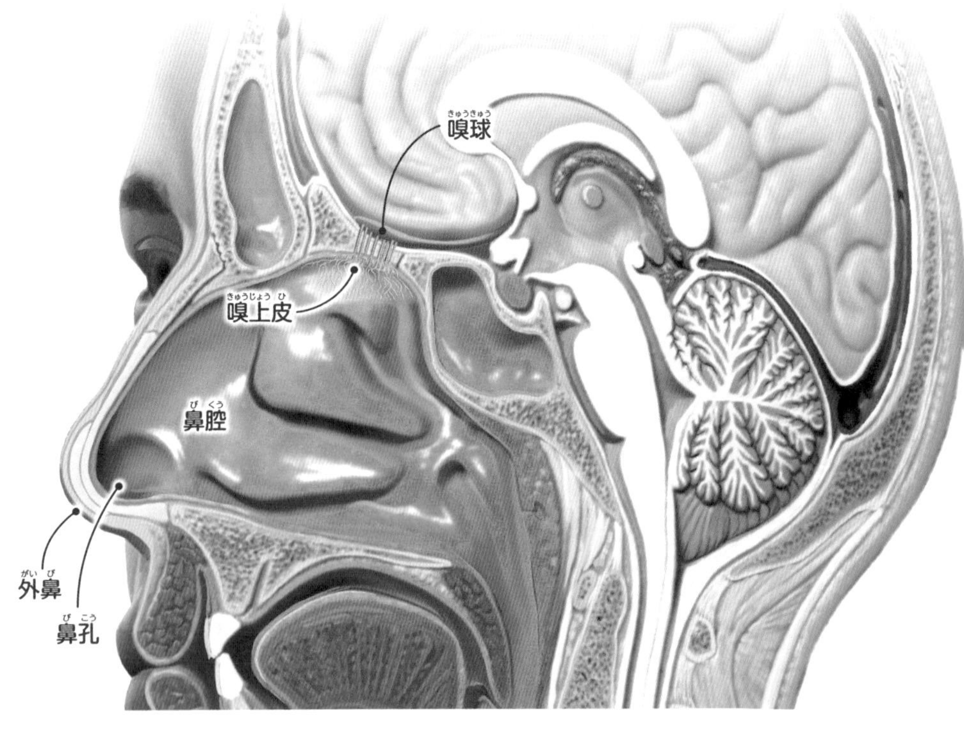

マメ知識 嗅細胞はつかれやすいので、同じにおいをかぎ続けるとだんだん働かなくなるんだ。においになれるのはそのためなんだね。

9月2日

誕生日 林修(予備校講師)▶1965年
髙橋藍(バレーボール選手)▶2001年

かまをもったハンター カマキリ

かまのような前あしでえものをつかまえる

カマキリの前あしは、植物をかりとるときに使うかまによく似ています。ただ、カマキリのかまはものを切るのではなく、がっちりとつかんではなさないためのものです。かまにはするどいとげがあり、強い力ではさまれたえものは逃げることができません。

前向きについた両眼は肉食のあかし

カマキリの大きな眼は前向きについていて、ものを立体的に見ることができます。長い触角と両眼を使って、えものの位置を正確にはかることができるのです。カマキリの狩りは待ちぶせ型で、草のあいだなどに身をひそめ、気づかずに近づいてきたえものにとびかかり、一瞬でかまでとらえます。

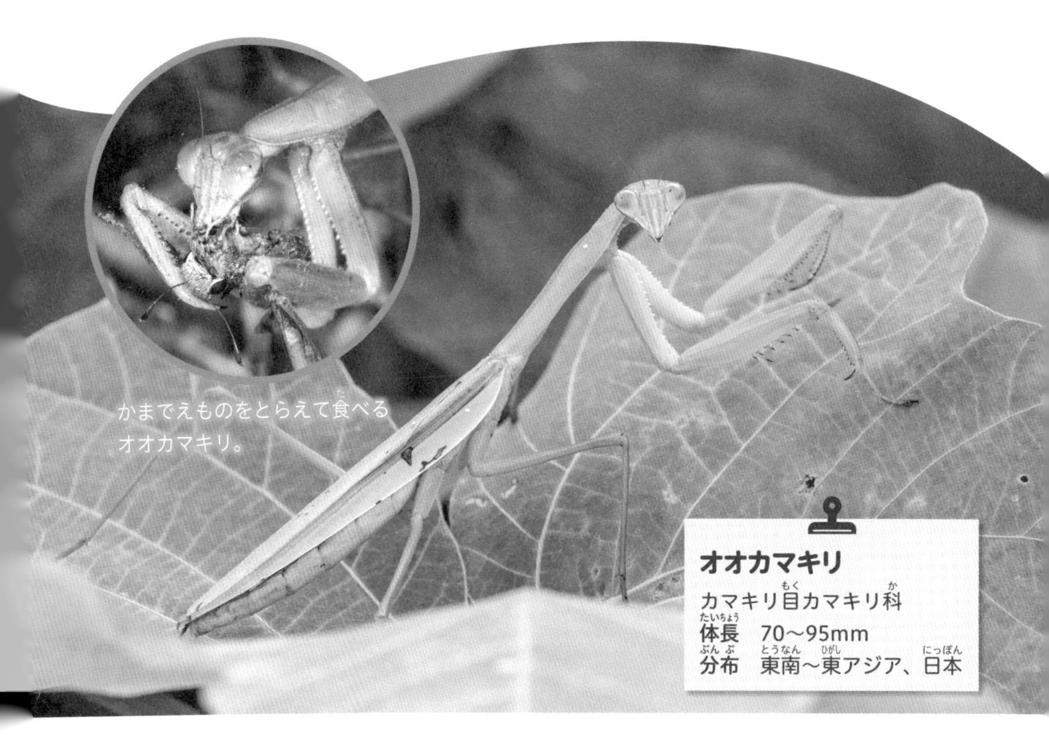

かまでえものをとらえて食べるオオカマキリ。

オオカマキリ
カマキリ目カマキリ科
体長 70〜95mm
分布 東南〜東アジア、日本

マメ知識 カマキリのなかまは、同じ種でも個体によって緑色のものと茶色のものがいるよ。

恐竜から鳥へ 進化の歴史

9月3日

誕生日 フェルディナント・ポルシェ(自動車工学者)▶1875年
野依良治(化学者)▶1938年

始祖鳥は「最初の鳥」

鳥は、恐竜のうち、小型の獣脚類の一部から進化しました。ジュラ紀後期(約１億6350万～１億4500万年前)の始祖鳥(アーケオプテリクス)は、は虫類と鳥類の中間の特徴をもっており、「最初の鳥」とされています。

マメ知識 空を飛ぶは虫類である翼竜はコウモリのような翼が特徴で、白亜紀末期に絶滅してしまったんだ。鳥の祖先ではないよ。

9月4日

誕生日　山中伸弥（医学者）▶1963年
ビヨンセ（ミュージシャン）▶1981年

鳥になる前の恐竜

始祖鳥より少し古い時代にいたアンキオルニスも全身に羽毛があり、前あしと後ろあしに翼をもっていました。木の上から滑空することもできたと思われます。

アンキオルニス
竜盤類 獣脚類
全長　34cm
発見地　中国
学名の意味　鳥に近いもの

シノルニス
竜盤類 獣脚類 鳥類
全長　13cm
発見地　中国
学名の意味　中国鳥

エナンティオルニス
竜盤類 獣脚類 鳥類
翼を広げた長さ　1m
発見地　アルゼンチン、ウズベキスタン
学名の意味　反対の鳥

9月5日

誕生日　伊達政宗（戦国大名）▶1567年
利根川進（分子生物学者）▶1939年

さらに鳥らしく進化した

始祖鳥より後の時代、白亜紀に生きていた鳥類はより鳥らしい特徴をもっていました。始祖鳥は胸の筋肉が発達しておらず、滑空しかできなかったと考えられていますが、白亜紀の鳥類は羽ばたいて飛んでいた可能性があります。

マメ知識　鳥に進化した恐竜以外にも、オヴィラプトルのなかまなどは、前あしに翼をもっていたと考えられているよ。

9月6日

誕生日 星新一（作家）▶1926年
澤穂希（サッカー選手）▶1978年

酸素と二酸化炭素を交換する肺

吸った空気は気管を通って肺胞へ

人間は、呼吸をしないと生きていけません。呼吸とは、かんたんにいうと、酸素をとり入れて二酸化炭素を外に出すことです。息を吸ったとき、空気は気管を通って肺にとどきます。気管は細かく枝分かれをしていて、空気は最終的に肺胞という小さなふくろに送られます。

血液中の二酸化炭素と酸素を交換

肺胞の表面は毛細血管がとりまいています。肺胞では、心臓から送られてきた血液から二酸化炭素をとり出し、吸った空気にふくまれていた酸素を血液にわたして、心臓にもどします。血液からとり出した二酸化炭素は吐く息として肺から外に出されます。

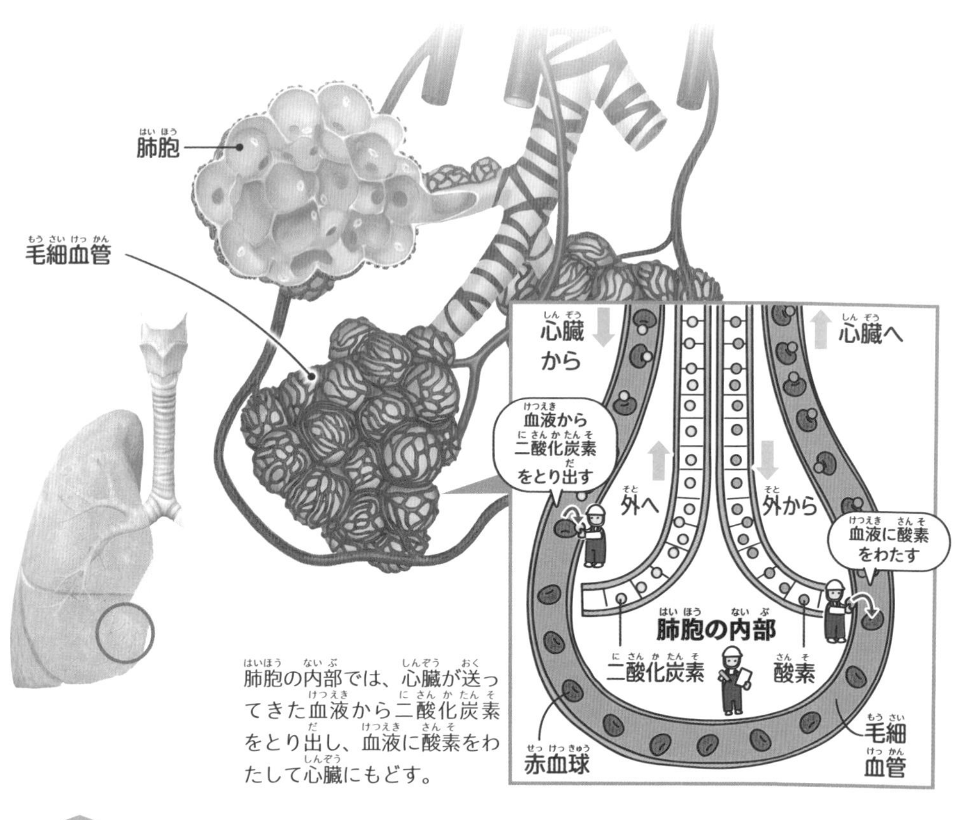

肺胞の内部では、心臓が送ってきた血液から二酸化炭素をとり出し、血液に酸素をわたして心臓にもどす。

マメ知識 酸素は血液によって全身に送られ、エネルギーをつくり出すために使われるよ。

9月7日

誕生日 デビッド・パッカード（企業家）▶1912年
ローラ・アシュレイ（ファッションデザイナー）▶1925年

月食のしくみ

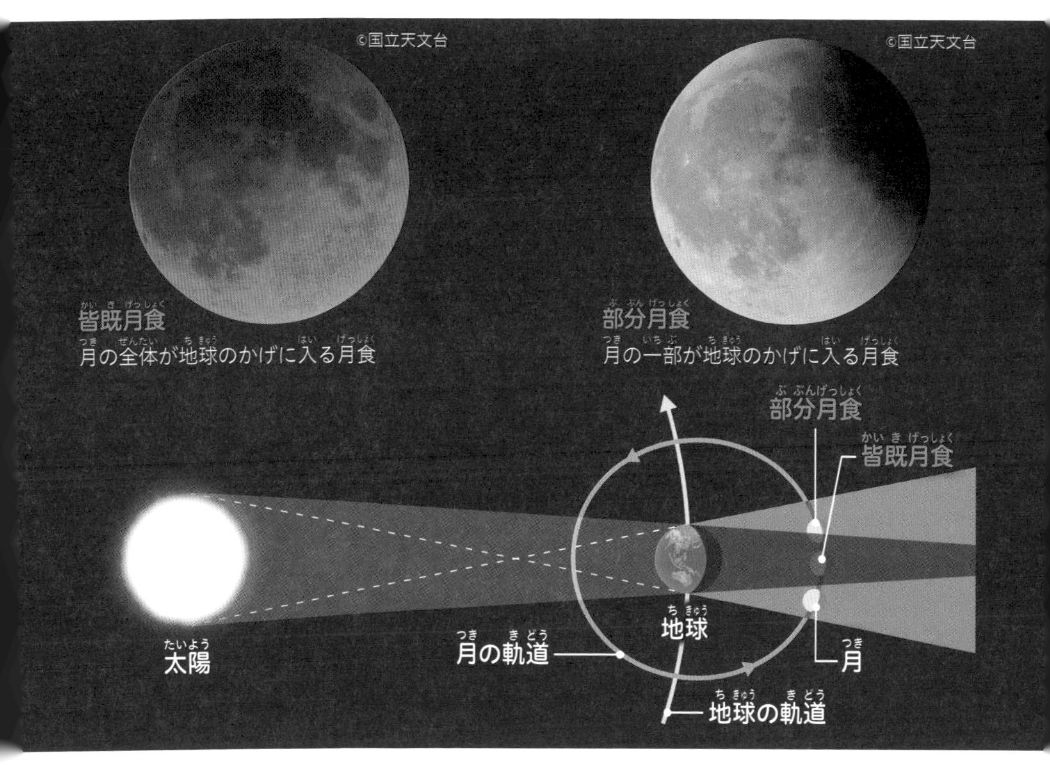

月食は「地球が月をかくす」現象

月食は、月の満ち欠けとは別のタイミングで月が欠けて見える現象です。地球が月と太陽とのあいだに入りこみ、太陽の光をさえぎるために起こります。月の全体または一部が地球のかげに入ってかくれている状態で、月全体がかくれるのを「皆既月食」、一部がかくれるのを「部分月食」といいます。

皆既月食では月が赤く見える

月食では、月を地球のかげがおおってしまうのでその部分が欠けて見えます。地球のかげが月全体をおおう皆既月食では月はまっ暗にならず、赤っぽく見えます。これは、太陽の光が地球の大気を通過するとき、赤い光だけが通過しやすく、まわりこんだ赤い光が月にとどくためです。

マメ知識 月食が起こるタイミングはその年によってちがっているんだ。年に３回起こるときもあれば、１回も起こらないときもあるよ。

9月8日

誕生日 アントニン・ドヴォルザーク（作曲家）▶1841年
末次由紀（漫画家）▶1975年

メスをさそうために色を変えるオスたち

自分の子孫を残したいオスたち

生き物が繁殖行動をおこなう期間のことを「繁殖期」といい、繁殖期にはオスがメスに選んでもらえるようにアピールする行動が見られます。インドウシガエルのオスは、ふだんは茶色がかった色ですが、繁殖期になると黄色くなり、のどもとの「鳴のう」があざやかな青色になります。

婚姻色でメスにアピールする

このように、繁殖期にあらわれる派手なからだの色やもようのことを「婚姻色」といい、異性の気を引くためのものだと考えられています。婚姻色があらわれるのはおもにオスですが、メスだけ、あるいはオスとメスの両方に婚姻色があらわれる生き物もいます。

オスののどもとにあり、鳴くときにふくらませて音をひびかせる。

インドウシガエル
無尾目ヌマガエル科
体長　17cm
分布　南アジア
すむ場所　水辺

鳥や魚にも婚姻色はある

婚姻色は、は虫類や両生類だけではなく、魚類や鳥類でも見られます。魚類にはからだの色やもようが変わる種が、鳥類にはくちばしやあしの色が変わる種がいます。

鳥類のアオサギの婚姻色。くちばしが赤くなる。

魚類のウグイの婚姻色。腹部などがオレンジ色になる。

マメ知識　魚類のなかでもコイのなかまは、婚姻色でからだの色やもようが変わるほかに、顔のまわりに「追星」とよばれる白い小さな突起が生じることもあるんだ。

9月9日

誕生日 レフ・トルストイ(作家)▶1828年
カーネル・サンダース(企業家)▶1890年

生まれた川に帰ってくるサケ

川で生まれ、海に下って、また川にもどる

サケは河川や湖沼で生まれる魚ですが、成長とともに海に下っていきます。海に出ると、食べ物の豊富な海域を数年かけて回遊します。やがて大きく成長すると、生まれた川にもどってきて産卵して、一生を終えます。

生まれた場所にもどってこられる理由

サケは、生まれ育った場所のにおいを正確におぼえているといわれていて、においの記憶をたよりに河口から上流までまよわずにさかのぼることができるのだと考えられています。また、生まれた川にもどるのに、太陽の位置や地磁気(地球が発する磁気)の向き、海流の流れなど、さまざまなものを利用しているという説もあります。

生まれ育った川に帰ってきたサケたち。

サケ(シロザケ)
サケ目サケ科
全長　80cm
分布　北海道、本州、ユーラシア北東部、北アメリカ北西部

口を大きく開けながら産卵するサケのつがい。

マメ知識 海に下る習性がある魚でも、川や湖にとどまって一生をすごすものがいるよ。海に下るものを「降海型」、川や湖にとどまるものを「陸封型」として、同じ種でも区別しているよ。

9月10日

誕生日 アーノルド・パーマー（ゴルフ選手）▶1929年
横井軍平（ゲームクリエイター）▶1941年

鉱山をおそったクマの群れ

2008年、ロシアのカムチャツカ半島にある鉱山を30頭ものヒグマの群れがおそい、ふたりがぎせいになりました。現地でクマの主食となっていたサケをとりすぎてしまったために、ヒグマの食料が不足していたことが原因と考えられています。

カムチャツカヒグマ

9月11日

誕生日 ハインリッヒ・エドムント・ナウマン（地質学者）▶1854年
天野浩（電子工学者）▶1960年

食べ物を守ろうとしたクマ

2021年、アメリカのイエローストーン国立公園の近くで、アウトドアガイドの男性がハイイログマにおそわれて亡くなりました。近くにはヘラジカの死がいがあり、食べ物を守ろうとして人間をおそったのだと考えられています。

ハイイログマ

マメ知識 日本でもヒグマによる事件がたくさん起きている。1915年には北海道でヒグマにおそわれて7人が亡くなり、1923年にも北海道でヒグマによって5人が亡くなっているんだ。

9月12日

誕生日 鈴木章(化学者)▶1930年
長友佑都(サッカー選手)▶1986年

8人もおそった危険なクマ

ツキノワグマ

2016年、秋田県の十和利山でタケノコや山菜をとりに来た人をツキノワグマがおそいました。事件は何度も起こり、20日ほどのあいだに4人が亡くなり、4人が負傷しました。

9月13日

誕生日 大宅壮一(ジャーナリスト)▶1900年
山田洋次(映画監督)▶1931年

ホッキョクグマ

人間なれしてしまったクマ

2018年、カナダのセントリー島でホッキョクグマにおそわれ、男性が亡くなりました。ふつうホッキョクグマは人間をおそれますが、観察ツアーで人間になれておそれなくなってしまったことが原因と考えられています。

マメ知識 人間の食べ物の味をおぼえたクマは、人里に下りてくるようになってしまう。もしもクマを見つけたとしても、近づいてはいけないし、食べ物を置いていったりしてはいけないよ。

9月14日

誕生日 赤塚不二夫（漫画家）▶1935年
あさのあつこ（作家）▶1954年

トンボは飛行の達人

4枚のはねを別べつに動かして自由自在に飛ぶ

トンボのなかまは昆虫のなかでもとくに空を飛ぶのがうまく、急に向きや速度を変えたり、空中でその場にとどまったり（ホバリング）することもできます。長く大きな4枚のはねを別べつに動かすことで、飛ぶ向きや速度を自由自在に変えることができるのです。

空中でえものをとらえる優秀なハンター

トンボは肉食の昆虫で、小さな昆虫などをつかまえて食べます。よく見える大きな複眼で小さなえものも見逃さず、空を飛びながら空中でえものをつかまえることもできます。とげのついたあしでえものをつかみ、するどいあごでえものをかじります。

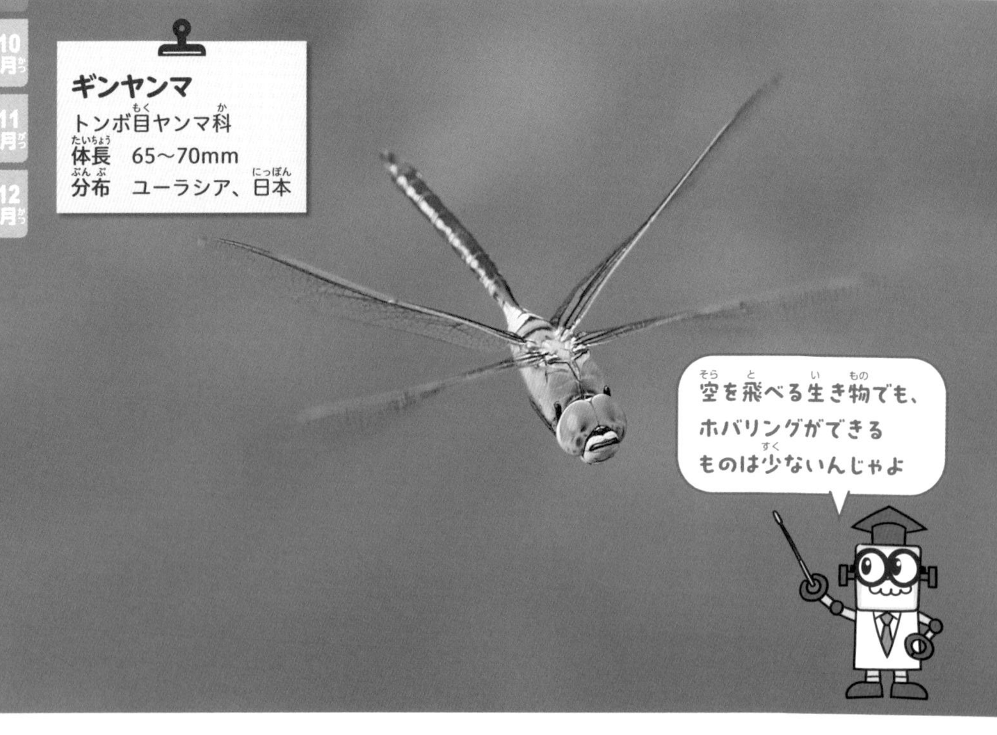

マメ知識　トンボのなかでも、ヤンマのなかまはとても飛ぶのが速いんだ。時速数十kmで飛ぶこともあるといわれているよ。

9月15日

誕生日 アガサ・クリスティ（推理作家）▶1890年
マレー・ゲルマン（物理学者）▶1929年

星座の神話・おとめ座

8月23日～9月22日生まれの人は「おとめ座」

ヨーロッパなどで大昔から伝わっている星うらないでは、8月23日～9月22日に生まれた人の誕生星座は「おとめ座」であるとされます。誕生星座がおとめ座の人の性格は「まじめできちょうめん、きずつきやすい」などといわれています。

むすめをうばわれた女神

おとめ座のおとめは、ギリシャ神話の農業の女神・デメテルだとされています。デメテルはむすめのペルセポネを深く愛していましたが、ペルセポネは死者の国の王・ハデスに気に入られ、連れ去られてしまいます。その後再会を果たしますが、むすめはハデスとの約束で1年のうち4か月だけは死者の国でくらさなくてはならなくなり、そのあいだ、農業の女神であるデメテルがなげきかなしむため地上は「冬」になるのだといいます。

マメ知識　おとめ座の神話はいくつかあって、正義をつかさどる女神アストライアをあらわしているとするお話もあるんだよ。

9月16日

誕生日 竹久夢二(画家)▶1884年
緒方貞子(国際政治学者)▶1927年

超深海ってどんな場所？

水深200mよりも深い海を「深海」、水深6000mよりも深い海を「超深海」というんだよ！

水深6000mから先の超深海は世界の深海のわずか２%ほどしかなく、そのほとんどが海溝(海底の深い谷)の中にあります。太陽の光はとどかず、非常に高い水圧がかかるため、特殊な環境に適応しためずらしい生き物たちがくらしています。西太平洋のマリアナ海溝は世界一深い場所として知られ、もっとも深い部分は水深１万920mもあります。

マリアナ海溝の水深8178mの地点で撮影された写真。マリアナスネイルフィッシュが写っている。

マメ知識 マリアナスネイルフィッシュは、シンカイクサウオというグループの深海魚なんだ。水分を多くふくんだゼリーのような真っ白なからだが特徴だよ。

9月17日

誕生日 ラインホルト・メスナー（登山家）▶1944年
石川遼（ゴルフ選手）▶1991年

トラは森林にひそむハンター

トラは森にすみ、群れはつくらない

トラのなかまは、ネコのなかまでもっともからだの大きなグループで、最大種のアムールトラはライオンよりも大きく、体長は3.5mにもなります。サバンナで群れをつくるライオンとちがい、トラは森林で群れをつくらずに単独でくらしています。

森のしげみにひそみ、えものにおそいかかる

トラは夜行性の動物で、昼間はすずしい場所で休んでいます。トラは１頭１頭がそれぞれに広いなわばりをもっていて、おもに暗くなってから狩りに向かいます。えものを見つけるとかくれながら少しずつ近づき、とびかかってしとめます。

マメ知識　ほかのネコのなかまとちがって、トラは水が大好きなんだって。暑い日には、川や湖に入って水浴びをするんだよ。

人間の筋肉のしくみ

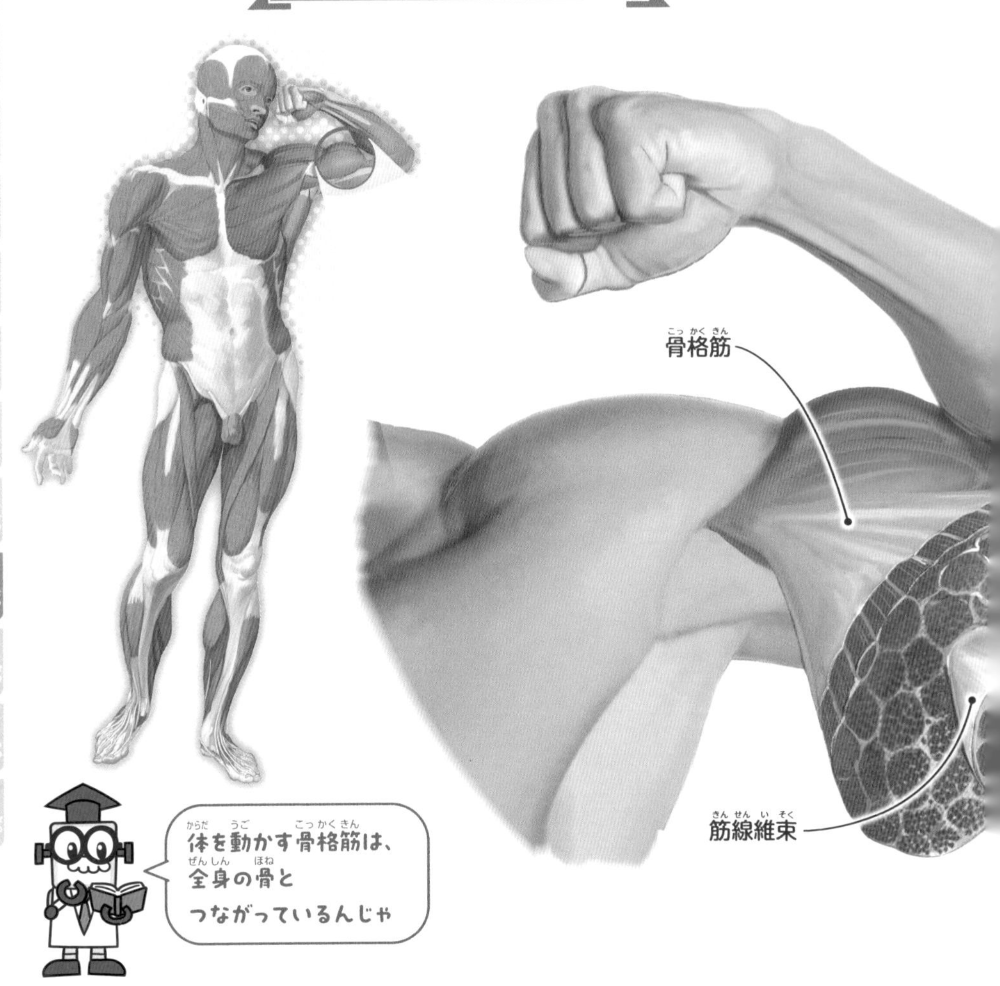

9月18日

誕生日 レオン・フーコー（物理学者）▶1819年
ジークフリート・マルクス（発明家）▶1831年

全身をおおう筋肉

人体には600以上の筋肉があり、骨との組み合わせによってあらゆる動きを実現しています。骨は形を変えることができませんが、筋肉はちぢんだりゆるんだりすることができ、骨とつながっている筋肉がちぢむことで骨を動かします。

マメ知識 筋トレで筋肉に負荷をかけると筋線維の一部がこわれる。その後ゆっくり休んで回復すると、筋線維が修復されて前よりも太くなるんだ。

9月19日

誕生日 小柴昌俊（物理学者）▶1926年
一条ゆかり（漫画家）▶1949年

筋肉がちぢむことで体が動く

体を動かす骨格筋は、細い筋原線維が集まった筋線維という細長い細胞が束になってできています。筋原線維にはフィラメントという構造があり、筋肉をちぢめることができるようになっています。

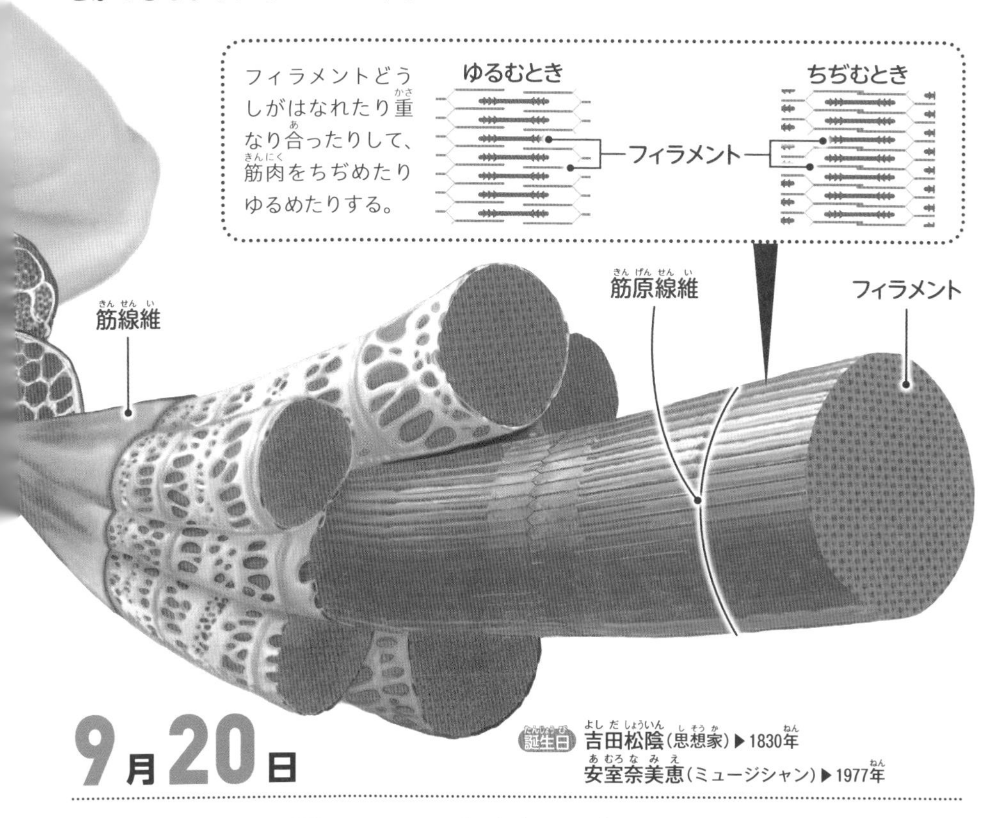

9月20日

誕生日 吉田松陰（思想家）▶1830年
安室奈美恵（ミュージシャン）▶1977年

自分で動かす筋肉と勝手に動く筋肉

筋肉には、自分で動かす筋肉（随意筋）と自分の意思とは関係なく動いている筋肉（不随意筋）があります。心臓をつくる心筋や、内臓や血管をつくる平滑筋は動かそうと考えなくてもつねに動き、人間の生命をたもっています。

マメ知識　筋肉の動きは「ちぢむ」と「ゆるむ」の２種類だけなんだ。かんちがいされがちだけど、筋肉はのびることはできないよ。

9月21日

誕生日 H·G·ウェルズ（作家）▶1866年
眞鍋淑郎（地球科学者）▶1931年

血を吸うコウモリは本当にいるの？

血を吸うコウモリはわずか3種だけ。
虫やくだものを食べる種が多いよ！

コウモリのなかまは1000種以上いて、ほ乳類のなかでもとくに大きなグループです。吸血鬼のしもべとして血を吸うイメージがありますが、血を吸うのはわずか3種だけです。血を吸うといっても皮ふから直接吸うわけではなく、歯で皮ふにきずをつけて、にじみ出る血を時間をかけてなめとります。ほかのコウモリは、小さな昆虫を食べるグループと、フルーツや花のみつを食べるグループに分かれます。

ナミチスイコウモリ
コウモリ目ヘラコウモリ科
体長　7～9.5cm
分布　中央アメリカ～南アメリカ中央部
すむ場所　草原、森林

ナミチスイコウモリのするどい歯。

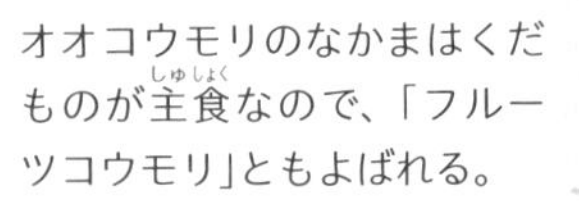

オオコウモリのなかまはくだものが主食なので、「フルーツコウモリ」ともよばれる。

ハイガシラオオコウモリ
コウモリ目オオコウモリ科
体長　23～28.9cm
分布　オーストラリア東部～南東部
すむ場所　森林

マメ知識　血を吸うコウモリのうち、ナミチスイコウモリはウシやウマの血を好み、ほかの2種（シロチスイコウモリとケアシチスイコウモリ）は、おもに鳥の血を好むといわれているよ。

9月22日

誕生日 牧野省三（映画監督）▶1878年
北島康介（水泳選手）▶1982年

おでこでアピールする魚たち

コブダイやメガネモチノウオは、どちらもベラのなかまの魚です。子どものころはみんなメスで、オスはいません。成長したメスの一部がオスに性別を変えます（性転換）。オスになるとからだが大きくなり、ひたいの部分がこぶのようにふくらんでいきます。このこぶは成長とともに大きくつき出るようになるので、大きければ大きいほど強いオスの証になり、繁殖のときにメスに選んでもらいやすくなります。

コブダイ
スズキ目ベラ科
全長　1.2m
分布　日本（北海道〜南日本）、太平洋

メガネモチノウオ
スズキ目ベラ科
全長　1.2m
分布　日本（南日本〜南西諸島）、太平洋、インド洋

マメ知識 メガネモチノウオは、英語で「ナポレオンフィッシュ」とよばれているよ。つき出たひたいのこぶが、フランスの英雄・ナポレオンがかぶっていた帽子のように見えるからなんだ。

9月23日

誕生日 ロバート・ボッシュ（発明家）▶1861年
レイ・チャールズ（ミュージシャン）▶1930年

おなかのふくろで育つカンガルー

カンガルーは有袋類

カンガルーは、オーストラリアの草原などで見られる動物で、ほ乳類のなかの「有袋類」というグループにふくまれています。有袋類は、メスのおなかに子育てのためのふくろ（育児のう）がついているのが特徴です。生まれた赤ちゃんはメスのふくろに入れられ、中にある乳首から乳を吸って育ちます。

ジャンプとキックが得意

カンガルーは、発達した後ろあしを使ってジャンプするようにして走ります。ジャンプの移動距離は８ｍほどですが、走るときは13mにもなります。後ろあしは戦うときにも使い、尾でバランスをとって後ろあしで敵をけり上げます。

アカカンガルー
カンガルー目カンガルー科
体長　75～160cm
分布　オーストラリア
すむ場所　草原、砂漠など

走るときに子どもが落ちないように、ふくろの口は上向きになっている。

マメ知識 カンガルーの子どもは、成長してふくろから出られるようになっても、しばらくは出たり入ったりをくり返すんだ。大きい子どもが入ってくると、お母さんは大変そうだね。

9月24日

誕生日 スコット・フィッツジェラルド(作家)▶1896年
長新太(絵本作家)▶1927年

アムールトラとヒグマ もし戦ったら、勝つのはどっち？

ユーラシアにすむ危険生物どうしの戦いを空想してみましょう。同じネコ目で、がっちりとした巨体をほこるアムールトラとヒグマ。すんでいる地域が重なっていて実際に戦うこともあり、どちらが勝ってもおかしくない勝負です。ヒグマが直立していかくすると、トラも上体を起こして対抗します。ヒグマがするどいつめで引っかこうとすると、すばやくよけたトラがヒグマの背後にまわりこみ、そのままのどにかみつきます。トラは、ヒグマが力つきるまではなすことはないでしょう。

マメ知識 ヒグマは、肉食のライオンやトラとちがって、肉も植物も食べる雑食なんだ。個体によるちがいはあるけれど、基本的には肉よりも植物や木の実を好んで食べるといわれているよ。

9月25日

誕生日 魯迅（作家）▶1881年
浅田真央（フィギュアスケート選手）▶1990年

世界最大はギラファノコギリクワガタ

ギラファノコギリクワガタは、非常に長い大あごをもつクワガタで、体長は世界一です。

ギラファノコギリクワガタ
コウチュウ目クワガタムシ科
体長　45～118mm
分布　南～東南アジア

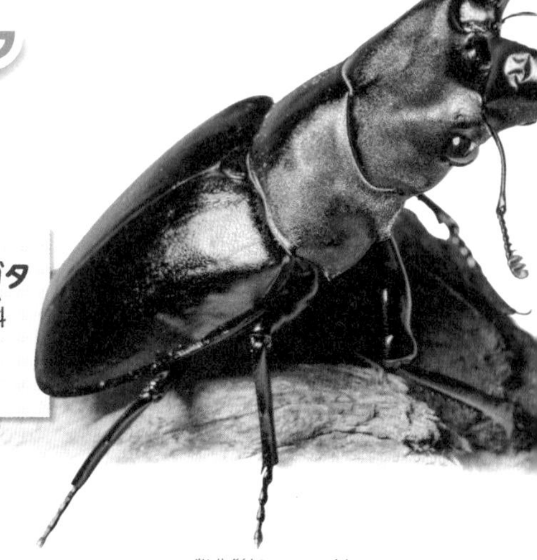

9月26日

誕生日 イワン・パブロフ（生理学者）▶1849年
マルティン・ハイデッガー（哲学者）▶1889年

虹色にかがやくニジイロクワガタ

ニジイロクワガタは、その名のとおり、金属のような光沢のあるからだが光を反射して、虹色にかがやいて見えます。

ニジイロクワガタ
コウチュウ目クワガタムシ科
体長　36～68mm
分布　オーストラリア北東部

マメ知識　ギラファノコギリクワガタの「ギラファ」は、キリンのことだよ。キリンの首のように長い大あごのことをあらわしているんだ。

9月27日

誕生日　星野道夫（写真家）▶1952年
羽生善治（将棋棋士）▶1970年

大あごの先がふたまたのセアカフタマタクワガタ

セアカフタマタクワガタ
コウチュウ目
クワガタムシ科
体長　52～94mm
分布　南～東南アジア

セアカフタマタクワガタは、大あごの先がふたまたに分かれた、特徴的なすがたをしています。

9月28日

誕生日　シーモア・クレイ（電気工学者）▶1925年
伊達公子（テニス選手）▶1970年

にぶいかがやきのエラフスホソアカクワガタ

エラフスホソアカクワガタ
コウチュウ目クワガタムシ科
体長　48.5～109mm
分布　スマトラ島（インドネシア）

ホソアカクワガタのなかまは、大あごもふくめて全体的に細長いからだつきが特徴です。エラフスホソアカクワガタのからだは、金属のようなにぶいかがやきをはなちます。

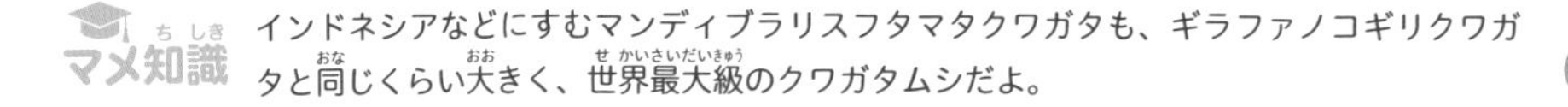

マメ知識　インドネシアなどにすむマンディブラリスフタマタクワガタも、ギラファノコギリクワガタと同じくらい大きく、世界最大級のクワガタムシだよ。

9月29日

誕生日 エンリコ・フェルミ（物理学者）▶1901年
中川李枝子（絵本作家）▶1935年

50億羽から0羽になったリョコウバト

アメリカ大陸に50億羽もいた

リョコウバトはアメリカ大陸にすんでいたハトのなかまで、かつては非常に数が多く、50億羽もいたと考えられています。渡り鳥ですが、渡りの時期には空をおおいつくすほどで、空に向けて鉄砲をうてばかんたんにしとめられたそうです。肉がとてもおいしく、アメリカ大陸の先住民も狩りをして食べていたようです。

ヨーロッパ人に大量に狩られた

19世紀以降、ヨーロッパ人がアメリカ大陸に移住して人口が急激に増加すると、肉を食べるため、あるいは羽毛をとるために大量のリョコウバトが狩られました。リョコウバトは乱獲によってどんどんその数を減らしていき、19世紀の終わりごろにはほとんどいなくなってしまいました。1914年に最後の1羽が死亡し、絶滅しました。

マメ知識　20世紀に入って、数が少なくなったリョコウバトを動物園などで保護しようとしたけれど、繁殖させるのはむずかしかったみたいだね。

9月30日

誕生日 トルーマン・カポーティ（作家）▶1924年
五木寛之（作家）▶1932年

バッタとキリギリスのちがい

植物食のバッタと肉食や雑食が多いキリギリス

バッタ目の昆虫は、おもにバッタのなかまとキリギリスのなかまの２つのグループに分かれます。バッタのなかまは太くて短い触角が特徴で、草を食べ、ほとんどが昼間に活動します。キリギリスのなかまは細くて長い触角が特徴で、雑食か肉食の種が多く、昆虫をつかまえて食べます。おもに夜に活動します。

はねをこすり合わせて鳴く

バッタ目の昆虫は、長い後ろあしをもち、高くジャンプをすることができます。成虫にははねがあり、ジャンプをするだけではなく、空も飛べるものが多くいます。また、はねとはねや、はねとあしをこすり合わせて鳴き声を出すものもいます。音を出すことで相手をいかくしたり、異性にアピールしたりと、コミュニケーションに利用しているのです。

バッタのなかま

ショウリョウバッタ

トノサマバッタ

キリギリスのなかま

キリギリス

エンマコオロギ

マメ知識 バッタのなかには、人間の耳では聞きとることのできない周波数の音で鳴くものもいるよ。

9月のおさらいクイズ

3つの答えのなかから、正しいと思ったものを選んでね

9月1日〜30日(240〜263ページ)で学んだことをクイズでかくにんしてみよう。問題は10問(1問10点)で、答えは266ページにのってるよ！

Q.1

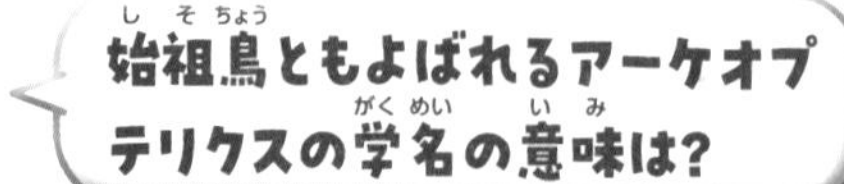

ヒント アーケオプテリクスの前あしと後ろあしには翼があって、木の上などから滑空していたと考えられているよ。

1 古代の翼
2 歯のあるくちばし
3 自由に飛ぶもの

Q.2

肺でおこなわれているのは、どんなこと？

1 酸素を栄養に変える
2 酸素をつくり出す
3 血液中の二酸化炭素と酸素を交換する

Q.3

川で生まれ海で育ったサケは、どこで産卵する？

1 海の深い所にもぐって産卵する
2 生まれた川にもどってきて産卵する
3 すな浜に上がってきて産卵する

Q.4

カナダでホッキョクグマが人間をおそった理由とは？

1 人間なれしておそれなくなった
2 魚がまったくとれなくなった
3 人間におそわれてやり返した

Q.5

マリアナ海溝のもっとも深い部分は水深何m？

1 1092m
2 1万920m
3 10万9200m

Q.6 オーストラリアにすむ、かがやくからだのクワガタの名前は？

ヒント ぴかぴかにみがかれた金属のような上ばねは、光を反射すると緑、赤、金色などさまざまな色にかがやいて見えるよ。

1 ナナイロクワガタ

2 ニジイロクワガタ

3 メタリッククワガタ

Q.7 ナミチスイコウモリはどうやって血を吸う？

1 歯で皮ふにきずをつけてなめる

2 はりのような口をつき刺して吸う

3 肉といっしょに食いちぎる

Q.8 リョコウバトが大量に狩られてしまったのはなぜ？

1 肉がおいしかったから

2 悪魔の鳥だと思われたから

3 家畜の天敵だったから

Q.9 繁殖期の生き物のからだにあらわれる、はでな色やもようをなんという？

ヒント 繁殖期に色が変わるのは異性の気を引くためだと考えられていて、結婚に関係する名前がつけられているよ。

1 恋人色

2 婚姻色

3 告白色

Q.10 月食はどういう現象？

1 地球が月をかくす

2 月が地球をかくす

3 太陽が月をかくす

何問くらいわかったかな？
答え合わせはつぎのページへ

9月のおさらいクイズ　答え合わせ

Q.1 始祖鳥ともよばれるアーケオプテリクスの学名の意味は？

答えは 1 古代の翼（9月3日　242ページ）

Q.2 肺でおこなわれているのは、どんなこと？

答えは 3 血液中の二酸化炭素と酸素を交換する（9月6日　244ページ）

Q.3 川で生まれ海で育ったサケは、どこで産卵する？

答えは 2 生まれた川にもどってきて産卵する（9月9日　247ページ）

Q.4 カナダでホッキョクグマが人間をおそった理由とは？

答えは 1 人間なれしておそれなくなった（9月13日　249ページ）

Q.5 マリアナ海溝のもっとも深い部分は水深何m？

答えは 2 1万920m（9月16日　252ページ）

Q.6 オーストラリアにすむ、かがやくからだのクワガタの名前は？

答えは 2 ニジイロクワガタ（9月26日　260ページ）

Q.7 ナミチスイコウモリはどうやって血を吸う？

答えは 1 歯で皮ふにきずをつけてなめる（9月21日　256ページ）

Q.8 リョコウバトが大量に狩られてしまったのはなぜ？

答えは 1 肉がおいしかったから（9月29日　262ページ）

Q.9 繁殖期の生き物のからだにあらわれる、はでな色やもようをなんという？

答えは 2 婚姻色（9月8日　246ページ）

Q.10 月食はどういう現象？

答えは 1 地球が月をかくす（9月7日　245ページ）

正解した問題の数に
10点をかけて、
点数を計算しよう

9月のクイズの成績

＿＿＿＿点

ホッキョクグマは
寒(さむ)くないのかのう?
10月(がつ)
とさかがりっぱな
トカゲだね

10月1日

誕生日
服部良一（作曲家）▶1907年
五十嵐カノア（サーフィン選手）▶1997年

秋の夜空に星をさがそう

秋の夜空には明るい星は多くありませんが、天頂（見上げたときの頭の真上の空）の近くにある秋の四辺形を見つけられると、その周囲にある星座を見つけられます。

北
東
ケフェウス座
ペルセウス座
カシオペヤ座
天頂
アンドロメダ座
ペガスス座
秋の四辺形
くじら座
みずがめ座
みなみのうお座
南

この星空が見える時刻
9月15日……午前0時ごろ
10月15日……午後10時ごろ
11月15日……午後8時ごろ

①秋の四辺形とペガスス座を見つけよう！

天頂のすぐ南に、4つの星がある。これがペガスス座の胴体にあたる秋の四辺形で、1等星ではないが、わかりやすい星のならびとなっている。

②秋の空で一番明るいフォーマルハウトを見つけよう！

四辺形の西側の辺をそのまま南へのばすと、低い空に明るい星が見つけられる。みなみのうお座のフォーマルハウトで、秋の星座でただ1つの1等星となっている。

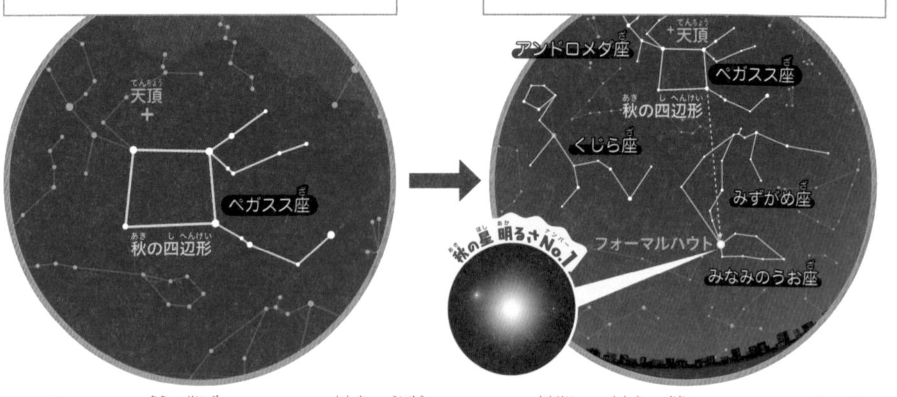

マメ知識
秋の星座は、ギリシャ神話の英雄ペルセウスに関係する神話が多いよ。ペガスス座の近くにはペルセウスと、ペルセウスに助けられたおひめさま、アンドロメダの星座もあるんだ。

10月2日

誕生日 エドワード・バーネット・タイラー（人類学者）▶1832年
マハトマ・ガンディー（インド独立運動指導者）▶1869年

福井県は恐竜王国!?

福井県にある白亜紀の地層

福井県には「手取層」とよばれる白亜紀前期の地層があり、勝山市に日本最大級の恐竜化石発掘現場があります。この場所は恐竜時代には湿地帯であったと考えられており、現代では生物の骨が集まりやすいボーンベッドとよばれる地層になっているため、数多くの恐竜などの骨が見つかっています。日本で発見された恐竜化石のうち、約8割が福井県で見つかっているのです。

「フクイ」の名前がついた恐竜

福井県で初めて発見され、新種として認められた恐竜もいます。そうした恐竜のなかには発見地である「フクイ」の名前がつけられたものも存在します。全長4.2mの肉食恐竜フクイラプトル、イグアノドンに近い植物食恐竜フクイサウルス、ドロマエオサウルスに近いなかまのフクイヴェナトル、首の長いティタノサウルスに近いなかまであるフクイティタンなどがいます。

マメ知識 福井県には、日本最大級の恐竜博物館「福井県立恐竜博物館」もあるよ。

10月3日

誕生日 ピエール・ボナール(画家)▶1867年
山本耀司(ファッションデザイナー)▶1943年

丸まってはりを立てる

肉食動物のするどいきばやつめをふせぐため、丸まって身を守る動物たちがいます。ハリネズミのなかまは頭からせなかにかけて、はりがたくさん生えています。危険を感じるとからだを丸めてはりを立てて、やわらかいおなかを守ります。

マメ知識 ハリネズミのなかまは世界に16種いるんだけど、日本でペットとして飼うことができるのはヨツユビハリネズミという種だけ。それ以外は、法律で飼うことができないんだ。

1月 2月 3月 4月 5月 6月 7月 8月 9月 10月 11月 12月

10月4日

誕生日 ジャン＝フランソワ・ミレー（画家）▶1814年
福井謙一（化学者）▶1918年

丸まってかたいうろこで身を守る

センザンコウのなかまは、頭からせなか、長い尾の先まで、かたくとがったうろこがびっしりと生えています。危険を感じるとからだを丸め、長い尾もからだにまきつけ、かたいうろこで敵の攻撃をふせぎます。

10月5日

誕生日 ロバート・ゴダード（ロケット工学者）▶1882年
吉田沙保里（レスリング選手）▶1982年

ボールみたいにまん丸になる

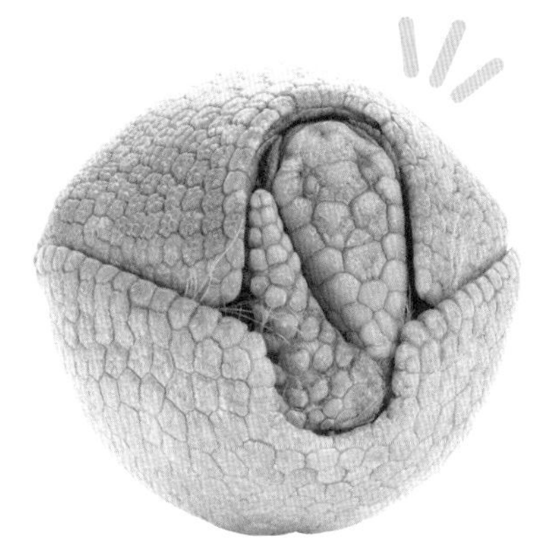

アルマジロのなかまは頭からせなか、尾まで、かたい板のような皮ふ（鱗甲板）でおおわれていて、危険を感じると丸まります。なかでもミツオビアルマジロは、からだを完全なボールのように丸めることができます。

マメ知識 すきまなくまん丸になれるアルマジロのなかまは、ミツオビアルマジロとマタコミツオビアルマジロの２種だけ。ほかの種は、丸まっても少しすきまができてしまうんだ。

10月6日

誕生日 マルティン・ベハイム（地理学者）▶1459年
ル・コルビュジエ（建築家）▶1887年

宝石のようにかがやくタマムシ

上ばねが金属のようにかがやく

タマムシは、かたい上ばねをもつ甲虫のなかまですが、その上ばねはまるでみがかれた金属のような色をしています。全体的に緑っぽい色をしていますが、光を反射していろいろな色に見えます。タマムシの美しさは昔から知られていて、死んでからも色あせないことから、そのはねを装飾に使うこともありました。仏像をおさめる厨子という箱のまわりをタマムシのはねでかざりつけた「玉虫厨子」がよく知られています。

キラキラなのはなんのため？

どうしてタマムシはこんなに目立つ、美しいはねをしているのでしょうか？その理由として、天敵である鳥にねらわれにくくするためではないか、という説があります。光の当たり具合によって色が変わることや、キラキラと光を反射するようすが鳥をこわがらせ、おそわれにくくしているのではないかと考えられているのです。

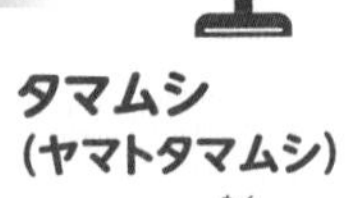

タマムシ（ヤマトタマムシ）

コウチュウ目タマムシ科
体長　30〜40mm
分布　インドシナ半島北部〜東アジア、日本

まるで宝石みたいにキラキラしているね

マメ知識　「玉虫色」という言葉は、見方や立場によってさまざまに解釈できるあいまいな表現という意味で使われるよ。

10月7日

誕生日 ヨーヨー・マ（チェロ奏者）▶1955年
リーチ・マイケル（ラグビー選手）▶1988年

魚竜はイルカによく似たは虫類

どう見てもイルカだけどは虫類

魚竜は、ジュラ紀や白亜紀など恐竜が生きていたのと同じころに海にすんでいた生物で、流線形のからだで、背びれや尾びれもあり、現代のイルカにそっくりなすがたをしています。イルカ自体も魚にそっくりなほ乳類、といえますが、魚竜は魚類でもほ乳類でもなく、は虫類です。魚竜は、おなかの中で卵をふ化させて赤ちゃんを産んでいたようです。

海の主役だったが白亜紀に絶滅

魚竜のなかまはジュラ紀（約２億130万〜１億4500万年前）にとくに栄え、海の主役というべき存在でした。しかし、白亜紀の恐竜が絶滅する少し前の時期に絶滅してしまいました。からだは泳ぐのに適しており、口にはするどい歯があって、魚やイカなどをとらえて食べていたと考えられています。眼が大きいものが多く、暗い海でもえものをさがすことができたようです。

マメ知識 最初の魚竜は、恐竜より前に誕生していたと考えられているよ。最初のころの魚竜はまだ背びれがなかったんだ。

10月8日

誕生日 池田菊苗（化学者）▶1864年
髙梨沙羅（スキージャンプ選手）▶1996年

ホッキョクグマは毛がすごい

ホッキョクグマがくらす北極圏を中心とした地域では、冬になると気温が－30℃を下まわることも少なくありません。すさまじい寒さにもたえられるように、ホッキョクグマのからだは2種類の毛でぶ厚くおおわれています。外側の長くてかたい毛には雪や風をふせぐ働きが、内側の短くてやわらかい毛にはからだの熱を守る働きがあります。また、あしのうらにも毛がたくさん生えていて、氷や雪の上を歩いても体温を逃がさず、歩くときにはすべり止めの役割も果たします。

ホッキョクグマ
ネコ目クマ科
体長　1.8〜3.4m
分布　北アメリカ北部〜ユーラシア北部
すむ場所　ツンドラ、海氷

ストローのような特殊な毛

ホッキョクグマの毛は、ストローのように内側が空洞になっていて、体温であたたまった空気をためておくことができる。そのため、体温が下がりにくくなっている。

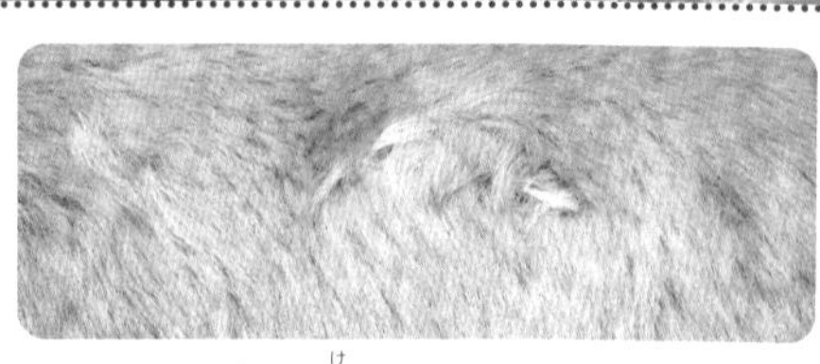
ホッキョクグマの毛

マメ知識 ホッキョクグマが白く見えるのはとうめいな毛のおかげで、毛の下の皮ふは黒いよ。黒い皮ふでとうめいな毛を通ってきた光をきゅうしゅうするから、あたたまりやすいんだ。

10月9日

誕生日 ジョン・レノン（ミュージシャン）▶1940年
入江聖奈（ボクシング選手）▶2000年

毒をもつ鳥がいるって本当？

ニューギニアにすむズグロモリモズは、からだにホモバトラコトキシンという非常に強い毒をもっているんだ！

ニューギニア島にすむズグロモリモズやカワリモリモズという鳥たちは、皮ふや筋肉、内臓、そして羽毛にまで、猛毒のホモバトラコトキシンがふくまれています。この毒は、ズグロモリモズがもともともっていたものではなく、食べ物にしている昆虫がもつ毒がからだにたまっていったものです。そのため、人間に飼われるなどして、この昆虫を食べていない個体は、毒をもっていません。

現地の人びとは、研究で毒があることがわかる前からズグロモリモズなどに毒があることを知っていて、「ピトフーイ（食べられないごみの鳥）」とよんでいたんだ。

10月10日

誕生日 ヘンリー・キャヴェンディッシュ(物理学者)▶1731年
高橋留美子(漫画家)▶1957年

ディプロドクスの全長は最大35m

完全な骨格が見つかっている恐竜でもっとも大きいのが、ディプロドクスです。ジュラ紀後期(約1億6350万～1億4500万年前)の恐竜で、首と尾が非常に細長く、全長は最大で35mもあります。

ディプロドクス
竜盤類 竜脚形類
全長 20～35m
発見地 アメリカ
食性 植物食
学名の意味 2つの梁をもつもの

10月11日

誕生日 ルイス・フライ・リチャードソン(気象学者)▶1881年
川久保玲(ファッションデザイナー)▶1942年

からだをささえる「つり橋」構造

あまりにも長い首と尾は、せなかとつながる「じん帯」で支えられ、地面につけずに腰と同じくらいの高さに上げておくことでバランスをとっていたようです。これはまるで「つり橋」のような構造で、首はたてに高く上げることはできず、左右に動かして草を食べていたのだろうと考えられています。

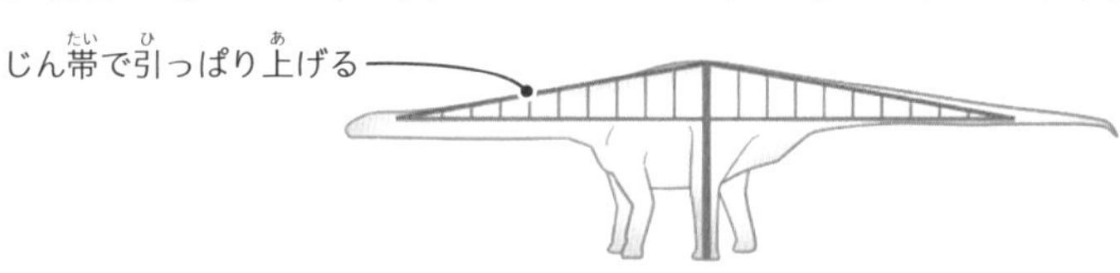

マメ知識 ディプロドクスの歯はえんぴつのような形で、それをくしのように使って木の枝から葉や木の実をすきとって食べていたよ。

10月12日

誕生日 アウグスト・ホルヒ（工学者）▶1868年
堀口恭司（総合格闘家）▶1990年

骨の中には空洞があって軽い

これだけ長い首ですから、あまり骨が重いと重みで首が折れてしまいます。ディプロドクスの首からせなかにかけての骨には空洞があり、軽いつくりになっています。空洞には「気のう」という空気を入れるふくろがあり、呼吸をして吸った空気を肺に送りこむ働きがあったようです。

首の骨の断面図

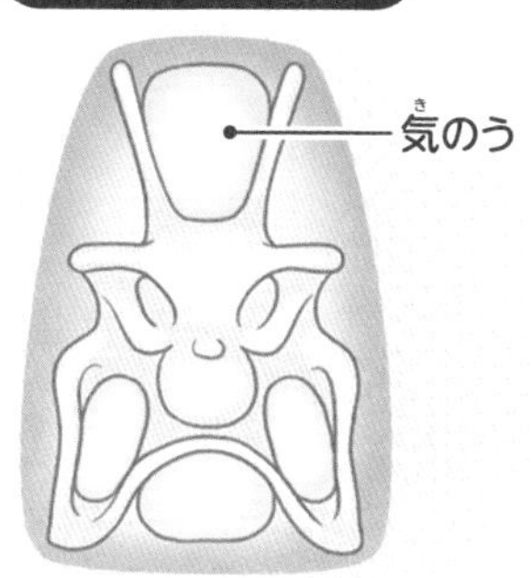

長い尾をむちのようにふりまわしていたと考えられている。

10月13日

誕生日 マーガレット・サッチャー（政治家）▶1925年
渡邊雄太（バスケットボール選手）▶1994年

もっと大きな恐竜がいたかも!?

白亜紀後期（約１億～6600万年前）にアルゼンチンにすんでいたアルゼンチノサウルスは、背骨や後ろあしなど一部の骨しか見つかっていませんが、全長は40mにも達したのではないかと考えられ、それが正しければ史上最大級の恐竜になります。

アルゼンチノサウルス
竜盤類 竜脚形類
全長 35～40m
発見地 アルゼンチン
食性 植物食
学名の意味 アルゼンチンのトカゲ

アルゼンチンからはほかにも、アルゼンチノサウルスと同じくらい大きかったと思われるプエルタサウルスなど、超大型の恐竜がつぎつぎに見つかっているよ。

10月14日

誕生日 正岡子規(俳人)▶1867年
ラルフ・ローレン(ファッションデザイナー)▶1939年

災害になることもある バッタの大発生

数がふえるとはねの長い「群生相」になる

バッタの一部は、ふだん食べるものがほうふにあり、周囲にバッタが少ないときは群れをつくらず、単独で草を食べながらくらします。ところが、せまい草地でバッタの数がふえすぎたり、食べるものが少なくなったりすると、バッタが多くなりすぎて混雑状態になります。するとはねの長いバッタが生まれやすくなり、なかまどうしで群れるようになるのです。このような状態のバッタを「群生相」といいます。

草木を食べつくす災害級のサバクトビバッタ

群生相になったバッタは長距離を飛んで移動し、大群になって食べ物のある草地をさがします。とくにサハラ砂漠などにすむサバクトビバッタはたびたび大発生して、大きな群れをつくることで知られています。空をおおいつくすほどの大量のバッタの群れは、農作物にも大きなひがいをあたえ、自然災害の1つ、「蝗害」としておそれられています。

サバクトビバッタ
バッタ目バッタ科
体長　50～70mm
分布　アフリカ～インド

ケニアの村に飛来したサバクトビバッタの群れ。

マメ知識 日本にすむトノサマバッタも、群生相になることがあるトビバッタの1つで、ごくまれに大発生することがあるよ。

10月15日

誕生日 イザベラ・バード（旅行家）▶1831年
フリードリヒ・ニーチェ（哲学者）▶1844年

星座の神話・てんびん座

9月23日〜10月23日生まれの人は「てんびん座」

ヨーロッパなどで大昔から伝わっている星うらないでは、9月23日〜10月23日に生まれた人の誕生星座は「てんびん座」であるとされます。誕生星座がてんびん座の人の性格は「平和主義者で、だれにでも平等で社交的」などといわれています。

正義の女神が持つてんびん

てんびん座は、ギリシャ神話で正義の女神・アストライアが持つ、公平なさばきをするためのてんびんをあらわしているとされています。はるか昔、人間は神がみといっしょに平和にくらしていましたが、悪事をおぼえた人間にあいそをつかして神がみは天に帰ってしまいました。アストライアだけは地上に残って人間たちに正義をうったえましたが、それでも争いをやめない人間にあきれ、ついに天に帰ってしまいました。後に残されたてんびんが星座になったそうです。

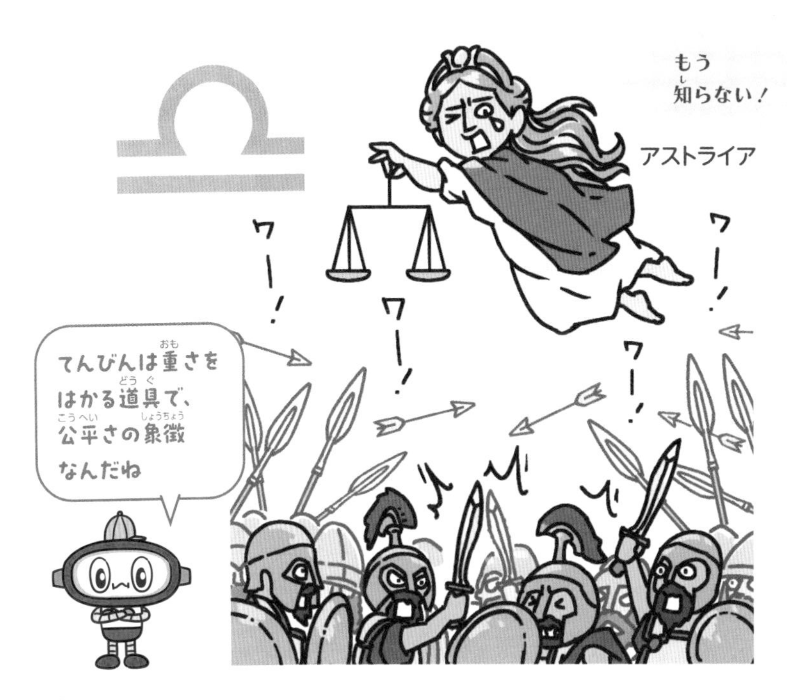

マメ知識 てんびん座はさそり座のすぐ近くにある星座で、夏に南の空で見ることができるよ。

10月16日

誕生日 伊藤博文(政治家)▶1841年
大坂なおみ(テニス選手)▶1997年

日本からいなくなったカワウソ

明治時代までは日本中にたくさんいた

ニホンカワウソは、ユーラシアカワウソの亜種(→55ページ マメ知識)で、かつては北海道から九州までの日本各地にふつうに見られる動物でした。泳ぐのが得意で、細長いからだをうまく使ってとても速く泳ぎます。カワウソの名前のとおり川の近くや海岸などにすみ、魚などを前あしでつかまえて食べていました。日本人にとってなじみ深かった動物で、昔話にもよく登場しています。

らんかくや開発で数が減り、絶滅してしまった

明治時代以降、カワウソの水をはじく美しい毛並みが注目されるようになりました。その毛皮を目的として、らんかくされるようになってしまったのです。また、産業の発展にともなう日本各地の開発によって、カワウソがすみかとしていた川の環境が悪化し、カワウソがすめなくなってしまいました。こうしたことからカワウソの数は急速に減少し、1979年以降は確実な目撃情報がなく、2012年に日本では絶滅種に指定されました。

マメ知識 カワウソはつかまえた魚を川岸に並べておくことがあり、その行動がまるでお祭りをしているようだということで「獺祭」(獺の祭)とよばれているよ。

10月17日

誕生日 沢田廉三（外交官）▶1888年
熊谷紗希（サッカー選手）▶1990年

赤ちゃんが生まれてくるまで

赤ちゃんは、男性の精巣でできる精子と女性の卵巣でできる卵子が、女性の体の中で出会い、結びつくことで生まれます。卵子と精子が結びつくことを受精といい、受精した卵子は受精卵になります。受精卵は細胞分裂をくり返し、女性の子宮の中でヒトの形に成長していくのです。

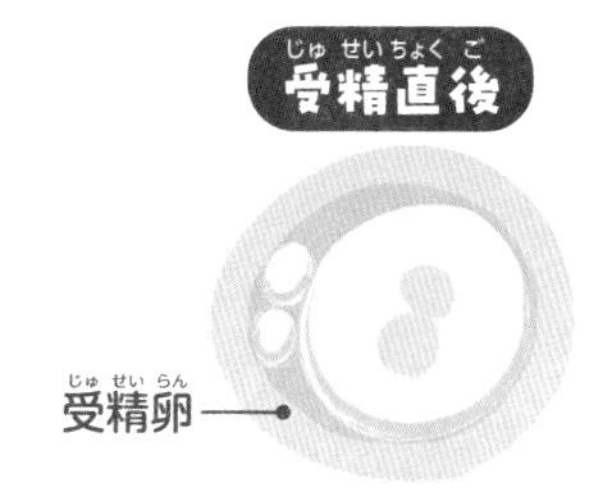

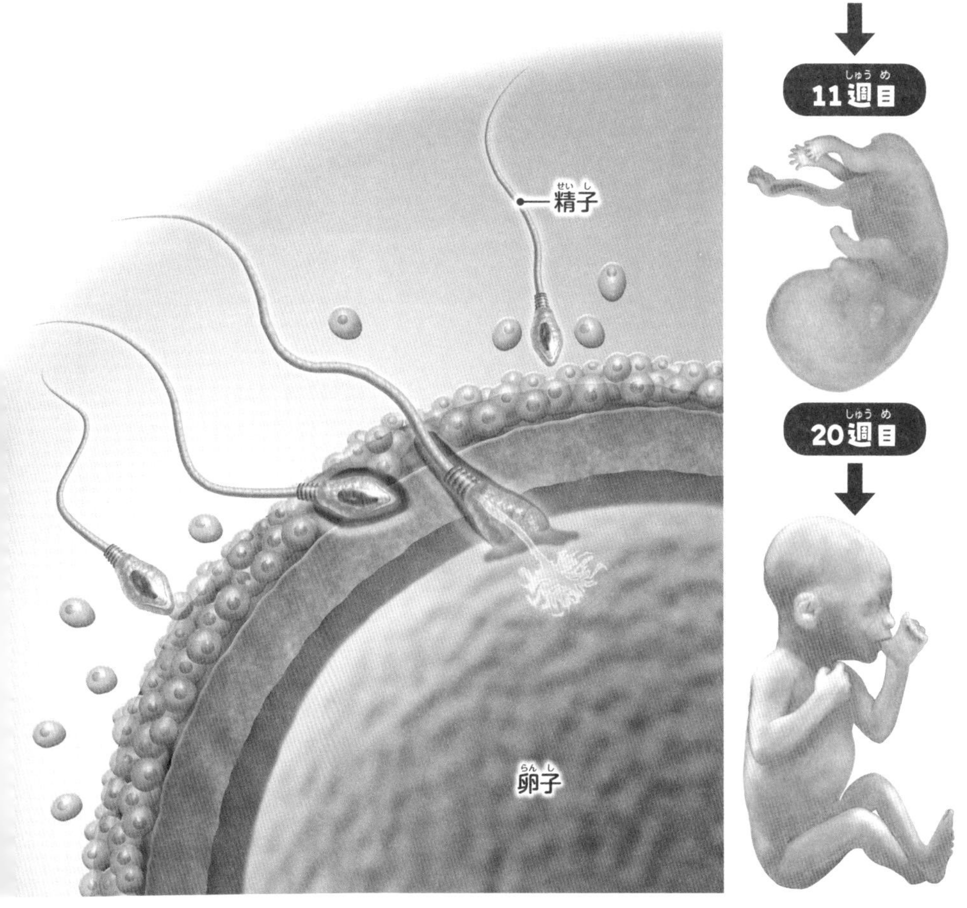

マメ知識　生まれる前の赤ちゃんを「胎児」というよ。胎児はお母さんのおなかの中で成長し、約10か月で生まれてくるんだ。

深海調査の最前線

10月18日

誕生日 馬場のぼる（絵本作家）▶1927年
大橋悠依（水泳選手）▶1995年

深海調査は地形図づくりから

深海は、宇宙よりも行くのがむずかしく、わからないことが多い場所だといわれています。日本の海洋研究開発機構（JAMSTEC）は、深海調査をおこなうときに、調査船やロボット探査機を用いて深海の地形を調べることからはじめます。そして、できあがった海底地形図をもとに有人潜水調査船などで深海調査をおこないます。

調査船から音を使って海底を調べて海底地形図をつくり、調査場所を決める。

ロボット探査機などを使って、さらにくわしい海底地形図をつくる。

海底地形図をもとに、研究者がのった有人潜水調査船などが調査する。

10月19日

誕生日 米沢富美子（物理学者）▶1938年
羽田圭介（作家）▶1985年

©JAMSTEC
世界最大のAUV「うらしま」。全長10mもある。

ロボット探査機 AUVとROV

深海調査にかかせないのがロボット探査機です。AUVは事前に入力したプログラムにしたがって、自分で動くことができるロボット探査機です。ROVは母船とケーブルでつながったロボット探査機で、操作員が船から指示を出して動かします。

©JAMSTEC
深海で重作業ができるROV「かいこうMk-IV」。

マメ知識 海洋調査船は、研究者や有人潜水調査船、探査機などを運ぶ船だよ。ほかに、調査船や探査機の修理や点検をする「支援母船」としての役割もあるんだ。

10月20日

誕生日 杉田玄白(医師)▶1733年
坂口安吾(作家)▶1906年

有人潜水調査船「しんかい6500」

JAMSTECが保有する「しんかい6500」は、世界でも有数の高い性能をもつ有人潜水調査船です。いままでにいくつもの大発見にかかわってきました。

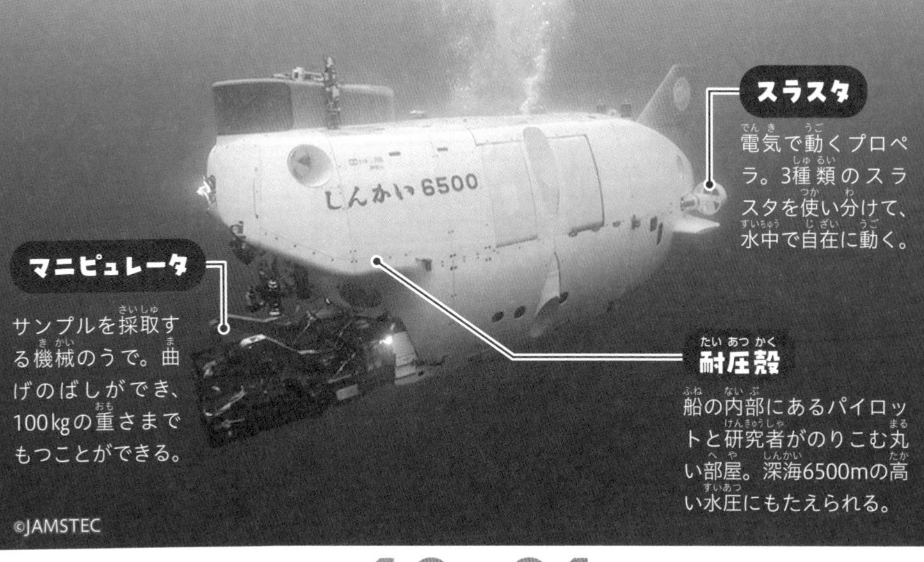

10月21日

誕生日 アルフレッド・ノーベル(化学者)▶1833年
伊藤美誠(卓球選手)▶2000年

耐圧殻の中はどうなってる？

耐圧殻の内部。中央がパイロット(船長)、右にいるコパイロット(船長補佐)が小さなリモコンのような機械で操縦している。

乗員がのりこむ耐圧殻はとてもせまく、広さは直径2mほどしかありません。研究者はねそべって作業をおこない、のぞき窓から深海のようすを見ます。

マメ知識 耐圧殻はせまいので、「しんかい6500」にはトイレはないんだよ。乗員のみなさんは携帯用トイレを持ちこんだり、おむつをはいたりしているんだって。

10月22日

誕生日 フランツ・リスト（作曲家）▶1811年
イチロー（野球選手）▶1973年

水の上を走る忍者のようなトカゲ

水辺を好むバシリスクのなかま

グリーンバシリスクは中央アメリカで見られる緑色のトカゲです。熱帯雨林の川や湖の近くにすんでいて、多くの時間を木の上ですごします。危険を感じると木から水へととびおりて、二足歩行で水面を走って逃げるので、敵はグリーンバシリスクを追うことができません。

水面をしずまないで走れる理由

グリーンバシリスクが水面を走れるのは、後ろあしの指に水に当たると開くひだがついていることと、その後ろあしをおどろくほどの速さで動かしていることによります。後ろあしで水をかき、しずむより早く前に移動することで、数mほどではありますが水面を走ることができるのです。

グリーンバシリスク
有鱗目バシリスク科
全長　75～90cm
分布　中央アメリカ
すむ場所　水辺、森林

マメ知識　グリーンバシリスクは走るときに、1秒間に20歩ほど前に進むんだ。その速さは秒速1メートルにもなるんだって。

10月23日

誕生日 ペレ（サッカー選手）▶1940年
マイケル・クライトン（作家）▶1942年

アメリカバイソンとホッキョクグマ もし戦ったら、勝つのはどっち？

北アメリカにすむ危険生物どうしの戦いを空想してみましょう。巨体と突進力がじまん、アメリカバイソン。地上の肉食動物でもっとも大きい、ホッキョクグマ。すさまじいパワーをほこるものどうしの戦いです。まずホッキョクグマがあしのつめで攻撃をしかけますが、アメリカバイソンの剛毛にはばまれます。すると、すきをついてアメリカバイソンがホッキョクグマに突進。腹部に頭つきをくらったホッキョクグマは、そのままたおれこんでしまうでしょう。

マメ知識 アメリカバイソンは北アメリカにすむウシのなかまで、「バッファロー」ともよばれているよ。大きな頭が特徴で、オスはさらに肩がこぶのようにもり上がっているんだ。

10月24日

誕生日 小林カツ代(料理研究家)▶1937年
Ado(歌い手)▶2002年

すべてを吸いこむブラックホール

ブラックホールに吸いこまれると……

①スパゲッティみたいにのびる！
頭のてっぺんとつま先とでかかる重力に差があるので、スパゲッティのように体が長くのび、引きちぎられてしまう

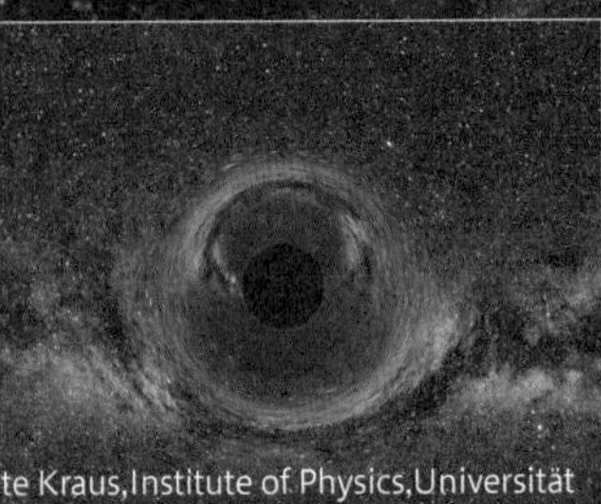

Ute Kraus,Institute of Physics,Universität Hildesheim,Space Time Travel

強大な重力によって光が曲げられている、ブラックホールの想像図。

②脱出不可能！
吸いこまれたら二度と外へ出ることはできない

ものすごく大きな重力によって時空のゆがみが限界まで大きくなり、時空に開いた「あな」のようになったものがブラックホールです。あらゆるものを吸いこんでしまう究極の天体で、光さえもぬけ出すことはできないので、外からは観測できません。とても重い天体が超新星爆発を起こした後や、銀河の中心などにブラックホールができると考えられています。

③「特異点」に集まる
吸いこまれたものは最終的に、密度は無限大、大きさは無限小の点に集まる

特異点

マメ知識 2022年には、地球上にある電波望遠鏡を複数組み合わせて観測するプロジェクト「イベント・ホライズン・テレスコープ」によって、ブラックホールのかげがさつえいされたよ。

10月25日

誕生日 パブロ・ピカソ（画家）▶1881年
野沢雅子（声優）▶1936年

無敵のよろい アンキロサウルス

骨でできたかたいよろいで身を守る

アンキロサウルスをはじめとするよろい竜のなかまは、背中や肩が、かたいよろいにおおわれているのが特徴です。このよろいは、「皮骨」とよばれる皮ふの中に発達した骨でできており、せなかには皮骨の突起がたくさんつき出ています。首のまわりにはとくに大きな突起があり、敵の攻撃から首を守っています。体重も重くどっしりとしていて、大型の肉食恐竜もなかなか歯が立たなかったでしょう。

しっぽの先には強力な武器

さらに、アンキロサウルスは防御だけではなく攻撃も強力でした。しっぽの先には大きな骨のかたまりがあり、人間が武器として使う「こんぼう」にそっくりです。実際にこのしっぽをふりまわして肉食恐竜を追いはらうこともあったと考えられています。よろい竜のなかまは、白亜紀（約１億4500万～6600万年前）におおいに栄えました。

アンキロサウルス
鳥盤類 装盾類 よろい竜類
全長 10m
発見地 アメリカ、カナダなど
食性 植物食
学名の意味 連結したトカゲ

マメ知識 よろい竜のなかまのなかには、首から肩にかけてよこ向きの長いとげをもっていたものもいるよ。

10月26日

誕生日 岩倉具視(政治家)▶1825年
マツコ・デラックス(コラムニスト)▶1972年

共生ってどんな関係？

観賞魚として人気のあるクマノミは、イソギンチャクといっしょにくらしています。このように、種がことなる生き物どうしがいっしょにくらすことを「共生」といいます。生き物どうしの関係性はさまざまで、両方が協力している関係もあれば、一方的に相手を利用するような関係もあります。

カクレクマノミとイソギンチャク

10月27日

誕生日 ジェームズ・クック(海洋探検家)▶1728年
アイザック・メリット・シンガー(発明家)▶1811年

両方が得をする相利共生

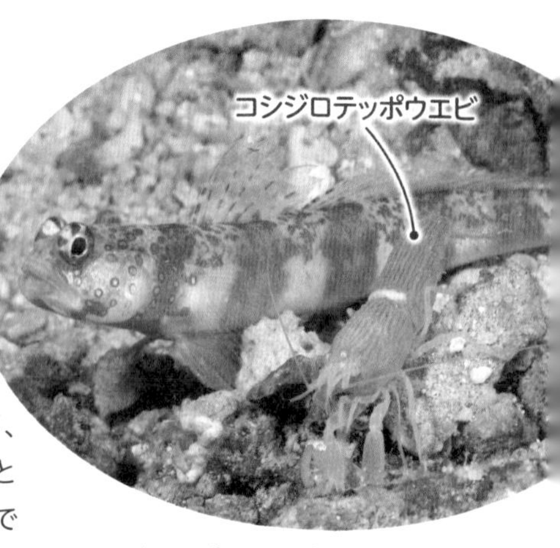

ミナミダテハゼとコシジロテッポウエビ

生き物どうしが助け合いながらくらしていて、おたがいが得をするような関係を「相利共生」といいます。ハゼとテッポウエビは同じ巣あなでくらしていて、テッポウエビが巣あなから出ているあいだは、ハゼが見張りをします。

マメ知識 視力が弱いテッポウエビは、巣あなの外にいるときは触角をハゼのからだにふれさせているんだ。敵が近づくとハゼが動くので、テッポウエビはすばやく巣あなにもどるよ。

10月28日

誕生日 ジョルジュ・オーギュスト・エスコフィエ（料理人）▶1846年
ビル・ゲイツ（企業家）▶1955年

片方が得をする片利共生

生き物どうしがいっしょにいて、片方は得をするけど、もう片方は得も損もしない関係を「片利共生」といいます。コバンザメ（→45ページ）やコガネシマアジの幼魚は、大型魚にくっつくことで身を守ったり、食べかすをねらったりしています。

ツマグロ（サメ）とコガネシマアジの幼魚

10月29日

誕生日 高畑勲（アニメーション作家）▶1935年
水野英子（漫画家）▶1939年

片方が損をする寄生

いっしょにいる生き物どうしですが、片方は相手を利用して得をして、もう片方は利用されて損をするような関係を「寄生」といいます。ハナビラウオの幼魚は、触手に毒をもつクラゲを身を守るためのすみかとして利用して、クラゲを食べて育ちます。

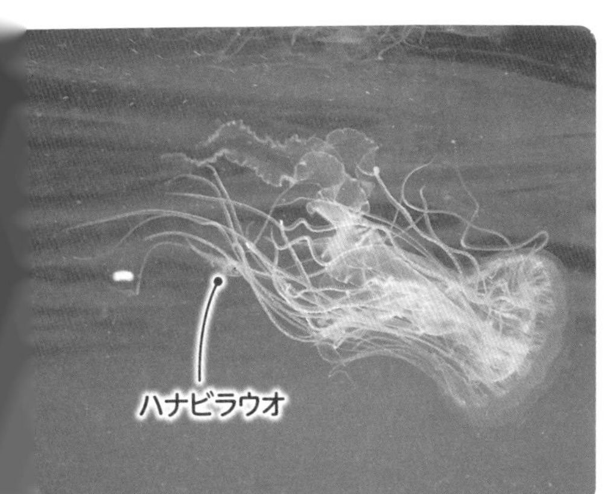

クラゲとハナビラウオの幼魚

大型魚の顔の前を泳ぐことが多いコガネシマアジの幼魚は、まるで大型魚を案内しているように見えるので、外国では「パイロットフィッシュ」とよばれているよ。

10月30日

誕生日 東海林さだお（漫画家）▶1937年
ディエゴ・マラドーナ（サッカー選手）▶1960年

どうして星は動くの？

地球から星が動いて見えるのは、地球が１日で１回転する「自転」と、太陽のまわりを１年で１周する「公転」をしているからなんだ！

自転によって星は東から上り、西にしずむ

地球は１日かけて西から東へ１回転（自転）しているので、地球から見た夜空の星は東から上り、西へしずむように見えます。星は地球の自転に合わせて、１時間に約15度ずつ動いて見えます。南の空と北の空では動き方がちがって見えますが、どちらも１日かけて１周します。２時間おきに星の位置をかくにんしてみると動いているのがわかるでしょう。

公転によって季節ごとに見える星座が変わる

毎日、同じ時刻に星や星座をながめていると、少しずつ西へ動いていることに気づきます。これは、地球が太陽を中心に１年で１周（公転）しているからです。地球から見て太陽の方向にある星は、昼間の太陽が明るくて見えないので、太陽の反対方向の星が夜に見えることになります。

マメ知識　地球と同じように太陽のまわりをまわっている太陽系の惑星は、地球との位置関係が毎日変わるから、ほかの星とはちがう動きをするよ。

10月31日

誕生日 灰谷健次郎（作家）▶1934年
齋藤孝（教育学者）▶1960年

史上最大のワニは全長10m以上

中央・南アメリカにいた巨大なワニのなかま

プルスサウルスは、中新世（約2303万～533万3000年前）の中央・南アメリカにすんでいたワニのなかまで、全長は10m以上あったと考えられており、恐竜と同じ時代に生きていたデイノスクスなどとならんで史上最大級のワニです。現代のワニと同じように、えものにかみついた後にからだを回転させてかみちぎったのだろうと考えられています。

1日に食べる量は40kg以上!?

プルスサウルスの食べ物は、ほ乳類やは虫類、鳥などさまざまな生き物だったと考えられており、プルスサウルスはこの地域のもっとも強い肉食動物だったようです。1日に40kg以上の肉を食べたのではないかという説もあり、まるで怪獣のような迫力ある生き物だったのでしょう。

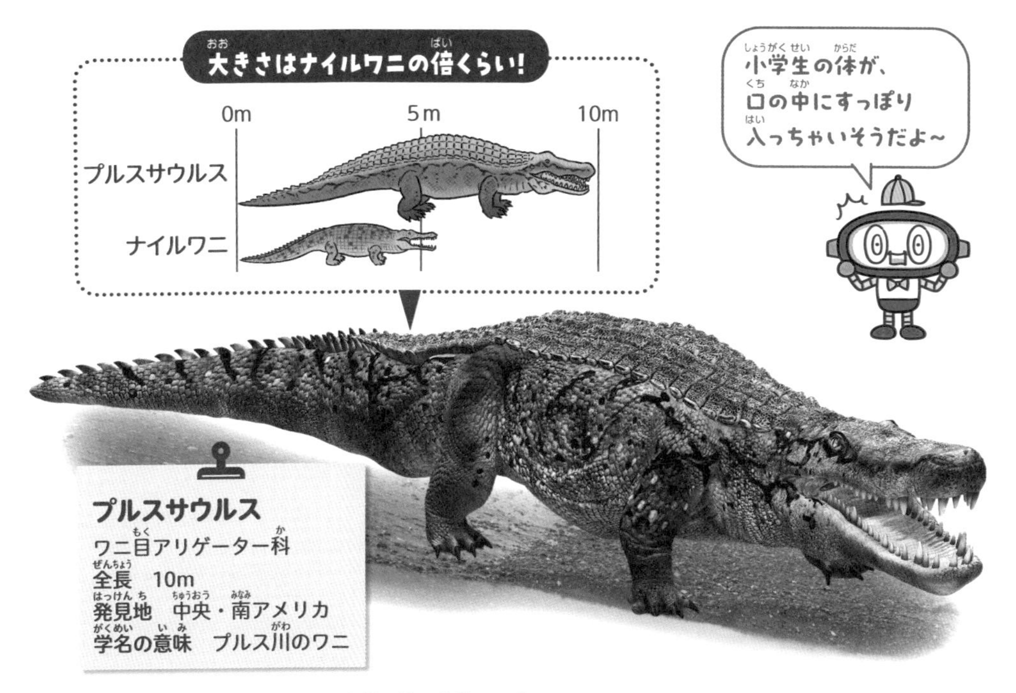

プルスサウルス
ワニ目アリゲーター科
全長　10m
発見地　中央・南アメリカ
学名の意味　プルス川のワニ

マメ知識　プルスサウルスの化石は頭の部分しか見つかっていないんだ。もしかしたらさらに大きかった可能性もあるよ。

10月のおさらいクイズ

10月1日～31日(268～291ページ)で学んだことをクイズでかくにんしてみよう。問題は10問(1問10点)で、答えは294ページにのってるよ！

Q.1 センザンコウのからだをびっしりとおおっているものはなに？

ヒント センザンコウのなかまは危険を感じると、からだを丸めて敵の攻撃をふせぐよ。頭から尾の先までがあるものでおおわれているので、肉食動物のきばやつめも歯が立たないんだ。

1 ふわふわのやわらかい毛
2 ごわごわした長いたてがみ
3 かたくとがったうろこ

Q.2 星や月が東から上り、西へしずむように見えるのはなぜ？

1 地球が自転しているから
2 地球が太陽のまわりをまわっているから
3 星が動いているから

Q.3 イルカにそっくりな魚竜はなにを食べていた？

1 海藻
2 魚やイカ
3 プランクトン

Q.4 ズグロモリモズの毒はどのようにしてできる？

1 食べ物にしている昆虫の毒をためる
2 おとなになるとからだの中でつくる
3 母鳥が飲ませるミルクにふくまれている

Q.5 タマムシのはねがキラキラと美しい色をしている理由は？

1 太陽光ではねを高温にするため
2 からだをかたそうに見せるため
3 鳥にねらわれにくくするため

Q.6

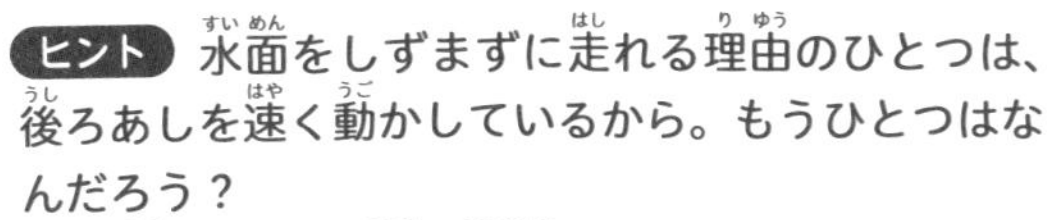

グリーンバシリスクが水面をしずまないで走れる理由は？

ヒント　水面をしずまずに走れる理由のひとつは、後ろあしを速く動かしているから。もうひとつはなんだろう？

1 後ろあしの指に特殊なひだがあるから
2 水よりからだが軽いから
3 水に体液をまぜて固めているから

Q.7

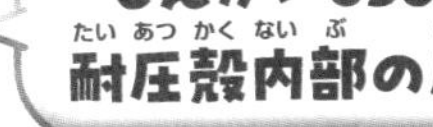

「しんかい6500」の耐圧殻内部の広さは？

1 直径2m
2 直径10m
3 直径30m

Q.8

ハゼとテッポウエビのように、おたがいが得をする関係は？

1 寄生
2 片利共生
3 相利共生

Q.9

ニホンカワウソが絶滅してしまった原因は？

ヒント　ニホンカワウソの毛皮は水をはじく美しい毛並みをしているよ。このことが答えに大きく関わっているんだ。

1 日本が寒くなった
2 毛皮を目的にらんかくされた
3 天敵が増えた

Q.10

赤ちゃんのもとになる受精卵はどのようにしてできる？

1 卵子が成長する
2 たくさんの精子が合体する
3 精子と卵子が結びつく

何点くらいとれたかな？
つぎのページで
答え合わせしてみよう

10月のおさらいクイズ　答え合わせ

Q.1 センザンコウのからだをびっしりとおおっているものはなに？

答えは 3 かたくとがったうろこ（10月4日　271ページ）

Q.2 星や月が東から上り、西へしずむように見えるのはなぜ？

答えは 1 地球が自転しているから（10月30日　290ページ）

Q.3 イルカにそっくりな魚竜はなにを食べていた？

答えは 2 魚やイカ（10月7日　273ページ）

Q.4 ズグロモリモズの毒はどのようにしてできる？

答えは 1 食べ物にしている昆虫の毒をためる（10月9日　275ページ）

Q.5 タマムシのはねがキラキラと美しい色をしている理由は？

答えは 3 鳥にねらわれにくくするため（10月6日　272ページ）

Q.6 グリーンバシリスクが水面をしずまないで走れる理由は？

答えは 1 後ろあしの指に特殊なひだがあるから（10月22日　284ページ）

Q.7 「しんかい6500」の耐圧殻内部の広さは？

答えは 1 直径2m（10月21日　283ページ）

Q.8 ハゼとテッポウエビのように、おたがいが得をする関係は？

答えは 3 相利共生（10月27日　288ページ）

Q.9 ニホンカワウソが絶滅してしまった原因は？

答えは 2 毛皮を目的にらんかくされた（10月16日　280ページ）

Q.10 赤ちゃんのもとになる受精卵はどのようにしてできる？

答えは 3 精子と卵子が結びつく（10月17日　281ページ）

正解した問題の数に
10点をかけて、
点数を計算しよう

10月のクイズの成績

＿＿＿＿点

彗星って宇宙を旅しているんだって
11月
りっぱな体格のゴリラじゃな

11月1日

誕生日 萩原朔太郎（詩人）▶1886年
いかりや長介（コメディアン）▶1931年

はねは鱗粉でおおわれている

チョウの成虫は４枚の大きなはねをもち、空を飛びまわります。チョウのはねは、毛が変化した細かい「鱗粉」でおおわれています。鱗粉は水をはじいたり、クモの糸から逃れたりする働きがあります。

はねを拡大したところ。鱗粉が規則正しくならんでいるのがわかる。

アゲハチョウ（ナミアゲハ）
チョウ目アゲハチョウ科
前ばねの長さ　35～60mm
分布　東アジア、日本

マメ知識 チョウのはねを手でさわると、鱗粉がとれて指に粉がつくよ。はねのさわった部分は、色がうすくなってしまうんだ。

11月2日

誕生日 マリー・アントワネット（フランス王妃）▶1755年
横山大観（画家）▶1868年

ストローのような口で花のみつを吸う

チョウの口は、花のみつを吸うのに便利なストローのような形になっています。ふだんは丸まって収納されていて、みつを吸うときには長くのびて、花のおくに差しこむことができます。

11月3日

誕生日 手塚治虫（漫画家）▶1928年
佐々木朗希（野球選手）▶2001年

幼虫は「イモムシ」

アゲハチョウの幼虫は、いわゆる「イモムシ」です。ミカンの葉などに産みつけられた卵からふ化して、脱皮をくり返し、緑色のイモムシになります。さらに成長すると、動かないさなぎになり、さなぎの中でからだをつくり変えて、まったくちがう見た目の成虫になるのです。

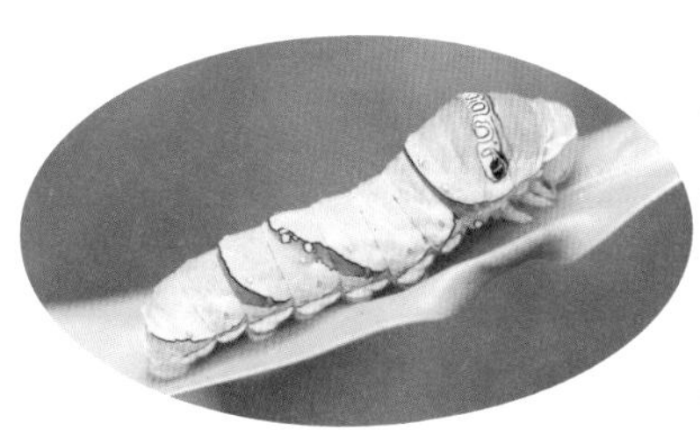

マメ知識 チョウやガのなかまの幼虫は、イモムシや毛虫とよばれるすがたをしているよ。色や見た目は種によってちがうんだ。

11月4日

誕生日 泉鏡花（作家）▶1873年
西田敏行（俳優）▶1947年

変態して成長する両生類

変態ってなに？

生き物が成長とともにすがたや形を変えることを「変態」といいます。昆虫をふくむ節足動物が変態する生き物として有名ですが、両生類も変態します。カエルの場合、オタマジャクシにあしが生えてカエルのすがたになるときに変態しています。

オタマジャクシからカエルになるときに変態する

オタマジャクシのからだには、泳ぐための尾や水中で呼吸するためのえらがあるなど、水中生活に適したものとなっています。成長するとあしが生えてきますが、からだの中でもえらがなくなって陸で呼吸するための肺ができています。やがて陸上生活に適したからだに変態すると、陸に上がっていきます。

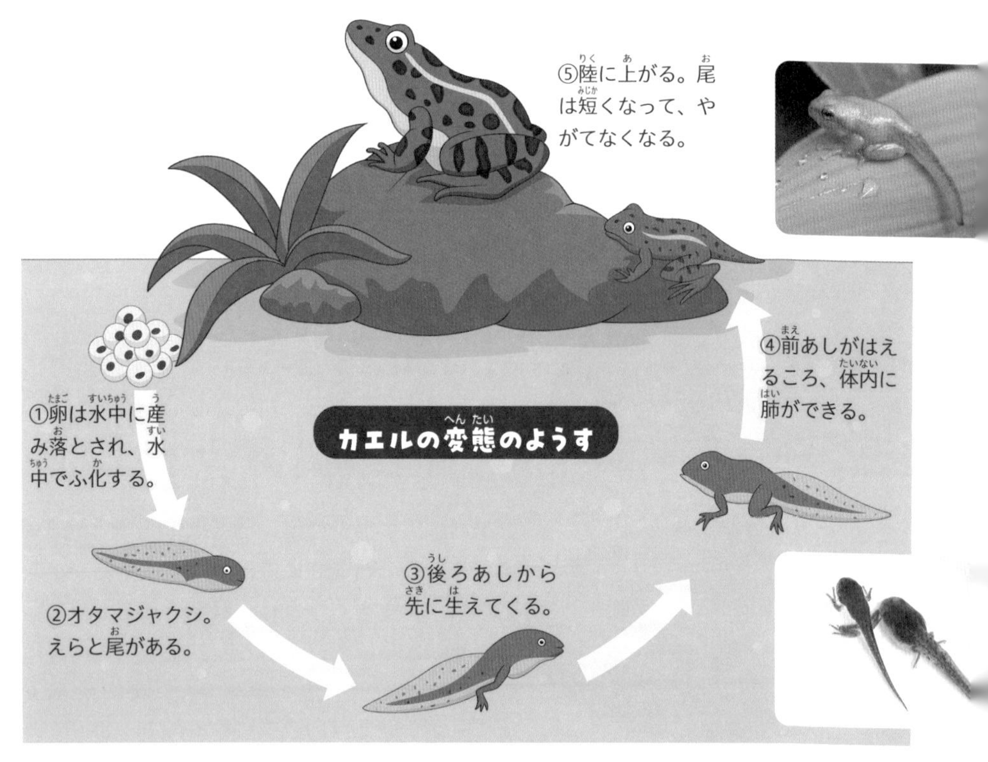

マメ知識 カエル以外の両生類、サンショウウオのなかまやイモリのなかまも変態する種が多いんだけど、変態しないでずっと水中でくらす種もいるんだよ（→302ページ）。

11月5日

誕生日 近藤勇（新選組局長）▶1834年
富野由悠季（アニメーション監督）▶1941年

類人猿とよばれるサルたち

サル目ヒト科のオランウータンやゴリラ、チンパンジーなどは、人間（ヒト）にもっとも近いサルという意味で「類人猿」とよばれています。尾がなくて、長いうでをもつのが共通の特徴です。類人猿は同じ祖先から分かれてきたと考えられていて、一番古い時代に分かれたのがオランウータンで、ゴリラ、チンパンジーと続きます。

ボルネオオランウータン
サル目ヒト科
体長　110〜150cm
分布　ボルネオ島
すむ場所　熱帯雨林

木にぶら下がって移動するので、うでがとても長い。

ニシローランドゴリラ
サル目ヒト科
体長　90〜180cm
分布　アフリカ中西部
すむ場所　熱帯雨林、湿地

チンパンジー
サル目ヒト科
体長　63〜150cm
分布　アフリカ西部〜中央部
すむ場所　熱帯雨林、サバンナなど

地面を歩き、ときどき二足歩行をする。

地面を歩くが、二足歩行はあまりしない。

マメ知識 チンパンジーから分かれたボノボという類人猿もいるよ。また、テナガザル科のサルも類人猿にふくまれるんだ。やっぱり尾がなくて、名前のとおりにうでが長いのが特徴だよ。

11月6日

誕生日 アドルフ・サックス（楽器製作者）▶1814年
松岡修造（テニス選手）▶1967年

祖先はチンパンジーと共通

人類は約700万年前に、チンパンジーと共通の祖先から進化して誕生したと考えられています。それまで森林の木の上でくらしていたのが、気候の変化によって草原の生活に適応するようになり、直立二足歩行をするようになっていったのです。

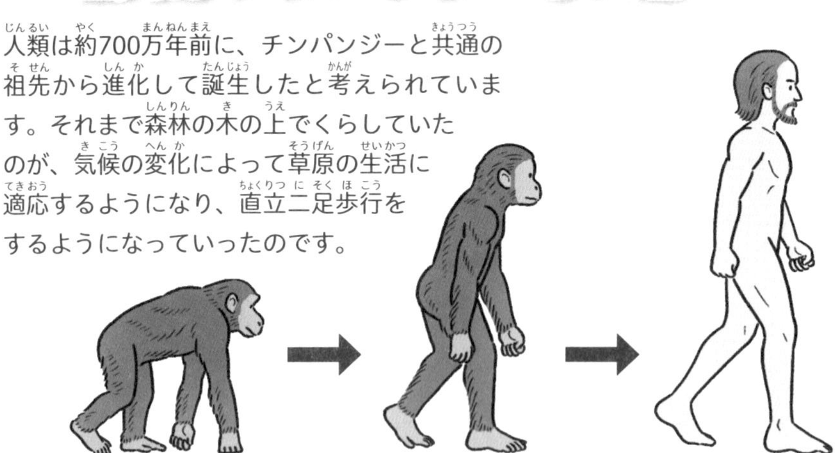

チンパンジーと人類の祖先　アルディピテクス・ラミダス　ホモ・サピエンス

11月7日

誕生日 マリー・キュリー（物理学者）▶1867年
アルベール・カミュ（作家）▶1913年

直立二足歩行から脳が発達

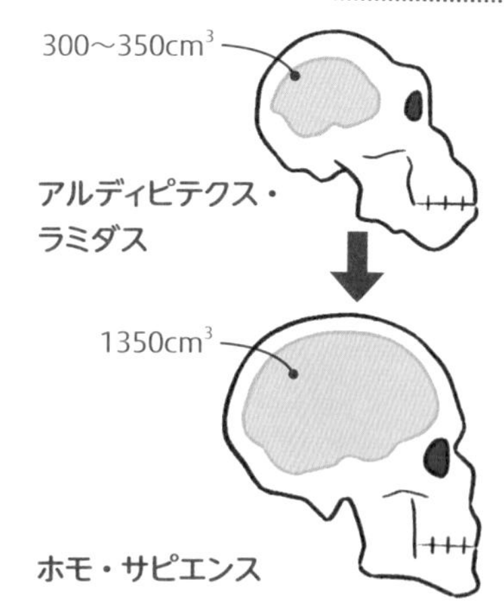

直立二足歩行をするようになると、両手が自由になり、たくさんの食べ物をかかえて集めたり、道具を使ったりすることができるようになりました。栄養状態がよくなったことや道具を使うために手先が器用になったことが脳の成長をうながし、脳が大きく発達したのです。

マメ知識 道具を使いはじめたのは、いまから約231万年前に登場したホモ・ハビリスだと考えられているよ。

11月8日

誕生日 マーガレット・ミッチェル（作家）▶1900年
カズオ・イシグロ（作家）▶1954年

たくさんいた人類の種

かつて地球に存在していた人類は、１種類だけではありません。たとえばホモ・ネアンデルターレンシスは道具を使い、火も使っていましたが、約２万年前に絶滅してしまいました。ほかにも何種類かの人類が存在していましたが、ホモ・サピエンスだけが生き残り、現代のわたしたちにつながっているのです。

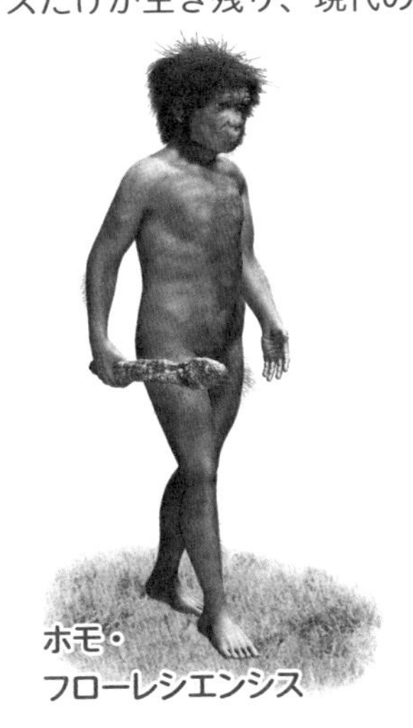

ホモ・
フローレシエンシス

ホモ・
アンテセッサー

ホモ・
ネアンデルターレンシス

11月9日

誕生日 野口英世（細菌学者）▶1897年
ロバート・フランク（写真家）▶1924年

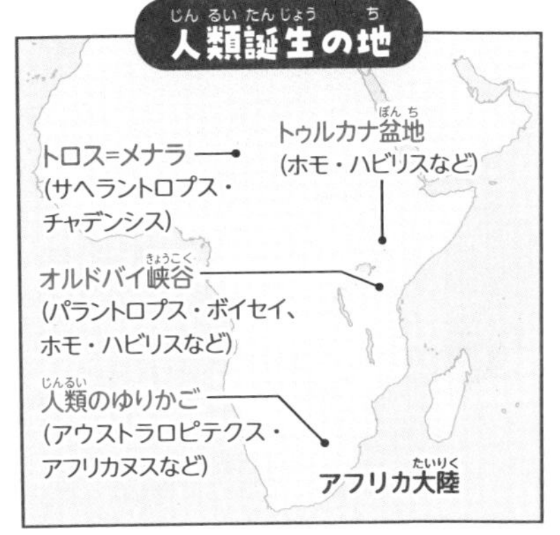

人類はアフリカで生まれた

研究の成果から、人類はアフリカ大陸で誕生したことがわかっています。そしていまから約30万年前にわたしたちの直接の祖先であるホモ・サピエンスが誕生し、世界中に広がっていったのです。

マメ知識 ホモ・ネアンデルターレンシスはホモ・サピエンスと交流があり、現在の人間の遺伝子にはホモ・ネアンデルターレンシスの遺伝子が数％ふくまれていることがわかっているんだ。

11月10日

誕生日 マルティン・ルター(神学者)▶1483年
糸井重里(コピーライター)▶1948年

ウーパールーパーのふしぎな成長

ウーパールーパーはサンショウウオのなかま

ウーパールーパーは両生類のトラフサンショウウオのなかまで、正式な種名は「メキシコサラマンダー」といいます。本来はメキシコの一部の湖の固有種ですが、ペット用に品種改良されたものが日本に入ってきていて、とても人気があります。

変態せずにおとなになる幼形成熟

サンショウウオの子どもは水中で呼吸するためのえらをもっていますが、おとなになるときに変態(→298ページ)して、えらはなくなります。しかし、メキシコサラマンダーは成長しても変態せず、頭のえらを残したままでおとなになり、そのまま水中生活を続けます。このような生態を「幼形成熟(ネオテニー)」といいます。

からだは大きくなるが、生まれたときからあるえら(外えら)を残したままで成長していく。

①生まれてすぐの幼生。オタマジャクシに似ているが、外えらがついている。

②成長すると、前から後ろの順であしが生えてくる。

③からだが大きくなり、おとな(卵を産める状態)になっても、外えらは残ったまま。

メキシコサラマンダー
有尾目トラフサンショウウオ科
全長 21～25cm
分布 メキシコ(ソチミルコ湖周辺)
すむ場所 湖

マメ知識 ウーパールーパーという名前は、メキシコサラマンダーが日本に入ってきたときに商品名(商標)として独自につけられたものなんだ。だから、外国ではこの名前は通じないよ。

11月11日

誕生日 フョードル・ドストエフスキー（作家）▶1821年
養老孟司（解剖学者）▶1937年

チンアナゴが同じ方向を向くのはなぜ？

プランクトンを食べるために、水が流れてくる方向を向いているよ！

チンアナゴは、細長いからだをもつウナギやアナゴのなかまの魚です。潮の流れがよいサンゴ礁のすな地に巣あなをつくり、大きな群れでくらしています。チンアナゴは海中を流れてくるプランクトンを食べるために、からだを巣あなからのばして待ちかまえる習性があります。そのため、同じ場所にいるチンアナゴは水が流れてくる方向、つまり同じ方向に顔を向けることになります。

東京都のすみだ水族館は11月11日を「チンアナゴの日」としているよ

チンアナゴ
ウナギ目アナゴ科
全長　40cm
分布　南日本～南西諸島、太平洋、インド洋など

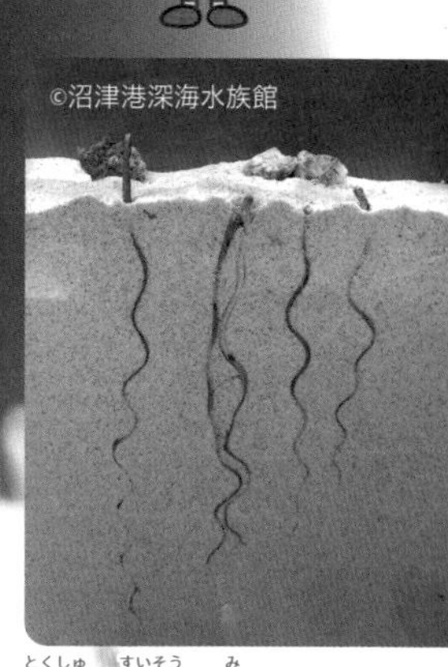
©沼津港深海水族館

特殊な水槽で見られるようにしたチンアナゴのすなの中のようす。

マメ知識 チンアナゴは、「チン（狆）」という犬種に顔が似ていることから、その名がつけられたといわれているよ。めずらしいの「珍」ではないよ。

11月12日

誕生日 オーギュスト・ロダン(彫刻家)▶1840年
ミヒャエル・エンデ(作家)▶1929年

コアラはうんちを食べるって本当?

「パップ」という特別なふんを母親から子どもにあたえるよ!

コアラはカンガルーなどと同じ有袋類で、おもにユーカリの木の上でくらしています。主食となるユーカリの葉はかたいうえに毒性があるのですが、コアラはおなかの中の微生物の力を借りることで、葉を消化して毒を分解しています。しかし、この微生物は生まれつきのものではありません。コアラの子どもは、母親からユーカリの葉を半分消化した「パップ」という特別なふんを食べさせてもらい、ふんの中の微生物をからだにとりこむことで、ユーカリの葉を食べられるようになります。

マメ知識 コアラの赤ちゃんは、生まれてすぐに自力で母親のおなかのふくろに入りこむんだ。そこで半年ほど成長するとふくろから出て、母親のせなかにつかまってすごすようになるよ。

11月13日

誕生日 棚橋弘至（プロレスラー）▶1976年
清塚信也（ピアニスト）▶1982年

食べてはいけない！ 危険植物

野山に行くと、見た目に特徴はないのにじつはすごい毒をもつ危険植物が生えていることがあります。食べてはいけないものが多いのですが、食べられる野草にそっくりな危険植物もあります。また、さわったり、植物のしるが目や口に入ったりするだけで大変なことになる、とくに危険な植物もあります。よく知らない植物を見つけても、むやみにさわったりとったりしないように気をつけましょう。

チョウセンアサガオ

葉や根、花、種など全体に猛毒があり、食べるとしびれやけいれんなどの症状が出る。葉や茎のしるが目に入ると失明のおそれがある。

ヤマトリカブト

毒性の強いトリカブト類の一種で、食べるとしびれや腹痛、けいれんなどの症状が出る。呼吸不全で死にいたるおそれもある。

食用となるニリンソウ（写真左）に葉の形が似ていて、まちがえやすい。

ドクゼリ

植物全体に毒があり、食べるとはき気やげり、けいれんなどの症状が出る。

食用のセリ（写真上）に花の形が似ていて、まちがえやすい。

マメ知識 セリとドクゼリは同じセリ科の植物で、環境によっては同じ場所に生えていることもあるよ。食用になる野草と危険植物の見分けは、しっかりとした知識が必要なんだよ。

11月14日

誕生日 クロード・モネ（画家）▶1840年
レオ・ベークランド（化学者）▶1863年

ダイオウグソクムシはなにも食べない!?

じつはダンゴムシのなかま

ダイオウグソクムシは、陸にすむダンゴムシと同じ「等脚類」というグループの生き物です。深海の海底で、ほかの生き物の死がいを食べてくらしています。強力なあごをもち、なかまどうしでけんかをするときには、相手の殻を食いちぎることもあります。

5年以上絶食しても平気!?

食べ物の少ない深海でくらすダイオウグソクムシは、なにも食べない絶食の状態に強いと考えられています。じっさいに水族館で飼育されていたダイオウグソクムシが、あたえられたえさを食べずに、1869日（5年と43日）も絶食していた記録が残っています。

マメ知識 ダイオウグソクムシはダンゴムシのなかまだけど、ダンゴムシみたいにからだを完全に丸めることはできないんだ。

11月15日

誕生日 ジョージア・オキーフ(画家)▶1887年
渋野日向子(ゴルフ選手)▶1998年

星座の神話・さそり座

10月24日〜11月22日生まれの人は「さそり座」

ヨーロッパなどで大昔から伝わっている星うらないでは、10月24日〜11月22日に生まれた人の誕生星座は「さそり座」であるとされます。誕生星座がさそり座の人の性格は「忍耐強く、神秘的で情熱的」などといわれています。

オリオンを刺したサソリ

さそり座のサソリは、ギリシャ神話でオリオンを刺した猛毒の大サソリだとされています。うぬぼれ屋で、自分の力をじまんしていたオリオンにおこった大地の女神・ガイアが、オリオンをころすために大サソリを送りこんだのです。命令どおりオリオンを刺したサソリは、その手がらによって星座になりました。

マメ知識 夏の星座であるさそり座が地平線から上ると、冬の星座であるオリオン座はしずんでしまう。「オリオンがサソリをこわがっているから」といわれているよ。

11月16日

誕生日 まど・みちお(詩人)▶1909年
宮本茂(ゲームプロデューサー)▶1952年

ドクターフィッシュってどんな魚?

高水温に強いコイのなかまで、人間の角質を食べる習性があるよ!

ドクターフィッシュは、西アジアの河川やトルコの温泉地などで見られる小型のコイのなかまです。高水温に強いので、温泉の水でもくらすことができます。おなかをすかせていると人間の角質(皮ふの一番外側の部分)を食べる習性があるので、トルコなどでは古くから皮ふの病気をかかえる人への治療に用いられてきました。そこから、「ドクターフィッシュ」とよばれるようになったといわれています。

ドクターフィッシュ
コイ目コイ科
全長 14cm(最大)
分布 ヨーロッパ~西アジア

指に群がるドクターフィッシュ。歯はなく、きゅうばんのような口で角質を食べる。

マメ知識 ドクターフィッシュは人間の角質が主食ではないよ。温泉のような高温の水にはコケや微生物などの食べ物が少なく、おなかをすかせているので人間の角質を食べるんだよ。

11月17日

誕生日 イサム・ノグチ（彫刻家）▶1904年
本田宗一郎（企業家）▶1906年

ゴリラが胸をたたくのはなんのため？

胸をたたく「ドラミング」は
自分の存在を知らせる行動だよ！

おとなのオスのゴリラは、胸の下のあたりを開いた手でたたき、たいこのような音を出すことがあります。これは、音を合図にして自分たちの群れがどこにいるかをほかの群れに知らせる「ドラミング」という行動です。ゴリラは繁殖期以外はとてもおだやかな性格なので、ドラミングの音で相手に近づいてこないように伝えて、むだな争いをさけるようにしています。

マメ知識 生後10年ほどすぎたオスのゴリラは、せなかの毛が銀白色になるよ。「シルバーバック（銀色のせなか）」とよばれていて、メスに対して成熟したオスのアピールになるんだよ。

世界一の巨大ヘビたち

11月18日

誕生日 古賀政男(作曲家)▶1904年
三宅宏実(重量挙げ選手)▶1985年

世界一重いヘビ オオアナコンダ

オオアナコンダは、中央アメリカや南アメリカに分布するボアという大型のヘビのなかまです。世界で一番重いヘビで、なかには200kgをこえるものもいるといわれています。からだが重いので陸上では動きがおそく、おもに水中で活動しています。

オオアナコンダ
有鱗目ボア科
全長　6~9m
分布　南アメリカ北部~中央部
すむ場所　水辺、森林

11月19日

誕生日 ピーター・ドラッカー(経営学者)▶1909年
カルバン・クライン(ファッションデザイナー)▶1942年

世界一長いヘビ アミメニシキヘビ

アミメニシキヘビは、アフリカや東南アジアなどに分布するニシキヘビのなかまです。世界で一番長いヘビで、その長さは最大で10mに達します。オオアナコンダと同じように、泳ぎが得意です。

マメ知識 ボアのなかまもニシキヘビのなかまも、毒をもたないヘビたちなんだ。武器は筋肉質の太く長いからだで、えものにまきついてしめころしてから丸のみにしてしまうよ。

11月20日

誕生日 エドウィン・ハッブル(天文学者)▶1889年
ピエール・エルメ(パティシエ)▶1961年

巨大ヘビは待ちぶせが得意

オオアナコンダもアミメニシキヘビもからだが大きすぎるので、基本的にはあまり動きまわらず、待ちぶせする狩りをします。自然の中に身をひそめ、近づいてきたえものをしめころし、丸のみにします。

アミメニシキヘビに
人間がおそわれた
事件も起こっているよ。
こわいね

アミメニシキヘビ
有鱗目ニシキヘビ科
全長　6〜10m
分布　東南アジア
すむ場所　森林

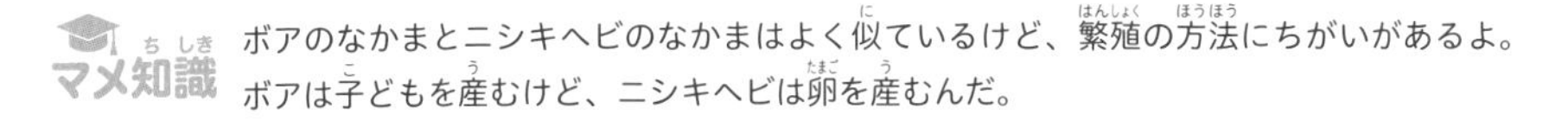

マメ知識 ボアのなかまとニシキヘビのなかまはよく似ているけど、繁殖の方法にちがいがあるよ。ボアは子どもを産むけど、ニシキヘビは卵を産むんだ。

11月21日

誕生日 ルネ・マグリット(画家)▶1898年
古賀稔彦(柔道家)▶1967年

宇宙の旅人 彗星

ガスやちりの尾を引くほうき星

彗星は「ほうき星」ともよばれ、夜空に長い尾を引く美しいすがたが知られています。彗星の核の部分はとても小さく、氷や岩石でできています。彗星が太陽に近づくと、核が熱せられてガスやちりを放出します。これが、太陽からやってくる太陽風(電気を帯びたつぶ)によって太陽と反対方向にのびるので、長い尾のように見えます。

はるか遠くから旅をしてくる

彗星は、地球などの惑星と同じように太陽のまわりをまわっている太陽系の一員ですが、彗星の軌道(通り道)は非常に細長いだ円形をしていて、1周するのに数百～数百万年かかるものもあります。1周に200年以上かかる長周期彗星は、太陽から1兆5000億km以上も離れた「オールトの雲」という所からやってくると考えられています。

1996年に地球に接近した、百武彗星。

マメ知識 太陽に近づいたときの彗星の尾の長さは、最長で1億km以上にもなるんだって。

11月22日

誕生日 福田英子（社会運動家）▶1865年
出井伸之（企業家）▶1937年

ワクチンのしくみ

事前に免疫を得るワクチン

ワクチンは、感染症の予防に使われます。ウイルスなどによって重い症状をもたらす感染症は、一度ウイルスに感染することで体の中で免疫がつくられ、同じウイルスがつぎに侵入してきたときの反応が早くなります。ワクチンでは、事前に毒性を弱めたウイルスを注射などで体の中に入れることにより、体への影響は少ない状態で免疫をつくらせ、実際にウイルスに感染したときの体の反応を早くし、症状を軽くすることができるのです。

体の中でウイルスのかけらをつくる新しいワクチン

2019年から流行した新型コロナウイルスに対しては、これまでのワクチンとは異なるmRNAワクチンが使われるようになりました。これまでのワクチンでは体の中に直接ウイルスを入れていましたが、mRNAワクチンでは、ウイルスそのものではなく、体の中でウイルスのかけらをつくるための設計図にあたるmRNAを注射することで免疫をつくらせるしくみです。

マメ知識 かつておそれられた感染症、天然痘はワクチンができたおかげで地球からなくすことができたよ。

11月23日

誕生日 ピーター・チャルマーズ・ミッチェル（動物学者）▶1864年
白井義男（ボクシング選手）▶1923年

ハリセンボンのとげは何本？

ハリセンボンのからだのとげの数は350本くらいだよ！

ハリセンボンは、あたたかい海のサンゴ礁やすな地にすむフグのなかまです。からだ全体にとげがたくさん生えているので「針千本」と名づけられました。このとげはうろこが変化したもので、名前のように1000本あるわけではなく、実際の数は350本ほどです。とげは動かすことができ、ふだんはたおしています。危険を感じると、水を吸いこんでからだをふくらませ、とげを立てることで身を守ります。

マメ知識 ハリセンボンの骨格には内臓を守るろっ骨がないんだけど、たくさんあるとげの土台の部分が皮ふの下をびっしりとおおっていて、よろいのようにからだを守っているんだよ。

11月24日

誕生日 カルロ・コッローディ（作家）▶1826年
アンリ・ド・トゥールーズ＝ロートレック（画家）▶1864年

オオアナコンダとジャガー もし戦ったら、勝つのはどっち？

中央・南アメリカにすむ危険生物どうしの戦いを空想してみましょう。南アメリカ大陸で最大のネコ科動物、ジャガー。南アメリカにすむ世界最重量級のヘビ、オオアナコンダ。この２種は実際にジャングルで戦うこともあり、どちらが勝ってもおかしくありません。まずはオオアナコンダがジャガーの首もとにすばやくかみつき、太く長いからだをまきつけようとします。しかしジャガーは、力強い前あしでオオアナコンダの頭部を引きはがし、そのまま首をかみちぎるでしょう。

マメ知識 ジャガーは、ヒョウやチーターよりもがっちりとしたからだつきで、短いけど筋肉質な前あしが武器なんだ。力強いパンチをくり出し、するどいつめでえもののからだをえぐるよ。

11月25日

誕生日　カール・ベンツ（発明家）▶1844年
太田雄貴（フェンシング選手）▶1985年

ウシのなかまの角は一生のび続ける

角をもつ動物はいろいろいますが、種類によって角のつくりがちがいます。ウシのなかまの角の中には頭の骨とつながる骨があり、枝分かれせずに一生のび続けます。

オスだけではなく、メスにも角があるものがいる。

アフリカスイギュウ

角のつくりに
ちがいがあるなんて。
知らなかったな

11月26日

誕生日　フェルディナン・ド・ソシュール（言語学者）▶1857年
チャールズ・M・シュルツ（漫画家）▶1922年

シカのなかまの角は生えかわる

シカのなかまの角は、頭の骨とはつながっていません。骨の上に角の骨がついている状態で、毎年落ちて生えかわります。

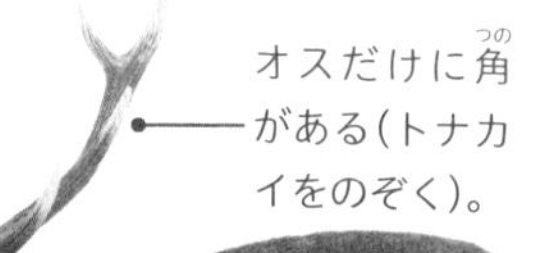

オスだけに角がある（トナカイをのぞく）。

ニホンジカ

マメ知識　シカの角は、からだの成長に合わせて大きくなっていくよ。角の枝分かれの数も、ねんれいごとにちがっているんだよ。

11月27日

誕生日 松下幸之助（企業家）▶1894年
ブルース・リー（俳優）▶1940年

キリンの角は小さな骨の集まり

角はオスにもメスにもあり、こぶのようなものもふくめて5本ある。

キリンのなかまは、生まれたときは角のふくろだけがあります。やがて頭の骨とは別の小さな骨が集まってきて、角が立ち上がります。

オスにもメスにも角があるが、数は種によってちがう（1～2本）。

11月28日

誕生日 ウィリアム・ブレイク（詩人）▶1757年
向田邦子（作家）▶1929年

サイのなかまの角は毛がかたまったもの

クロサイ

サイのなかまの角は、骨でできたものではなく、毛がかたまったものです。一生のび続けるので、木や石にこすりつけてするどくします。

マメ知識 サイの角は、アジアの一部の国ぐにで薬の材料として高額で取り引きされてきたんだ。そのため、古くからみつりょう者にねらわれてきて、サイの数が大きく減ってしまったんだ。

11月29日

誕生日 ジョン・フレミング（物理学者）▶1849年
平野歩夢（スノーボード選手）▶1998年

シャベルのような きばをもったゾウがいた

アフリカで生まれてさまざまに進化したゾウの祖先

アフリカでくらしていたゾウの祖先は、中新世（約2303万～533万3000年前）になると世界中に広がり、それぞれの場所で多様に進化しました。そのなかには現在のゾウにつながるものもいますが、ほとんどの種は絶滅してしまっています。

シャベルみたいなきばや下向きのきばをもつものも

多様化したゾウのなかまは、きばの形が種によって大きくことなりました。アフリカやヨーロッパ、アジアにいたデイノテリウムは２本のきばが下あごから下向きに生えていました。北アメリカにいたアメベロドンは、下あごのきばがあごとつながった平べったく四角いシャベルのような形になっていました。これで木の皮をはいだり、植物を掘りおこしたりしていたと考えられています。

デイノテリウム
ゾウ目デイノテリウム科
体の高さ　3.5～4m
発見地　アフリカ、ヨーロッパ、アジア

アメベロドン
ゾウ目アメベロドン科
体の高さ　2m
発見地　北アメリカ

マメ知識 いまのゾウはきばが２本だけど、絶滅したゾウのなかまのなかには、きばを４本もっていた種もいるんだよ。

11月30日

誕生日 マーク・トウェイン（作家）▶1835年
L・M・モンゴメリ（作家）▶1874年

首長竜も海にすむは虫類

魚竜とはちがう海のは虫類

首長竜は、おもにジュラ紀から白亜紀の海にくらしていたは虫類です。恐竜に似ていますが、恐竜ではなく、魚竜（→273ページ）とも別のグループです。４本のあしがそれぞれひれか翼のように進化しているのが特徴で、海の中を飛ぶように泳いでいました。長い首をもつプレシオサウルスなどが有名ですが、クロノサウルスのようにあまり首が長くないものもいます。

世界中の海にいたハンター

首長竜のなかまは、魚竜にまじるようにしてあらわれ、世界中の海で栄えていました。首の長い種は顔が小さく、首の短い種は顔が大きいのが特徴で、どちらも口にはびっしりとするどい歯がならんでいました。魚やイカなどのほか、ほかの首長竜や、翼竜を食べるものまでいたようです。白亜紀の末期、恐竜と同時期に絶滅したと考えられています。

プレシオサウルス
は虫類 鰭竜類 首長竜類
全長 5m
発見地 イギリス
学名の意味 トカゲに似たもの

クロノサウルス
は虫類 鰭竜類 首長竜類
全長 9〜10m
発見地 オーストラリア、コロンビア
学名の意味 クロノス（ギリシャ神話の神）トカゲ

マメ知識 日本でも、首長竜の化石が見つかっているよ。福島県の双葉層群とよばれる場所で見つかったから、フタバサウルスと名づけられたんだ。

11月のおさらいクイズ

11月1日～30日(296～319ページ)で学んだことをクイズでかくにんしてみよう。問題は10問(1問10点)で、答えは322ページにのってるよ！

Q.1 チョウの口はどんな形？

ヒント チョウのなかまのおもな食べ物は花のみつだよ。もちろん口の形も花のみつを吸うのに便利な形をしているよ。

1. はりのような形
2. ブラシのような形
3. ストローのような形

Q.2 ダイオウグソクムシと同じなかまはどれ？

1. エビ
2. ダンゴムシ
3. ザリガニ

Q.3 人類が生まれたのは世界のどの地域？

1. アジア
2. アフリカ
3. オセアニア

Q.4 毒があって食べてはいけない植物はどれ？

1. チョウセンアサガオ
2. アメリカヒルガオ
3. インドヨルガオ

Q.5 ドクターフィッシュはなにを食べる？

1. 人間のつめ
2. 人間の角質
3. 人間の毛

Q.6 彗星の別名は？

ヒント 彗星は、太陽に近づくと核が熱せられてガスやちりを放出し、長い尾を引いて見えるよ。

1 ほうき星
2 じょうぎ星
3 コンパス星

Q.7 サイの角はなにでできている？

1 骨
2 皮ふ
3 毛

Q.8 首長竜のあしはどうなっている？

1 指のあいだに水かきがある
2 翼かひれのような形をしている
3 退化してほとんどなくなっている

Q.9 ウーパールーパーはおとなになってもなにが残っている？

ヒント 子どものころは水中で育っておとなになると陸に上がる両生類が多いけど、ウーパールーパーはおとなになっても水中生活を続けるよ。

1 生まれたときの卵のから
2 呼吸のための外えら
3 からだをおおううろこ

Q.10 mRNAワクチンのmRNAとは、いったいどんなもの？

1 ウイルスに似せたロボット
2 ウイルスの死がい
3 ウイルスのかけらをつくる設計図

手ごたえはどうじゃ？
つぎのページで
成績をチェックしてみよう

11月のおさらいクイズ　答え合わせ

Q.1　チョウの口はどんな形？
答えは 3 ストローのような形（11月2日　297ページ）

Q.2　ダイオウグソクムシと同じなかまはどれ？
答えは 2 ダンゴムシ（11月14日　306ページ）

Q.3　人類が生まれたのは世界のどの地域？
答えは 2 アフリカ（11月9日　301ページ）

Q.4　毒があって食べてはいけない植物はどれ？
答えは 1 チョウセンアサガオ（11月13日　305ページ）

Q.5　ドクターフィッシュはなにを食べる？
答えは 2 人間の角質（11月16日　308ページ）

Q.6　彗星の別名は？
答えは 1 ほうき星（11月21日　312ページ）

Q.7　サイの角はなにでできている？
答えは 3 毛（11月28日　317ページ）

Q.8　首長竜のあしはどうなっている？
答えは 2 翼かひれのような形をしている（11月30日　319ページ）

Q.9　ウーパールーパーはおとなになってもなにが残っている？
答えは 2 呼吸のための外えら（11月10日　302ページ）

Q.10　mRNAワクチンのmRNAとは、いったいどんなもの？
答えは 3 ウイルスのかけらをつくる設計図（11月22日　313ページ）

正解した問題の数に
10点をかけて、
点数を計算しよう

11月のクイズの成績

＿＿＿＿点

クジラのジャンプ
すごい水しぶきじゃ
12月
マンモスのきばって
こんなに長いの!?

12月1日

誕生日 武田信玄（戦国大名）▶1521年
藤子・F・不二雄（漫画家）▶1933年

クマはなぜ冬眠するの？

**冬は食べ物が少ないから、冬眠して
エネルギーを使わずにすごすんだよ！**

寒い地域にすむヒグマやツキノワグマは、冬になる前に木の実や果実、魚などをたくさん食べて、からだに脂肪をためこみます。冬のあいだはほらあなや木の洞などにこもり、からだの活動をおさえてエネルギーを使わないようにすごし、あたたかくなるのをじっと待ちます。これが「冬眠」です。冬眠中は体温が下がり、からだの働きもにぶくなりますが、休んでいる状態なので刺激を受けると動きだします。

冬眠中はまさに省エネで、
なにも飲んだり食べたりせず、
ふんやおしっこもしないんじゃ

おなかに赤ちゃんがいるメスのクマは、冬眠期間のあいだに起きて出産と子育てをする。

マメ知識 からだの小さなシマリスなども冬眠するけど、クマとちがって巣あなに木の実などをためこむんだ。あたたかくなるまでに何度か起きて木の実を食べ、エネルギーを補給するよ。

12月2日

誕生日　ジョルジュ・スーラ（画家）▶1859年
マリア・カラス（オペラ歌手）▶1923年

深海のユニークなタコたち

手のひらサイズのアイドルダコ

メンダコは「深海のアイドル」とよばれることもあるかわいらしい見た目のタコで、両手にのるくらいの大きさです。うでとうでがスカート状の膜でつながっていて、平たい円盤のような体形をしています。耳のように見えるひれをパタパタ動かして、バランスをとりながら泳ぎます。

アニメキャラにそっくり!?

バルーンダンボオクトパスも耳のようなひれをもち、アニメ映画の「ダンボ」というゾウのキャラクターに見立てて、この名がつけられました。うでのあいだのスカート状の膜を広げて泳ぎます。また、きゅうばんが発光器になっていて、光でプランクトンをおびきよせて食べます。

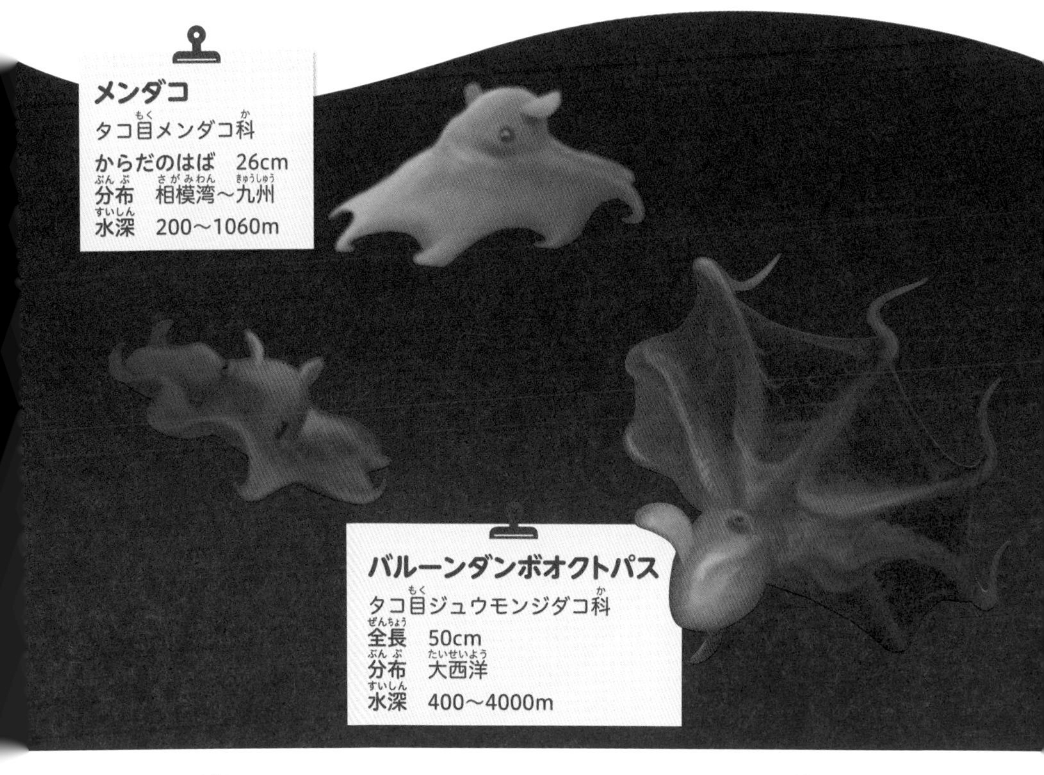

深海にすむタコたちは、すみをためるふくろをもっていないんだ。まっ暗な深海ですみをはいても意味がないから、なくなったんだと考えられているよ。

12月3日

誕生日 種田山頭火（俳人）▶1882年
山脇百合子（絵本作家）▶1941年

明るい星が多い冬の夜空

冬は、明るい星がたくさん見られる季節です。とくにオリオン座は明るい星が多く、夜空で一番目立つ星座です。まずは南の空にかがやくオリオン座を見つけましょう。長方形の中に３つの星がならんでいるのがすぐにわかるはずです。

冬に星空観察をするときには、寒さ対策を万全にしてね

北
東
西
南
ぎょしゃ座
ふたご座
おうし座
冬のダイヤモンド
こいぬ座
天頂
冬の大三角
オリオン座
おおいぬ座

この星空が見える時刻

12月15日……午前0時ごろ
1月15日……午後10時ごろ
2月15日……午後8時ごろ

マメ知識 オリオン座は、日本では「つづみ星」とよばれていたよ。たいこの一種である和楽器、つづみに形が似ているからなんだ。

12月4日

誕生日 ライナー・マリア・リルケ（詩人）▶1875年
乾友紀子（アーティスティックスイミング選手）▶1990年

冬の大三角を見つけよう

オリオン座を見つけたら、その南東に夜空で一番明るい星、おおいぬ座のシリウスがあります。さらにその北東にも１等星があります。こいぬ座のプロキオンです。オリオン座の左上の赤い星ベテルギウスとシリウス、プロキオンを結んだ三角形が、「冬の大三角」です。

12月5日

誕生日 ウォルト・ディズニー（アニメーション作家）▶1901年
奈良美智（現代美術家）▶1959年

冬のダイヤモンドを見つけよう

冬の大三角を見つけたら、さらに夜空を広く見てみましょう。プロキオンとシリウス、そしてオリオン座のもう１つの１等星リゲルを結び、その北にある天頂近くの明るい星３つを結ぶと大きな六角形ができあがります。これが「冬のダイヤモンド」です。

マメ知識 冬の大三角と冬のダイヤモンドの星のうち、ベテルギウスとアルデバランは赤っぽく、シリウスとリゲルは青白いよ。星の色を観察してみよう。

誕生日 キタ・タロー（作曲家）▶1930年
久石譲（作曲家）▶1950年

月を目指すアルテミス計画

人類が月に着陸したアポロ計画から50年以上がたっています。NASA（アメリカ航空宇宙局）は、ふたたび人類を月面に着陸させる「アルテミス計画」を発表しました。月へ行くだけではなく、月に基地をつくり、そこを足がかりに火星への有人探査も目指しています。

①月への無人テスト飛行

2022年 実行ずみ

2022年11月、「オリオン宇宙船」（無人）を月の周回軌道にのせることに成功。宇宙船は無事に地球へ帰還した。

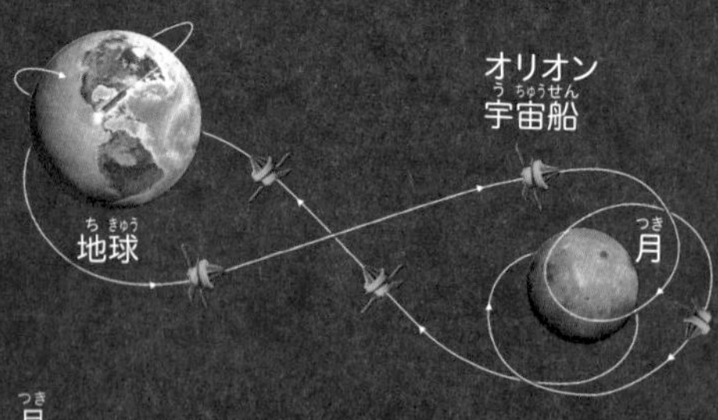

②有人宇宙船で月のまわりをまわる

2024年 予定

宇宙飛行士をのせたオリオン宇宙船が打ち上げられ、月の周回軌道にのる予定。このころから、月のまわりをまわる宇宙ステーション「ゲートウェイ」の建造を開始する。

③ふたたび人類が月面におり立つ

2025年 以降予定

2028年までには宇宙飛行士が月面におり立つことを目標としている。その後月面基地を建設し、ゲートウェイや月面基地を中継点として、火星への有人探査を目指す。

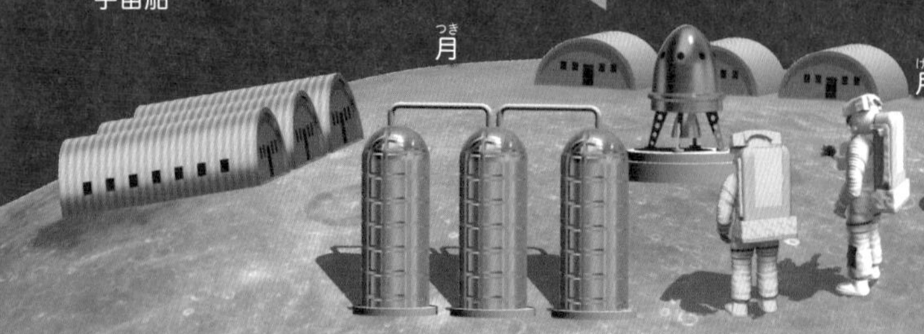

マメ知識 ゲートウェイの開発にはアメリカのほか、ヨーロッパの国ぐにやカナダ、日本も協力しているよ。

12月7日

誕生日 与謝野晶子（歌人）▶1878年
羽生結弦（フィギュアスケート選手）▶1994年

鳴き声で会話していた パラサウロロフス

1m近いとさかをもつ恐竜

パラサウロロフスは、後頭部の長いとさかが特徴の植物食の恐竜です。全長は8mほどで、白亜紀後期（約1億～6600万年前）の北アメリカにくらしていました。パラサウロロフスをはじめとしたハドロサウルスのなかまは「カモノハシ竜」ともよばれ、カモのくちばしのような平らな口の先が特徴です。口の中には小さな歯がびっしりとならび、かみちぎった植物をすりつぶすのに適していました。

とさかで音を出して会話していた!?

パラサウロロフスはハドロサウルスのなかまのなかでも、とくに長く大きなとさかをもっていました。とさかの骨の中は空洞になっていて、鼻とつながっています。鼻のあなから空気を吸ったり出したりすることで、空気がとさかの内側にひびいて音が出るしくみで、この音でなかまとコミュニケーションをとっていたのではないかと考えられています。

マメ知識 白亜紀後期の北アメリカには、ハドロサウルスのなかまがたくさんいて、繁栄していたよ。とさかのあるものとないものがいて、とさかの形もさまざまだよ。

12月8日

誕生日 中江兆民（思想家）▶1847年
エルネスト・ボー（調香師）▶1881年

史上最大級のほ乳類はサイのなかま

パラケラテリウム
奇蹄目パラケラテリウム科
からだの高さ　4.5m
発見地　ユーラシア
学名の意味　アケラテリウムに近い

こんなに大きなほ乳類がいたなんて

あしも首も長い巨大なサイのなかま

パラケラテリウムは、かつてユーラシア大陸にくらしていたほ乳類です。サイのなかまですが、角はありません。現代のサイにくらべるとあしは細くて長く、長い首をもっていました。首をのばして木の高い所の葉などを食べていたと考えられ、走るのも速かったと思われます。

陸上のほ乳類で大きさくらべ

パラケラテリウムは、歴史上存在した陸にすむほ乳類のなかで最大級の生物だと考えられています。現代のキリンやゾウと大きさをくらべてみると、その大きさがよくわかります。

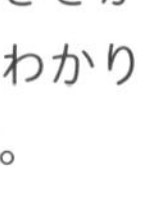

マメ知識 パラケラテリウムは、やわらかいくちびるで枝を包み、前歯で葉や小枝をむしりとって食べることができたと考えられているよ！

12月9日

誕生日 ジョン・ミルトン（詩人）▶1608年
春風亭昇太（落語家）▶1959年

葉っぱにそっくりなコノハムシ

オオコノハムシ
ナナフシ目コノハムシ科
体長　70〜100mm
分布　東南アジア

葉っぱにうりふたつの昆虫

木の枝や葉っぱによく似たすがたの昆虫は多くいますが、熱帯アジアにすむコノハムシのなかまはそのなかでもとくに葉っぱにそっくりな昆虫です。からだの色や形が葉っぱに似ているだけではなく、少しかれたようなもようや、虫食いのようなあな、葉脈などまで見事に再現されていて、はなれて見るとなかなか昆虫だとはわかりません。

自然環境にまぎれる「擬態」

コノハムシのように、生き物がなにかにすがたを似せることを「擬態」といいます。そのなかでも、植物や土など、自然環境に似せることで天敵などに見つからないようにかくれる擬態を「隠ぺい型擬態」といいます。擬態にはほかに、強い生き物や毒をもつ生き物に似せるものなどもあります。昆虫たちの生きる知恵ですね。

マメ知識 木の葉にいろいろな色やもようがあるように、オオコノハムシにも黄色っぽいものや茶色いものなど、いろいろな色やもようのものがいるよ。

擬態名人のは虫類・両生類たち

12月10日

誕生日 嘉納治五郎（柔道家）▶1860年
坂本九（歌手）▶1941年

木の枝やかれ葉のようなヤモリ

は虫類や両生類には、自分をほかのものに似せる「擬態」が得意な種がたくさんいます。エダハヘラオヤモリは、その名のとおりに木の枝やかれ葉のような見た目をしています。じっと動かず枝や葉のふりをして、敵の目をあざむきます。

エダハヘラオヤモリ

12月11日

誕生日 秋本治（漫画家）▶1952年
石川祐希（バレーボール選手）▶1995年

落ち葉のような頭をもつカメ

ヘビクビガメのなかまのマタマタは、葉のような見た目の頭と岩や木の皮に似た甲らをもちます。水の底にしずむ落ち葉や岩のように見せかけて、魚などを待ちぶせします。

マタマタ

マメ知識 マタマタは、とても長くのびる首をもったヘビクビガメのなかまだよ。ほかのカメのように頭を甲らにしまえないから、首を横に曲げて甲らにそわせてかくすんだよ。

12月12日

誕生日 エドヴァルド・ムンク（画家）▶1863年
小津安二郎（映画監督）▶1903年

クモのような尾でだますヘビ

スパイダーテイルドクサリヘビは尾の先のうろこが細長く枝分かれしていて、まるでクモのような形をしています。砂漠の岩のような色のからだは動かさず、尾の先だけをこきざみに動かし、クモだと思って食べに来た鳥をおそいます。

スパイダーテイルドクサリヘビ

尾の先の部分は、たくさんのあしをもつクモのように見える。

12月13日

誕生日 浅田次郎（作家）▶1951年
テイラー・スウィフト（ミュージシャン）▶1989年

コケにしか見えないカエル

コケガエル

コケガエルは緑色と茶色のまだらもよう、皮ふは小さな突起ででこぼこしていて、森の木などに生えるコケによく似たすがたをしています。コケにのって動かずにいると、そこにカエルがいるとはわかりません。

マメ知識 コケガエルにはもう１つ得意技がある。びっくりすると丸まってボールのようになり、まったく動かなくなるんだ。これは死んだふりをしていると考えられているよ。

12月14日

誕生日 植芝盛平(合気道創始者)▶1883年
ジェーン・バーキン(俳優)▶1946年

脳がだまされる！ふしぎな錯視

人間は、目からとり入れた情報を脳が判断することで、見たものを認識します。このとき、脳がまちがった処理をしてしまうと、見たものを正しく判断できなくなります。特別な形や構図などによって、脳がだまされて実際とはことなって見えることを「錯視」といいます。ここでは、知っていても見まちがえてしまう錯視の例を紹介します。

動きの錯視

絵を動かしてみると、円の中とそのまわりが、ばらばらに分かれて動いているように見える。

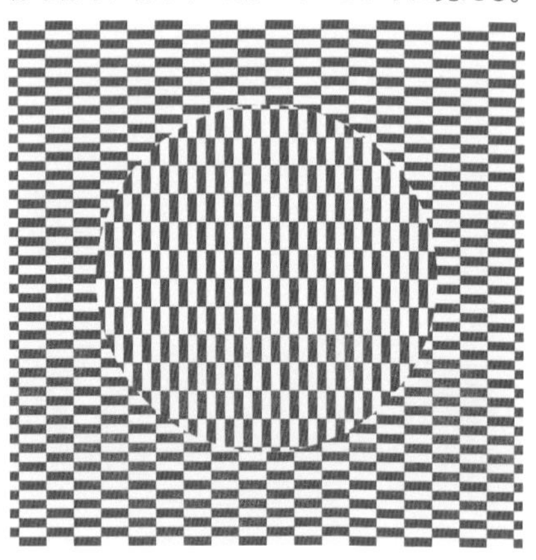

色の錯視

2つのカエルとウマはどれも同じ赤色だが、まわりの色にえいきょうされて左右でちがう色に見える。

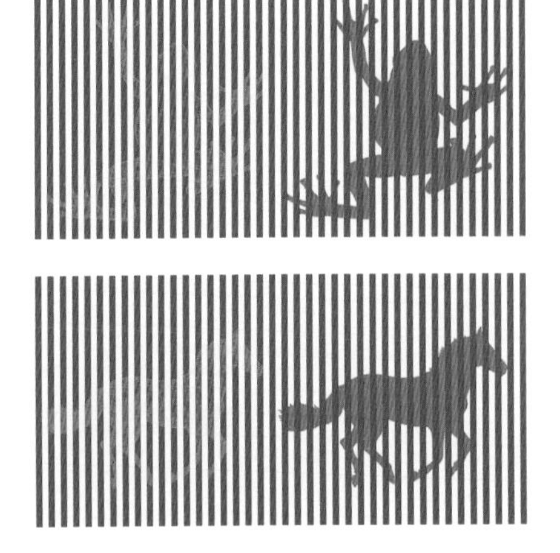

形の錯視

上の図では、よこの線の長さはどちらも同じだが、下のほうが長く見える。下の図では、中央の青い円はどちらも同じ大きさだが、右のほうが大きく見える。

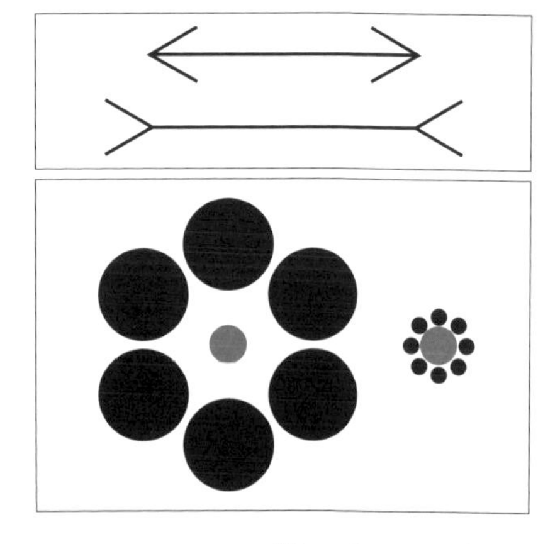

マメ知識 月が地平線の近くにあるとき、空の高いところにあるときよりも大きく見えるのも錯視の一種だよ。

12月15日

誕生日 ギュスターヴ・エッフェル(建築家)▶1832年
谷川俊太郎(詩人)▶1931年

星座の神話・いて座

11月23日～12月21日生まれの人は「いて座」

ヨーロッパなどで大昔から伝わっている星うらないでは、11月23日～12月21日に生まれた人の誕生星座は「いて座」であるとされます。誕生星座がいて座の人の性格は「好奇心がおうせいで、行動力がある」などといわれています。

死にたくても死ねないケンタウルス

いて座は、ギリシャ神話に登場するケンタウルス族のケイロンという人のすがただとされています。ケイロンは英雄・ヘルクレスに武術を教えた先生でしたが、あるときヘルクレスがあやまって放った毒の矢に当たってしまいます。神の子であるケイロンは死ぬことができず、毒で苦しみ続けます。見かねた大神・ゼウスがケイロンの不死をなくしてやってようやく死ぬことができ、やがて星座になりました。

マメ知識 ケンタウルス族の多くはらんぼう者で、ヘルクレスは酒を飲んであばれていたケンタウルスとけんかをしているときに、あやまってケイロンに毒矢を当ててしまったんだよ。

12月16日

誕生日 ルートヴィヒ・ヴァン・ベートーヴェン（作曲家）▶1770年
アーサー・C・クラーク（作家）▶1917年

シロサイとクロサイはどこで見分ける？

シロサイのほうがからだが大きく、くちびるの形もちがっているよ！

アフリカには2種のサイがすんでいて、それぞれシロサイとクロサイと名づけられています。どちらも2本の角をもっていて、シロサイのほうがややからだが大きめです。大きなちがいはくちびるの形と食べ物にあり、シロサイは広くて平らなくちびるをもち、地面に生えている草を食べます。いっぽう、クロサイのくちびるは丸みをおびていて、とがった上くちびるで木の葉や枝を引きよせて食べます。

マメ知識 サイのなかまは5種いて、シロサイとクロサイ、スマトラサイは角が2本、ジャワサイとインドサイは角が1本なんだよ。

12月17日

誕生日 有森裕子（マラソン選手）▶1966年
宇野昌磨（フィギュアスケート選手）▶1997年

気をつけて！ 身近な吸血生物

家のまわりの草むらや野山などには、小さな危険生物がひそんでいます。カのなかまが人間の血を吸うことはよく知られていますが、地域によっては感染症のウイルスを人間にうつす種もいます。マダニのなかまも同じで、血を吸うとともに病原体を運ぶことがあります。野山を歩くときはできるだけ皮ふが出ない服装を選び、あらかじめ虫よけをつけるようにしましょう。

ヒトスジシマカ

ヤブカの一種で、夏から秋にかけて活発になる。デング熱などのウイルスを運ぶことがある。

アカイエカ

水たまりで卵からふ化して、家の中にも入ってくる。ウエストナイル熱のウイルスを運ぶことがある。

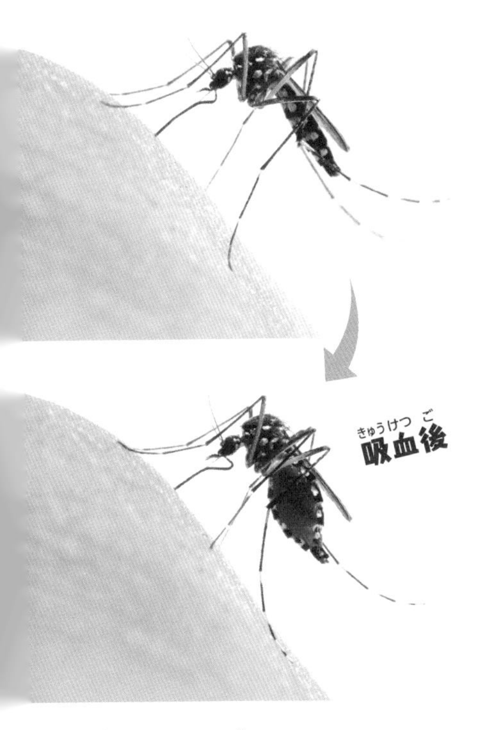

フタトゲチマダニ

森林や草むらにすむ。血を吸うとからだが倍以上の大きさになる。重症熱性血小板減少症候群のウイルスを運ぶことがある。

マメ知識 カに刺されるとかゆくなるのは、カのだ液に対するアレルギー反応のせいだよ。カは人間の皮ふに口を刺して血を吸うときに、血がかたまらないようにだ液を送りこむんだ。

12月18日

誕生日 スティーヴン・スピルバーグ（映画監督）▶1946年
池田理代子（漫画家）▶1947年

マンボウはフグのなかま

マンボウをよこから見ると、円盤のようなからだで尾や尾びれはなく、まるでからだの後ろ側がなくなったかのようなからだつきをしています。ほかの魚とはちがった個性的な体形ですが、じつはフグと同じグループのなかまです。

12月19日

誕生日 エディット・ピアフ（歌手）▶1915年
田宮俊作（企業家）▶1934年

からだの後ろのでこぼこはなに？

マンボウのからだの後ろのでこぼことした部分は「かじびれ」といい、背びれとしりびれの一部が変化してできたものです。かじびれは船が方向を変えるのに使うかじと同じ役割で、方向転換するときに使われます。

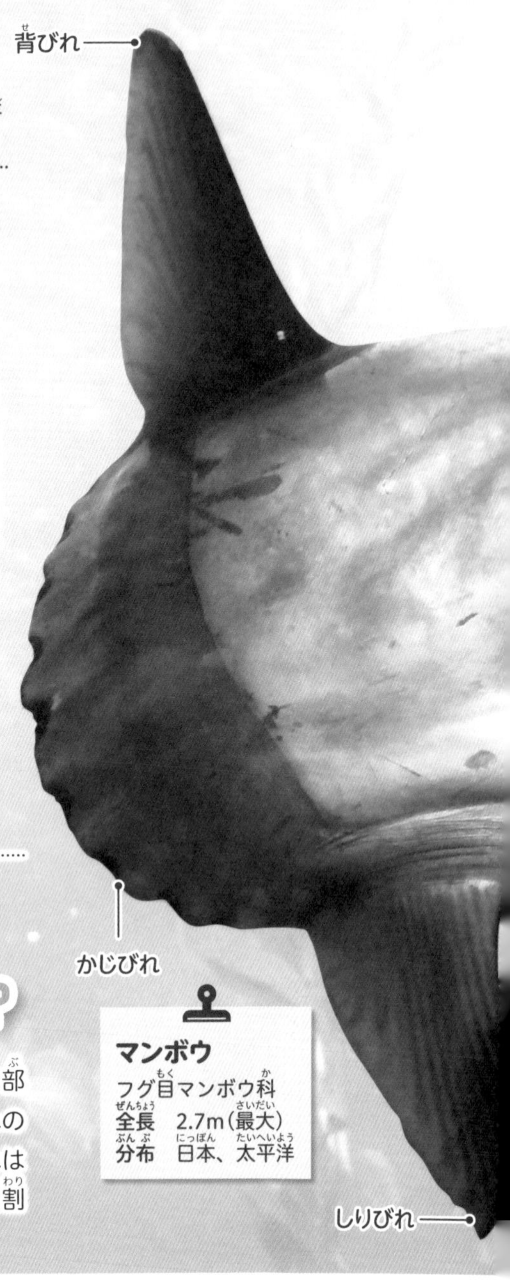

マンボウ
フグ目マンボウ科
全長　2.7m（最大）
分布　日本、太平洋

マメ知識 マンボウはフグのなかまだけど、からだの表面はとてもかたくなっているよ。フグのように水や空気を吸いこんでからだをふくらませることはできないんだ。

12月20日

誕生日 野田秀樹（劇作家）▶1955年
キリアン・エムバペ（サッカー選手）▶1998年

マンボウはひなたぼっこが好き

マンボウは、ときおり海面近くでからだをよこにたおして、ひなたぼっこをします。これは、深海で冷えたからだをあたためるためにおこなっています。また、ひなたぼっこをしていると海鳥が集まってきて、からだについた寄生虫を食べてもらえます。

海面でひなたぼっこするマンボウ。

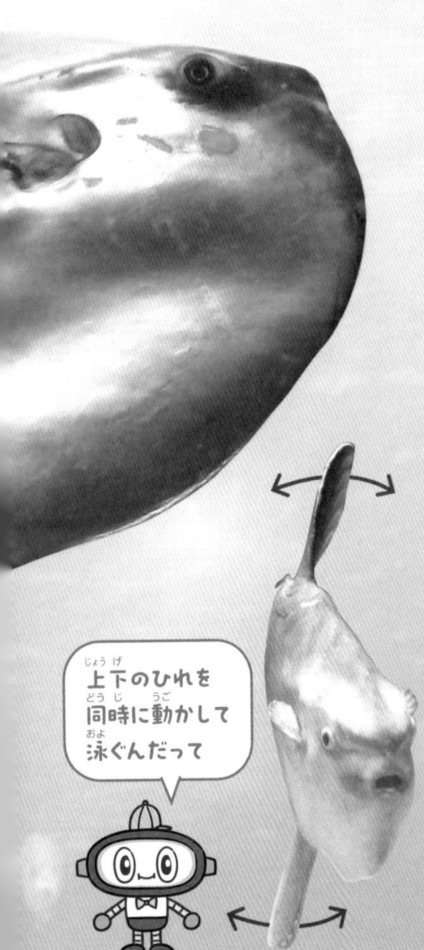

12月21日

誕生日 ハーマン・J・マラー（遺伝学者）▶1890年
松本清張（作家）▶1909年

はばたくようにして泳ぐマンボウ

マンボウは、上下につき出た背びれとしりびれを使って泳ぎます。背びれとしりびれを左右に動かして水をかき、はばたくようにして前に進みます。ふだんはのんびりしていますが、えものをとらえるときはすばやく泳ぎます。

マメ知識 アカマンボウという魚がいるんだけど、体色が赤くてマンボウに体形が似ているから名づけられただけで、マンボウのなかまではないんだ。

12月22日

誕生日 高峰譲吉（化学者）▶1854年
塚原光男（体操選手）▶1947年

ジャンプ力じまんのユキヒョウ

寒さに強い大型のネコのなかま

ユキヒョウは、ヒマラヤ山脈やその周辺の地域などにすむ大型のネコのなかまです。からだは、きびしい寒さをふせぐための毛でびっしりとおおわれています。あしのうらにも毛が生えているので、雪の上を歩いてもすべりません。

ジャンプ力はほ乳類でもトップクラス

ユキヒョウの特徴はすぐれたジャンプ力で、一度のジャンプでよこに15mもとぶことができます。長い尾を動かしてからだのバランスをとりながら、山の斜面をすばやくかけまわり、ウサギやヤギなどをねらいます。

ユキヒョウ
ネコ目ネコ科
体長　1～1.5m
分布　中央アジア～南アジア
すむ場所　山地、森林

マメ知識 ユキヒョウは、美しい毛皮をねらったみつりょうや、開発による環境の悪化などが原因で、数が減っているんだよ。

12月23日

誕生日 ジャン＝フランソワ・シャンポリオン（考古学者）▶1790年
江崎利一（企業家）▶1882年

天使の輪をもつダンゴウオ

小さくてまるっとした魚

ダンゴウオは、まるっとしたからだつきが人気の小さな魚です。浅い海の岩礁にすみ、とくに海藻の多い場所を好みます。ふだんはきゅうばん状に変化した腹びれを使って、海底の岩や自分とよく似た色の海藻などにはりついています。泳ぎは得意ではなく、こきざみにはねたり、ふわふわとただようように泳ぎます。

小さいときだけ天使の輪がある

ダンゴウオは、卵からふ化してから10日ぐらいまでの、全長が1cmに満たない小さな稚魚のときだけ、頭に白い輪っかのようなもようがあります。これが「天使の輪」とよばれて、ダイバーなどからとても人気があります。この天使の輪のもようは、成長とともにうすくなって消えてしまいます。

ダンゴウオ
スズキ目ダンゴウオ科
分布　日本（北日本～南日本）、太平洋北西部
全長　2cm

天使の輪がくっきり見えるダンゴウオの稚魚。

マメ知識

日本近海にすむダンゴウオのなかまは10種ほど。からだにとげとげがたくさんあるコンペイトウという種や、大きさが30cmもある大型のホテイウオという種などがいるよ。

12月24日

クリスマスイブ

誕生日 ジェームズ・プレスコット・ジュール（物理学者）▶1818年
ハワード・ヒューズ（企業家）▶1905年

氷づけマンモス復活計画

2010年にシベリアで発掘された「冷凍マンモス」

2010年、シベリアの永久凍土の中からケナガマンモスの死がいが発見されました。ケナガマンモスが生きていたのはいまから1万1700年以上前。このマンモスも、死んでから数万年はたっていると思われましたが、氷づけだったため保存状態が非常によく、ふさふさした長い体毛がたくさん残っていたのです。このマンモスは6～11歳のメスで、大きさは鼻も入れて全長3mほど。発見地のユカギルという地名にちなんで「YUKA」と名づけられました。

計画中の「マンモス復活」プロジェクト

1990年代後半から、マンモスを現代によみがえらせようとするプロジェクトが進んでいます。マンモスの死がいからとり出した細胞核をネズミの卵子に注入したり、マンモスの遺伝子をゾウの細胞に入れたりして、マンモスの特徴をそなえた動物を生み出そうとしているのです。YUKAのような保存状態のよい死がいが見つかったことで、研究が大きく進んでいます。

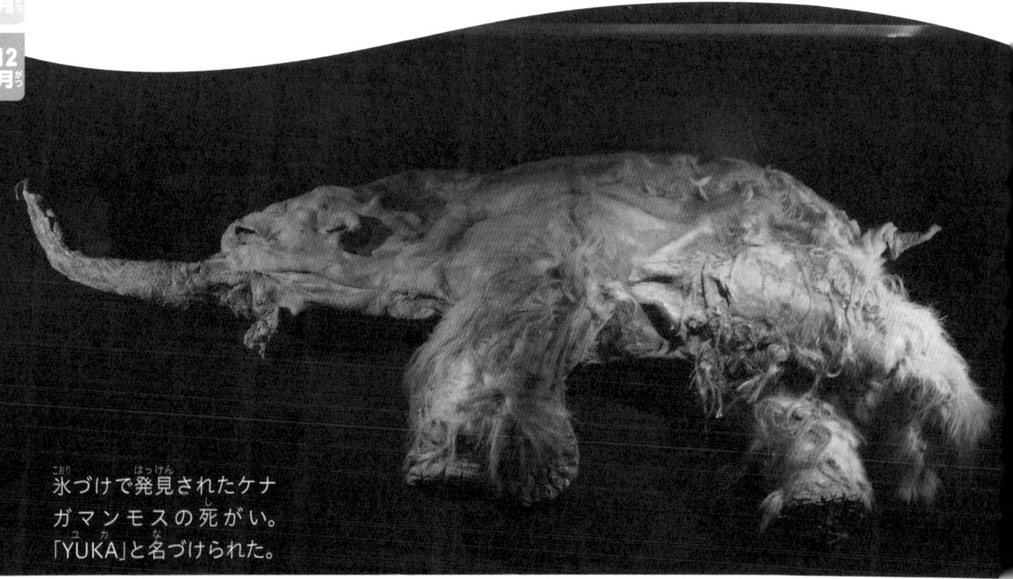

氷づけで発見されたケナガマンモスの死がい。「YUKA」と名づけられた。

マメ知識 マンモス復活プロジェクトには、近畿大学などを中心に、日本の研究機関も多く参加しているよ。

12月25日

誕生日 クララ・バートン(アメリカ赤十字社創設者)▶1821年

コンラッド・ヒルトン(企業家)▶1887年

日食のしくみ

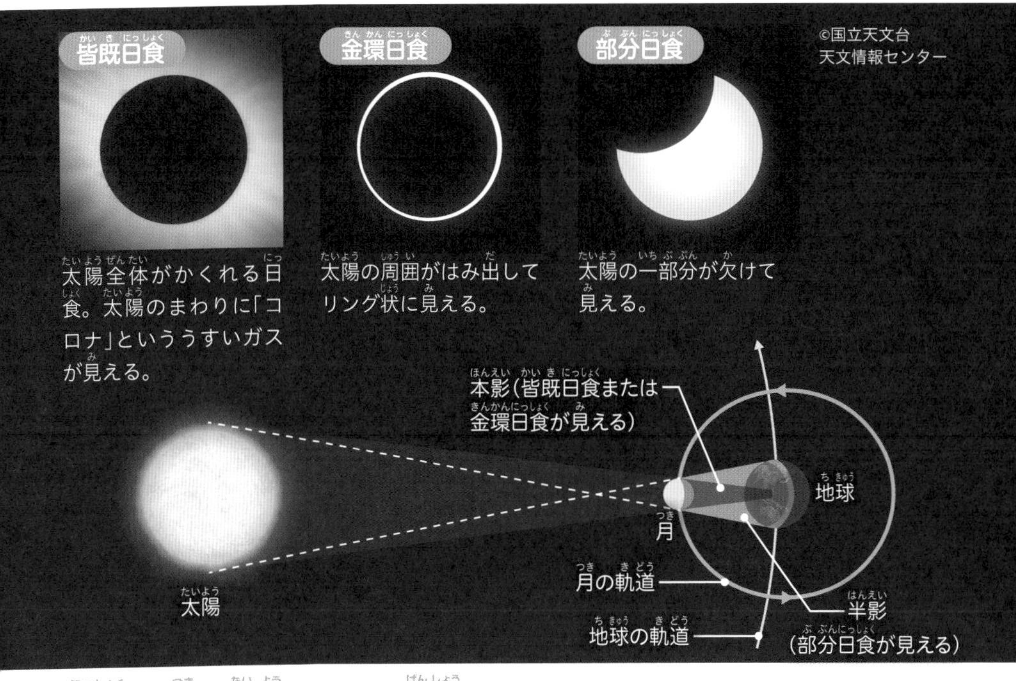

日食は「月が太陽をかくす現象」

「日食」は、太陽と地球のあいだに月が入り、太陽の光がさえぎられる現象です。月が新月のころに太陽、月、地球が一直線にならぶと起こります。太陽の一部がかくれる「部分日食」、月が地球に近いときに太陽がすべてかくれる「皆既日食」、月が地球から遠いときに太陽がリング状に見える「金環日食」があります。

太陽は決してそのまま見てはダメ

太陽の光を直接見ると目をいためてしまうため、日食のときも直接観察してはいけません。専用の日食グラスを使って太陽を見るか、地面などにうつし出される太陽のかげの形を観察しましょう。部分日食のときに、紙に丸いあなを開けてそれに太陽の光を当てると、地面にうつったかげが欠けた太陽の形をしています。また、木もれ日のかげも欠けて見えます。

マメ知識 日食が起こる日時は、インターネットの国立天文台のサイトで調べることができる。つぎに日本で見られるのは、2030年6月1日の金環日食の予定だよ。

12月26日

誕生日 藤沢周平（作家）▶1927年
大河原邦男（メカニックデザイナー）▶1947年

この巨大な土のタワーはなに？

シロアリのなかまがつくった巣、いわゆる「アリ塚」だよ！

この写真はアフリカのナミビアで、シロアリのなかまがつくった巣です。とくに熱帯地域のシロアリのなかまが大きくてりっぱなタワーのようなアリ塚をつくります。巣の内部は地下まで続いており、地下の冷たい空気を巣の中にとり入れ、あたたまった空気はてっぺんのあなから外に出すという「空調」のようなしくみまであります。

写真は日本にいるシロアリ。日本のシロアリは塚をつくらない。

マメ知識 シロアリのなかまには、アリ塚の中でキノコを育てて食べる種もいるよ。女王を中心とした巨大な群れでくらしているんだ。

12月27日

誕生日 ヨハネス・ケプラー(天文学者)▶1571年
ルイ・パスツール(細菌学者)▶1822年

恐竜があらわれたころ、大陸は1つだった!?

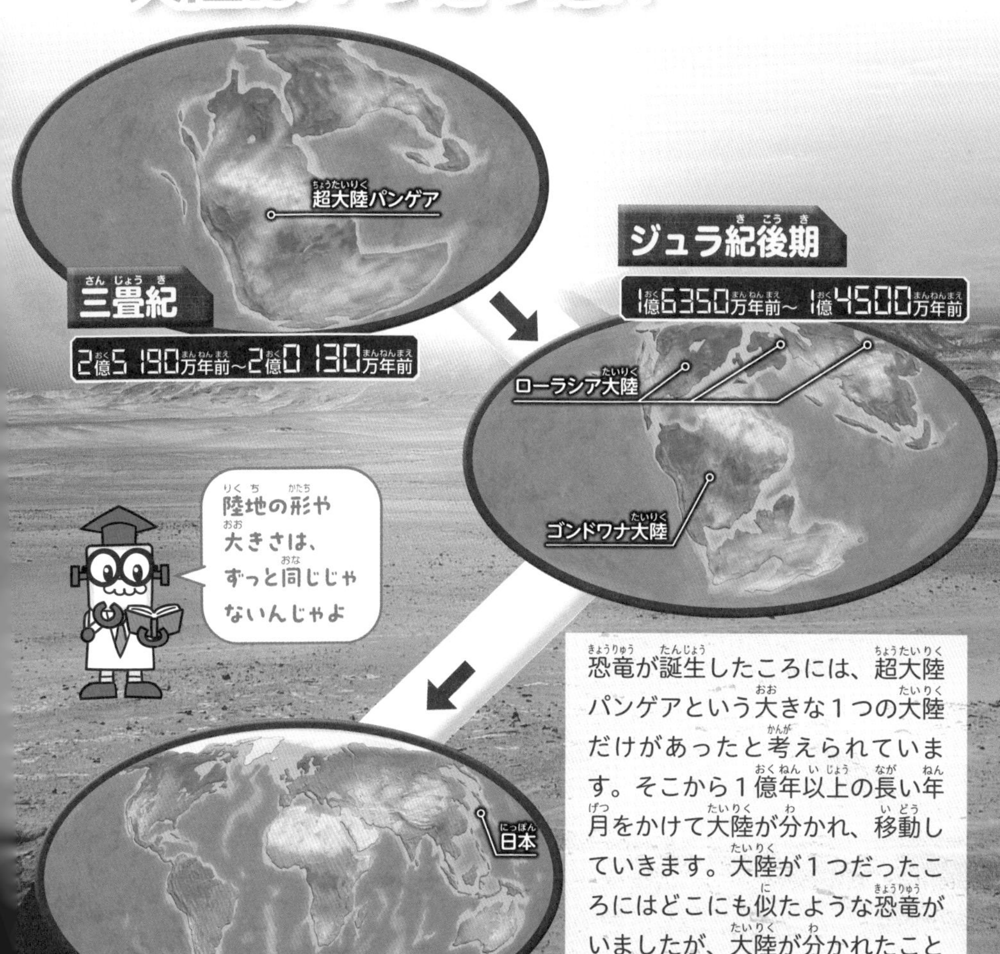

恐竜が誕生したころには、超大陸パンゲアという大きな1つの大陸だけがあったと考えられています。そこから1億年以上の長い年月をかけて大陸が分かれ、移動していきます。大陸が1つだったころにはどこにも似たような恐竜がいましたが、大陸が分かれたことでそれぞれが独自の進化をして、多くの種が誕生したのです。

マメ知識 大陸はいまも移動しているよ。移動のスピードはとてもゆっくりだから、わたしたちが生きているあいだに大きく変わることはないんだけどね。

12月28日

誕生日 スタン・リー（漫画原作者）▶1922年
石原裕次郎（俳優）▶1934年

クジラは海にすむほ乳類

クジラは魚のような見た目をしていますが、海にすむほ乳類です。大昔の祖先は４本足で陸上を歩いていましたが、水中でくらしていくためにからだのつくりが変わっていきました。とてもかしこい動物で、群れでさかんにコミュニケーションをとっています。

ザトウクジラ
クジラ偶蹄目ナガスクジラ科
体長　12～19m
分布　世界中
すむ場所　海

12月29日

誕生日 荒川静香（フィギュアスケート選手）▶1981年
錦織圭（テニス選手）▶1989年

ひげ板をもつヒゲクジラ

クジラはおおまかに、ヒゲクジラとハクジラの２つのグループに分けられます。ヒゲクジラのなかまは歯がないかわりに上あごの内側にひげ板という器官があり、オキアミなどをひげ板でこしとって食べます。

シロナガスクジラ

マメ知識 ヒゲクジラのなかまには、世界最大のほ乳類であるシロナガスクジラ（体長20～33.6m）や、学名に日本（japonica）が入っているセミクジラなどがふくまれるよ。

12月30日

誕生日 ジョン・ミルン(地震学者)▶1850年
タイガー・ウッズ(ゴルフ選手)▶1975年

クジラはなぜジャンプするの？

クジラはからだを使ってさまざまなパフォーマンスをすることで知られています。海中から大きくとびだす「ブリーチング」もその１つで、なかまへの合図、求愛、遊び、寄生虫を落とすためと多くの説がありますが、目的ははっきりしていません。

12月31日

誕生日 津田梅子(教育者)▶1864年
アンリ・マティス(画家)▶1869年

歯をもつハクジラ

マッコウクジラ

ハンドウイルカ

ハクジラのなかまは、その名のとおりに歯をもつクジラです。サメなどとちがい、歯は一度生えると生えかわりません。鼻のおくのひだをふるわせて音を出し、はね返ってきた音を聞いてまわりのようすを知ります(エコーロケーション)。

マメ知識 ハクジラのなかまには、大きな頭部が特徴のマッコウクジラや、白黒もようのシャチなどがいるよ。みんなに人気のイルカは小型のクジラで、ハクジラのなかまにふくまれるんだ。

12月のおさらいクイズ

3つの答えのなかから、正しいと思ったものを選んでね

12月1日〜31日(324〜347ページ)で学んだことをクイズでかくにんしてみよう。問題は10問(1問10点)で、答えは350ページにのってるよ！

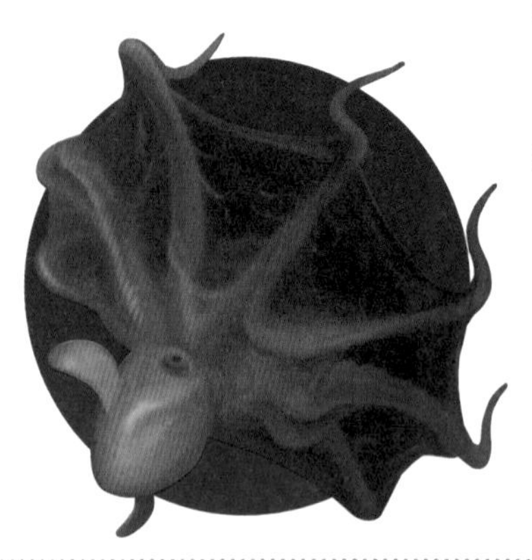

Q.1 アニメキャラクターの名前がつけられた深海生物は？

ヒント この深海生物には耳のように見えるひれがあるんだ。そこからアニメ映画のゾウのキャラクターにちなんだ名前がつけられたんだよ。

1 プーサンアンコウ
2 バルーンダンボオクトパス
3 ピノキオウオ

Q.2 東南アジアにすむ木の葉にそっくりな昆虫の名前は？

1 ハッパムシ
2 キノハムシ
3 コノハムシ

Q.3 パラケラテリウムのからだの高さはどのくらい？

1 1m
2 4.5m
3 10m

Q.4 カヤマダニが人間にとって危険なのはなぜ？

1 血を大量に吸われてしまうから
2 感染症のウイルスをうつすことがあるから
3 刺したときに毒を送りこむから

Q.5 マンボウがもつ「かじびれ」はどんなときに使うもの？

1 方向を変えるときに使う
2 速く泳ぐときに使う
3 敵と戦うときに使う

Q.6 人類をふたたび月面に着陸させる計画をなんという？

ヒント NASAによる計画で、その名はギリシャ神話の月の神様の名前にちなんでいるよ。月での基地建設や火星への有人探査も目指しているよ。

1 アルテミス計画
2 オリオン計画
3 ヴィーナス計画

Q.7 日食はどんな現象？

1 月が太陽をかくす
2 太陽が月をかくす
3 地球が月をかくす

Q.8 パラサウロロフスはとさかをなんに使っていた？

1 敵をおどろかせる
2 武器としてオスどうしが戦う
3 音を出してなかまと会話する

Q.9 落ち葉にそっくりな頭をもつマタマタはなんのなかま？

ヒント マタマタは水の中でくらしていて、葉のような見た目の頭ととても長い首、岩や木の皮に似た甲らをもっているよ。

1 ヘビクビガメ
2 キノボリトカゲ
3 トラフサンショウウオ

Q.10 ユキヒョウが、雪の上を歩いてもすべらないのはなぜ？

1 あしのつめが長いから
2 あしのうらにも毛が生えているから
3 指の数が多いから

何問くらいわかったかな？
答え合わせはつぎのページへ

12月のおさらいクイズ 答え合わせ

Q.1 アニメキャラクターの名前がつけられた深海生物は？

答えは 2 バルーンダンボオクトパス(12月2日 325ページ)

Q.2 東南アジアにすむ木の葉にそっくりな昆虫の名前は？

答えは 3 コノハムシ(12月9日 331ページ)

Q.3 パラケラテリウムのからだの高さはどのくらい？

答えは 2 4.5m(12月8日 330ページ)

Q.4 カやマダニが人間にとって危険なのはなぜ？

答えは 2 感染症のウイルスをうつすことがあるから(12月17日 337ページ)

Q.5 マンボウがもつ「かじびれ」はどんなときに使うもの？

答えは 1 方向を変えるときに使う(12月19日 338ページ)

Q.6 人類をふたたび月面に着陸させる計画をなんという？

答えは 1 アルテミス計画(12月6日 328ページ)

Q.7 日食はどんな現象？

答えは 1 月が太陽をかくす(12月25日 343ページ)

Q.8 パラサウロロフスはとさかをなんに使っていた？

答えは 3 音を出してなかまと会話する(12月7日 329ページ)

Q.9 落ち葉にそっくりな頭をもつマタマタはなんのなかま？

答えは 1 ヘビクビガメ(12月11日 332ページ)

Q.10 ユキヒョウが、雪の上を歩いてもすべらないのはなぜ？

答えは 2 あしのうらにも毛が生えているから(12月22日 340ページ)

正解した問題の数に
10点をかけて、
点数を計算しよう

12月のクイズの成績

＿＿＿＿点

[特別編集]
角川の集める図鑑GET！編集部

[監修協力(昆虫)]
丸山宗利(九州大学総合研究博物館准教授)

[カバーデザイン・装丁]
五十嵐直樹(株式会社ダイアートプランニング)

[本文デザイン]
五十嵐直樹　石坂光里(株式会社ダイアートプランニング)

[校閲]
株式会社麦秋アートセンター

[編集・執筆]
矢部俊彦　橋谷勝博

[イラスト]
ないとうあきこ

阿久津裕彦　イケウチリリー
上田英津子　ウラケン・ボルボックス
小副川智也　オフィスシバチャンTOKYO
加藤愛一　カモシタハヤト　木下真一郎
小堀文彦　坂川由美香(AD・CHIAKI)
貴木まいこ　TICTOC　服部雅人
松本奈緒美　丸子博史　ミヤタジロウ
Moopic　結布

[写真提供]
池田大(橿原市昆虫館)　国立天文台
国立天文台天文情報センター　小松貴
JAXA　JAMSTEC　JAMSTEC／NHK／Mariana Trench National Wildlife Refuge, U.S. Fish and Wildlife Service
Giuseppe Donatiello
東京大学 大気海洋研究所 生物海洋学分野
NASA　NASA, ESA and AURA/Caltech
NASA/JPL-Caltech　沼津港深海水族館
法師人響　北海道大学総合博物館
丸山宗利
Ute Kraus, Institute of Physics, Universität Hildesheim, Space Time Travel

アフロ　dreamstime　PIXTA
フォトライブラリー

はじめての自然科学366

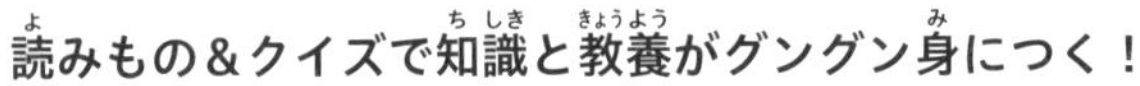

読みもの&クイズで知識と教養がグングン身につく！

2024年2月21日　初版発行

発行者　山下直久
発行　株式会社KADOKAWA
〒102-8177 東京都千代田区富士見2-13-3
電話 0570-002-301(ナビダイヤル)
印刷・製本　図書印刷株式会社

●お問い合わせ
https://www.kadokawa.co.jp/(「お問い合わせ」へお進みください)
※内容によっては、お答えできない場合があります。
※サポートは日本国内のみとさせていただきます。
※Japanese text only
定価はカバーに表示してあります。

ISBN 978-4-04-113937-0　C8040